B

DMV Seminar
Band 13

Birkhäuser Verlag
Basel · Boston · Berlin

Algebraische Transformationsgruppen und Invariantentheorie
Algebraic Transformation Groups and Invariant Theory

Edited by

Hanspeter Kraft
Peter Slodowy
Tonny A. Springer

1989

Birkhäuser Verlag
Basel · Boston · Berlin

The first seminar was made possible through the support of the *Stiftung Volkswagenwerk*

CIP-Titelaufnahme der Deutschen Bibliothek

Algebraische Transformationsgruppen und Invariantentheorie =
Algebraic transformation groups and invariant theory / ed. by
Hanspeter Kraft ... – Basel ; Boston ; Berlin : Birkhäuser, 1989
   (DMV-Seminar ; Bd. 13)
   ISBN 3-7643-2284-5 (Basel ...) brosch.
   ISBN 0-8176-2284-5 (Boston) brosch.
NE: Kraft, Hanspeter [Hrsg.]; PT; Deutsche Mathematiker-Vereinigung:
   DMV-Seminar

© 1989 Birkhäuser Verlag Basel
Printed in Germany on acid-free paper
ISBN 3-7643-2284-5
ISBN 0-8176-2284-5

VORWORT

Der vorliegende Band enthält eine Reihe von einführenden Vorlesungen, die von verschiedenen Autoren im Rahmen von zwei DMV-Seminaren zum Thema *„Algebraische Transformationsgruppen und Invariantentheorie"* gehalten wurden.

Entsprechend der allgemeinen Zielsetzung der DMV-Seminare sollten sowohl grundlegende Techniken und Resultate vorgestellt als auch Einblicke in aktuelle Entwicklungen gegeben werden. Was die Grundlagen anbetrifft, so haben wir sie hier nicht in vollem Umfang widergegeben. Im Bedarfsfall mag der Leser unsere Bücher *„Geometrische Methoden in der Invariantentheorie"*[1] und *„Invariant Theory"*[2] zu Rate ziehen, auf die sich die einführenden Vorträge stützten. Leider konnten auch nicht alle aktuellen Entwicklungen berücksichtigt werden, über die im Seminar berichtet wurde.

Die Ziele der hier vorliegenden Beiträge, auf deren Inhalt wir in der Einführung ausführlicher eingehen werden, sind entsprechend unterschiedlicher Natur. Einige liefern Darstellungen bereits publizierter Theorien, wobei sie allerdings ein größeres Gewicht auf Motivation und die Ausführung von Beispielen legen, als dies in den Originalarbeiten möglich war. Andere leiten grundlegende Resultate auf neue Weise her oder stellen sie aus anderer Sicht dar. Schließlich werden auch noch einzelne Einblicke in aktuelle Forschungsrichtungen gegeben.

Wir hoffen, daß durch diesen Band zahlreiche Resultate der Theorie der algebraischen Transformationsgruppen leichter zugänglich geworden sind, und daß der Leser mit ihm eine nützliche Basis für die Lektüre aktueller Forschungsarbeiten erhält.

Wir danken all denen, die uns mit Vorträgen während der Seminare unterstützt und Beiträge zu diesem Band geliefert haben, den Teilnehmern, die durch ihre Fragen, Wünsche und Mitarbeit zum Gelingen der Seminare beigetragen haben, sowie den Herren Professoren M. Barner und G. Fischer, die durch ihre Initiative und organisatorische Hilfe diese Veranstaltung überhaupt erst ermöglichten.

Basel, im August 1989   H. Kraft, P. Slodowy, T. A. Springer

---

[1]   H. Kraft; Aspekte der Mathematik **D1**, Vieweg Verlag, 1984
[2]   T. A. Springer; Lecture Notes in Math. **585**, Springer Verlag, 1977

INHALTSVERZEICHNIS

Einleitung 1

Aktionen reduktiver Gruppen auf Varietäten 3
    TONNY A. SPRINGER

Klassische Invariantentheorie: Eine Einführung 41
    HANSPETER KRAFT

Local Properties of Algebraic Group Actions 63
    FRIEDRICH KNOP, HANSPETER KRAFT,
    DOMINGO LUNA, THIERRY VUST

The Picard Group of a G-Variety 77
    FRIEDRICH KNOP, HANSPETER KRAFT, THIERRY VUST

Der Scheibensatz für algebraische Transformationsgruppen 89
    PETER SLODOWY

Optimale Einparameteruntergruppen für instabile Vektoren 115
    PETER SLODOWY

Zur Geometrie der Bahnen reller reduktiver Gruppen 133
    PETER SLODOWY

Normale Einbettungen von sphärischen homogenen Räumen 145
    FRANZ PAUER

Fractions Rationelles Invariantes par un Groupe Fini: Quelques Exemples 157
    MICHEL KERVAIRE, THIERRY VUST

Literatursammlung 181

ANSCHRIFT DER AUTOREN

Michel Kervaire
Université de Genève
Section de Mathématiques
2-4, rue du Lièvre
Case postale 240
CH-1211 Genève 24
SUISSE

Hanspeter Kraft
Mathematisches Institut
Universität Basel
Rheinsprung 21
CH-4051 Basel
SCHWEIZ

Franz Pauer
Institut für Mathematik
Universität Innsbruck
Technikerstrasse 25
A-6020 Innsbruck
ÖSTERREICH

Tonny A. Springer
Mathematisch Instituut
Rijksuniversiteit
Budapestlaan 6
NL-3508 TA Utrecht
NEDERLAND

Friedrich Knop
Mathematisches Institut
Universität Basel
Rheinsprung 21
CH-4051 Basel
SCHWEIZ

Domingo Luna
Institut Fourier
Université de Grenoble
F-38402 Saint-Martin-d'Hères
FRANCE

Peter Slodowy
Mathematisches Institut B
Universität Stuttgart
Paffenwaldring 57
D-7000 Stuttgart 80
WESTDEUTSCHLAND

Thierry Vust
Université de Genève
Section de Mathématiques
2-4, rue du Lièvre
Case postale 240
CH-1211 Genève 24
SUISSE

EINFÜHRUNG

Wir wollen nun kurz auf den Inhalt der einzelnen Beiträge dieses Bandes eingehen.

T.A. SPRINGER resümiert in *„Aktionen reduktiver Gruppen auf Varietäten"* die grundlegenden Definitionen und Resultate aus der Theorie der algebraischen Gruppen und ihrer Aktionen auf algebraischen Varietäten. Ausführliche Beachtung wird dabei den verschiedenen Definitionen der Reduktivität und ihrer invariantentheoretischen Konsequenzen geschenkt (Endlichkeitssatz für die Invarianten von Aktionen auf affinen Varietäten). Zudem werden die Techniken der Poincaré-Reihen und der Parametersysteme eingeführt.

In dem Artikel *„Klassische Invariantentheorie"* stellt H. KRAFT klassische Resultate über die Invarianten von Vektoren und Kovektoren, von Tensoren und Matrizen bezüglich der allgemeinen und speziellen linearen Gruppe in zeitgemäßer Formulierung vor. Diese Ergebnisse hatten ihren Ausgang in algebraischen und geometrischen Fragestellungen des letzten Jahrhunderts. Ihre Wechselbeziehungen bildeten einen Kernpunkt des Buches *„Classical Groups"* von WEYL.

Der Vier-Autoren-Beitrag *„Local Properties of Algebraic Group Actions"* präsentiert einen neuen Beweis des Einbettungssatzes von SUMIHIRO, der das lokale Studium von Aktionen zusammenhängender algebraischer Gruppen G auf normalen Varietäten auf die Betrachtung von linearen Aktionen in projektiven Räumen zurückführt. In diesem Zusammenhang werden G-Linearisierungen und Picardgruppen algebraischer Gruppen untersucht. In dem sich anschliessenden Artikel *„The Picard Group of a G-Variety"* wird diese Thematik noch einmal aufgegriffen und in mehrfacher Hinsicht ergänzt.

Die drei folgenden Aufsätze von P. SLODOWY führen in neue Techniken ein, die in der Invarianten- und Modulitheorie der letzten Jahre von großer Bedeutung geworden sind. *„Der Scheibensatz für algebraische Transformationsgruppen"* stellt LUNAS Lokalisationsprozeß mittels etaler Scheiben an abgeschlossenen Bahnen vor und erläutert ihn an verschiedenen Beispielen. In einem Anhang gibt F. KNOP einen kurzen Beweis dieses wichtigen Satzes. In *„Optimale Einparameteruntergruppen für instabile Vektoren"* wird die HILBERT-MUMFORD'sche Theorie der instabilen Vektoren nach KEMPF und ROUSSEAU verfeinert. Als Konsequenzen dieser Verfeinerung erhält man u.a. Stabilitätskriterien und Rationalitätsaussagen. Nach Ideen von KEMPF und NESS wird im Artikel *„Zur Geometrie der Bahnen reeller reduktiver Gruppen"* der Abstand zu Null auf der Bahn einer reellen reduktiven Gruppe in einem reellen Vektorraum untersucht. Für die zahlreichen Anwendungen dieser Theorie wird diesmal auf die Literatur verwiesen.

F. PAUER gibt in *„Normale Einbettungen von sphärischen homogenen Räumen"* einen Einblick in die von LUNA und VUST begründete Klassi-

fikationstheorie der äquivarianten (partiellen) Kompaktifizierungen von homogenen Räumen reduktiver Gruppen. Ein Spezialfall dieser Theorie—für sogenannte symmetrische Varietäten—hat kürzlich alte Probleme der abzählenden
Geometrie von Quadriken erhellen können (DeConcini, Procesi).

Im letzten Artikel unseres Berichtes, *„Fractions rationelles invariantes par un groupe fini"* von M. Kervaire und Th. Vust, wird dargelegt, wie
neue Resultate von Saltman über unverzweigte Brauergruppen zur negativen
Lösung eines alten Problems der Invariantentheorie, nämlich der Frage nach
der rein transzendenten Erzeugung von Invariantenkörpern endlicher Gruppen
(Noether, Burnside) geführt haben.

Der Band schließt ab mit einer *„Literatursammlung"*, welche eine
große Anzahl von Literaturangaben zu algebraischen Transformationsgruppen
und Invariantentheorie enthält. Sie ist in keiner Weise vollständig, sondern
stellt eine von den Forschungsinteressen der Autoren und von vielen Zufälligkeiten beeinflusste Sammlung dar. Wir haben sie auf Wunsch vieler Teilnehmer
angefügt und hoffen, daß sie dem einen oder andern Leser nützlich sein wird.

AKTIONEN REDUKTIVER GRUPPEN AUF VARIETÄTEN

Tonny A. Springer

Inhaltsverzeichnis

I. Einführung

§ 1   Affine Varietäten und Morphismen 4
§ 2   Algebraische Gruppen und Darstellungen 4
§ 3 G-Varietäten 5

II. Reduktive Gruppen

§ 1   Lineare Reduktivität 6
§ 2   Beispiele 8

III. Endlichkeitssatz, algebraische Quotienten

§ 1   Invariantenringe 11
§ 2   Algebraische Quotienten 12
§ 3   Eigenschaften von $(G\backslash X, \pi)$ 13
§ 4   Isotypische Zerlegung und Kovarianten 16
§ 5   Die Zerlegung von $k[G]$ 17
§ 6   Gruppencharaktere 18

IV. Äquivalenzrelation einer Gruppenaktion

§ 1   Definitionen und Hilfssätze 20
§ 2   Satz von ROSENLICHT 22
§ 3   Affine Quotienten 25

V. Andere Reduktivitätsbegriffe

§ 1   Gruppentheoretische Reduktivität 27
§ 2   Geometrische Reduktivität 28

VI. Graduierte Algebren, Poincaré-Reihen

§ 1   Poincaré-Reihen 29
§ 2   Parametersysteme 31
§ 3 M-Sequenzen 32
§ 4   Cohen-Macaulay Moduln 34
§ 5   Invariantenringe von endlichen Gruppen 36
§ 6   Einige allgemeine Sätze 37

Literaturverzeichnis 39

I. Einführung

Wir erinnern an einige Grundbegriffe aus der algebraischen Geometrie und der Theorie der linearen algebraischen Gruppen. Man findet diese z.B. im Anfang von [Sp3] oder im Anhang I von [Kr]. Bei manchen der besprochenen Ergebnisse braucht man nur wenig Vorkenntnisse aus diesen (oder anderen) Gebieten.

§ 1   Affine Varietäten und Morphismen

Es sei k ein algebraisch abgeschlossener Körper. (Der Leser, der keinen allgemeinen Grundkörper mag, kann für k den Körper $\mathbf{C}$ der komplexen Zahlen nehmen.)

Eine *affine algebraische Varietät* über k ist ein Paar $(X, k[X])$, wo X ein topologischer Raum und $k[X]$ eine k-Algebra von k-wertigen stetigen Funktionen auf X ist. Dann ist die Algebra $k[X]$ reduziert, d.h. sie hat keine nilpotenten Elemente $\neq 0$, und von endlichem Typ über k, d.h. Quotient einer Polynomalgebra $k[T_1, \ldots, T_n]$.

Die Punkte von X sind die k-Homomorphismen $k[X] \to k$. Die Topologie auf X ist die *Zariski-Topologie*, deren abgeschlossene Mengen die Nullstellengebilde $\mathcal{V}(I) = \{x \in X \mid x(I) = 0\}$ sind; hier durchläuft I die Menge der Ideale von $k[X]$.

Die Funktionen aus $k[X]$ heißen *regulär*, und wir sagen kurz (und etwas ungenau), daß X eine *affine Varietät mit Koordinatenring* $k[X]$ ist. Jede endlich erzeugte reduzierte k-Algebra ist ein $k[X]$. Es ist klar, daß $k[X]$ ein k-Vektorraum ist mit höchstens abzählbarer Dimension.

Ist $Y \subset X$ eine abgeschlossene Teilmenge und $I \subset k[X]$ das Ideal der auf Y verschwindenden Funktionen, so ist Y eine affine Varietät mit Koordinatenring $k[Y] = k[X]/I$.

Ein *Morphismus* $\varphi : X \to Y$ von affinen Varietäten ist eine stetige Abbildung induziert durch einen Algebra-Homomorphismus $\varphi^* : k[Y] \to k[X]$. D.h.: $\varphi(x) = x \circ \varphi^*$ für $x \in X$.

Für zwei affine Varietäten X und Y existiert eine *affine Produktvarietät* $X \times Y$ mit $k[X \times Y] = k[X] \otimes_k k[Y]$.

§ 2   Algebraische Gruppen und Darstellungen

Die allgemeine lineare Gruppe GL_n der invertierbaren $n \times n$-Matrizen über k ist eine affine Varietät mit $k[\mathrm{GL}_n] = k[T_{ij}, \det(T_{ij})^{-1}]_{1 \leq i,j \leq n}$. GL_n ist eine offene Teilmenge von k^{n^2}.

Eine *lineare algebraische Gruppe* G ist eine Untergruppppe einer GL_n, die zugleich in GL_n abgeschlossen ist. Dann ist G selbst eine affine Varietät mit Koordinatenring $k[G] = k[\mathrm{GL}_n]/I$, wobei I das Ideal der auf GL_n verschwindenden regulären Funktionen ist. Die Gruppenoperationen von G, nämlich die Multiplikation $(g, h) \mapsto gh$ und das Inverse $g \mapsto g^{-1}$, sind Morphismen von Varietäten $G \times G \to G$ bzw. $G \to G$.

Es sei V ein endlichdimensionaler Vektorraum über k. Die Gruppe $\mathrm{GL}(V)$ der bijektiven linearen Transformationen von V hat die kanonische Struktur einer linearen algebraischen Gruppe; jede Basiswahl in V liefert einen Isomorphismus mit einer GL_n, $n = \dim V$. Ein *Homomorphismus* von algebraischen Gruppen $\varrho : G \to \mathrm{GL}(V)$, d.h. ϱ ist ein Gruppenhomomorphismus und gleichzeitig ein Morphismus von algebraischen Varietäten, heißt eine *rationale Darstellung* von G (auf V). Wir sagen auch, daß V ein *G-Modul* ist. Ein Unterraum $W \subset V$ heißt *G-invariant* oder auch *G-stabil* falls $\varrho(g)W = W$ gilt für alle $g \in G$. Die Einschränkung $\varrho|_W : G \to \mathrm{GL}(W)$ ist dann ebenfalls eine rationale Darstellung. Ein typisches Beispiel ist der *Fixpunktraum* $V^G = \{v \in V \mid \varrho(g)v = v \text{ für alle } g \in G\}$.

Wir werden auch unendlichdimensionale Darstellungen benützen. Es sei G wie oben und es sei V ein beliebiger k-Vektorraum. Ein Gruppenhomomorphismus $\varrho : G \to \mathrm{GL}(V)$ heißt eine *lokal endliche Darstellung* von G, falls jeder Vektor $v \in V$ in einem endlichdimensionalen Teilraum W von V enthalten ist mit der Eigenschaft, daß $\varrho(g)W = W$ gilt für alle $g \in G$ und dass die Einschränkung $\varrho|_W : G \to \mathrm{GL}(W)$ eine rationale Darstellung im obigen Sinne ist. Wir sagen dann auch, daß G *lokal endlich (und rational)* auf V wirkt oder daß V ein *lokal endlicher G*-Modul ist.

Wir werden meist voraussetzen, daß der Vektorraum V höchstens abzählbare Dimension hat. In diesem Fall ist die lokale Endlichkeit von ϱ gleichbedeutend mit folgendem: Es gibt eine Folge $V_1 \subset V_2 \subset \cdots$ von endlichdimensionalen G-invarianten Teilräumen, so daß $V = \bigcup_{i \geq 1} V_i$ und daß alle Restriktionen $\varrho|_{V_i}$ rationale Darstellungen sind.

§ 3   *G*-Varietäten

Es sei X eine affine Varietät und G eine lineare algebraische Gruppe, die auf X im mengentheoretischen Sinne wirkt. Wir haben also eine Abbildung $\alpha :$ $(g, x) \mapsto g.x$ mit den üblichen Eigenschaften. Wir sagen, daß X eine *G-Varietät* ist oder eine *Varietät mit G-Aktion*, wenn $\alpha : G \times X \to X$ ein Morphismus von Varietäten ist. Es gibt dann also einen Algebra-Homomorphismus

$$\alpha^* : k[X] \to k[G \times X] = k[G] \otimes_k k[X]$$

mit $(\alpha^* f)(g, x) = f(g.x)$. Wir haben damit eine Darstellung ϱ von G auf $k[X]$ definiert durch

$$(\varrho(g)f)(x) = f(g^{-1}.x).$$

Für diese gilt:

Lemma. *Die Darstellung ϱ ist lokal endlich und rational.*

Ist nämlich $f \in k[X]$ und $\alpha^* f = \sum h_i \otimes f_i$ mit $h_i \in k[G]$, $f_i \in k[X]$, so liegen alle $\varrho(g)f$ im Teilraum aufgespannt von den f_i. Der Spann der $\varrho(g)f$ ist also endlichdimensional und natürlich auch G-invariant, und man sieht leicht, dass die Darstellung von G auf diesem Spann rational ist.

Insbesondere haben wir eine lokal endliche rationale Darstellung λ von G auf $k[G]$ durch Linkstranslationen:

$$(\lambda(g)f)(h) = f(g^{-1}h),$$

und eine analoge Darstellung ϱ durch Rechtstranslationen.

II. Reduktive Gruppen

§1   Lineare Reduktivität

Es sei G eine lineare algebraische Gruppe über k.

1.1. Definition. G heißt *reduktiv*, wenn folgendes gilt: Ist $\varrho : G \to \mathrm{GL}(V)$ eine endlichdimensionale rationale Darstellung und $W \subset V$ ein G-invarianter Teilraum, dann existiert ein komplementärer G-invarianter Teilraum $W' \subset V$: $V = W \oplus W'$.

(Wir sollten eigentlich sagen *linear reduktiv*; die anderen Begriffe der Reduktivität werden aber nur in Kapitel V erscheinen, wo sie kurz besprochen werden.)

Wir erinnern daran, daß eine Darstellung $\varrho : G \to \mathrm{GL}(V)$ *irreduzibel* heißt, wenn $V \neq 0$ ist und es keine G-invarianten Teilräume von V gibt außer 0 und V.

1.2. Satz. *Die folgenden Eigenschaften einer linearen algebraischen Gruppe G sind äquivalent:*

   (a) *G ist reduktiv.*

   (b) *G hat die Eigenschaft der Definition für eine beliebige lokal endliche Darstellung.*

   (c) *G hat die Eigenschaft der Definition für den Fall $V = k[X]$ und $W = k$ mit der Darstellung λ durch Linkstranslation.*

   (d) *Es sei $\varrho : G \to \mathrm{GL}(V)$ eine lokal endliche Darstellung und V^G der Teilraum der Fixpunkte unter G. Dann gibt es eine surjektive lineare Abbildung $p_V : V \twoheadrightarrow V^G$ mit $p_V^2 = p_V$ und $p_V \circ \varrho(g) = p_V$ für alle $g \in G$.*

   (e) *Jede lokal endliche Darstellung $\varrho : G \to \mathrm{GL}(V)$ ist vollreduzibel, d.h. V ist direkte Summe von endlichdimensionalen G-invarianten irreduziblen Teilräumen.*

BEWEIS: Wir beweisen die Implikationen (a) $\Rightarrow$ (b) $\Rightarrow$ (e) $\Rightarrow$ (c) $\Rightarrow$ (d) $\Rightarrow$ (a).

(a) $\Rightarrow$ (b): Es sei G reduktiv, und es sei $\varrho : G \to \mathrm{GL}(V)$ eine lokal endliche Darstellung. Wir nehmen eine Folge $V_1 \subset V_2 \subset \cdots$ von endlichdimensionalen G-invarianten Teilräumen wie oben und setzen $V_0 = (0)$. Sei W ein G-invarianter Teilraum von V. Weil G reduktiv ist, gibt es endlichdimensionale G-invariante Teilräume W_n', W_n'' $(n \geq 1)$ von G mit $W \cap V_n = W_n'' \oplus (W \cap V_{n-1})$, $V_n = W_n' \oplus W_n'' \oplus V_{n-1}$. Dann hat die direkte Summe $W = \bigoplus_{n \geq 1} W_n'$ die in der Definition verlangten Eigenschaften.

(b) $\Rightarrow$ (e): Es sei ϱ wie in (e) und man setze (b) voraus. Mit denselben Bezeichnungen wie oben nehme man jetzt eine Zerlegung $V_n = V_n' \oplus V_{n-1}$ in G-invariante Teilräume. Dann ist $V = \bigoplus_{n \geq 1} V_n'$, und es genügt daher, (e) im endlichdimensionalen Fall zu beweisen. Das sei dem Leser überlassen.

(e) $\Rightarrow$ (c): Dieser einfache Beweis sei ebenfalls dem Leser überlassen.

(c) $\Rightarrow$ (d): Wenn (c) gilt, gibt es ein *invariantes Integral* I auf $k[X]$: d.h. eine lineare Funktion $I : k[G] \to k$ mit $I(1) = 1$ und $I(\lambda(g)f) = I(f)$ für alle $g \in G, f \in k[X]$. Es sei jetzt ϱ wie in (d). Aus der lokalen Endlichkeit folgt, dass es eine Basis $(e_i)_{i \geq 1}$ von V gibt, so daß

$$\varrho(g)e_j = \sum_{i \geq 1} \varrho_{ij}(g)e_i \quad \text{mit} \quad \varrho_{ij} \in k[G].$$

Man definiere p_V durch

$$p_V(e_j) = \sum_i I(\varrho_{ij})e_i.$$

Ohne Mühe zeigt man nun, daß diese lineare Abbildung die gewünschten Eigenschaften hat; p_V wird also gefunden durch *Integration* von vektorwertigen regulären Funktionen auf G.

(d) $\Rightarrow$ (a): Es seien V und W wie in der Definition. Wir haben eine rationale Darstellung $\bar{\varrho}$ von G auf V/W und damit eine Darstellung σ im Vektorraum $\mathrm{Hom}(V/W, V)$ gegeben durch

$$\sigma(g)f = \varrho(g)f\bar{\varrho}(g)^{-1}.$$

Es sei q die Projektion $V \twoheadrightarrow V/W$. Man wähle $f \in \mathrm{Hom}(V/W, V)$ so, daß $q \circ f = \mathrm{id}$. Es sei A (bzw. B) der von allen Elementen $\sigma(g)f$ (bzw. $\sigma(g)f - f$) erzeugte Teilraum von $\mathrm{Hom}(V/W, V)$. Dann ist $B \neq A$, weil das Bild von allen $\sigma(g)f - f$ in W liegt. Weil A von B und f erzeugt wird, hat B Kodimension 1 in A. Es sei ℓ eine Linearfunktion auf A mit Nullstellenraum B. Sie ist eindeutig bis auf einen Skalarfaktor. Die Darstellung σ induziert eine rationale Darstellung τ von G im Dualraum A^* von A, und $(A^*)^G$ wird von ℓ aufgespannt. Anwendung von (d) auf τ zeigt jetzt, daß es eine Linearform λ auf A^* gibt mit Nullstellenraum $(p_{A^*} - \mathrm{id})A^*$. Aber daraus folgt, daß es $f_1 \in A^G$ gibt mit $\ell(f_1) \neq 0$. Dann ist $f_1(V/W)$ ein zu W komplementärer Teilraum. $\qquad\square$

Wir werden das folgende Korollar oft benützen.

1.3. Korollar. *G ist genau dann reduktiv, wenn eine lineare Abbildung I : $k[G] \to k$ existiert mit $I(1) = 1$ und $I \circ \lambda(g) = I$ für alle $g \in G$.*

Wir nennen eine solche Funktion I (oder I_G) kurz ein *(invariantes) Integral* auf $k[G]$.

1.4. Bemerkung. Eine weitere äquivalente Eigenschaft zu (a), (b),..., (e) ist die folgende, welche man sich leicht überlegt (vgl. Aufgabe 1):

 (f) *Ist $f : V \to W$ ein surjektiver G-Homomorphismus zwischen lokal endlichen G-Moduln, so gilt $f(V^G) = W^G$.*

§2 Beispiele

Wir geben jetzt einige Beispiele reduktiver Gruppen:

2.1. Endliche Gruppen. Man überzeugt sich leicht, dass eine endliche Gruppe G die Struktur einer linearen algebraischen Gruppe über k hat, wobei $k[G]$ die k-Algebra aller Funktionen $G \to k$ ist, mit punktweiser Multiplikation. Bekanntlich hat $k[G]$ auch eine andere Algebrastruktur, die der Gruppenalgebra. (Siehe auch III.5 und III, Aufgabe 6.)

 Wenn es auf $k[G]$ ein Integral I gibt, dann ist $1 = I(1) = |G|I(\delta)$, wobei $\delta(g) = 1$ ist für $g = e$ und $\delta(g) = 0$ sonst. Also kann G nicht reduktiv sein, wenn die Charakteristik von k die Ordnung $|G|$ teilt. Ist dies nicht der Fall, so definiert

$$I(f) = |G|^{-1} \sum_{g \in G} f(g)$$

ein Integral. Nach Korollar 1.3 ist G dann reduktiv.

2.2. Tori. Die Gruppe GL_1 ist die multiplikative Gruppe $\mathbf{G}_m$ des Körpers k. Man hat $k[\mathbf{G}_m] = k[T, T^{-1}]$. Ein *Torus* über k ist eine algebraische Gruppe, die isomorph zu einem Produkt $(\mathbf{G}_m)^n$ ist. Nun sieht man unmittelbar ein, daß

$$I : \sum a_i T^i \mapsto a_0$$

ein Integral auf $k[\mathbf{G}_m]$ definiert. Nach dem Korollar 1.3 sind alle Tori reduktiv. (Nach einem Satz von NAGATA sind, wenn die Charakteristik von k nicht Null ist, die Tori auch die einzigen zusammenhängenden linear reduktiven Gruppen; siehe V.1.2.)

2.3. GL_n in Charakteristik 0. Es sei jetzt Char $k = 0$ und $G = \mathrm{GL}_n$. Wir erinnern daran, daß

$$A = k[\mathrm{GL}_n] = k[T_{ij}, D^{-1}]_{1 \leq i,j \leq n}, \quad \text{wobei } D = \det(T_{ij}).$$

Wir beweisen nun, daß G reduktiv ist. Es sei B der Teilraum von A, aufgespannt von den $g.f - f$ $(g \in G, f \in A)$. Es genügt zu zeigen, daß $1 \notin B$. Dann gibt es nämlich eine lineare Funktion I auf A mit $I(1) = 1$ und $I(f) = 0$ für $f \in B$. Das ist offenbar ein Integral, und die Behauptung folgt mit Korollar 1.3.

Die Aussage $1 \in B$ ist gleichbedeutend mit der folgenden Aussage: Es gibt eine ganze Zahl $N \geq 0$ und endlich viele $f_h \in k[T_{ij}]$, $g_h \in G$ so, daß

$$D^N = \sum_h \left(g_h.f_h - (\det g_h)^N f_h \right). \tag{$*$}$$

Wir können voraussetzen, daß die f_h homogene Polynome sind (vom Grad nN). Es ist klar, dass $(*)$ unmöglich ist, wenn $N = 0$. Um die Unmöglichkeit für beliebiges N zu beweisen, benutzen wir den Differentialoperator

$$\Omega = \sum_{\sigma \in \mathcal{S}_n} \text{sgn}(\sigma) \frac{\partial}{\partial T_{1,\sigma(1)}} \frac{\partial}{\partial T_{2,\sigma(2)}} \cdots \frac{\partial}{\partial T_{n,\sigma(n)}} = \det(\frac{\partial}{\partial T_{ij}})$$

Hier ist $\mathcal{S}_n$ die symmetrische Gruppe und $\text{sgn}(\sigma)$ das Vorzeichen von $\sigma \in \mathcal{S}_n$. Dieser Differentialoperator kommt in der klassischen Literatur über Invariantentheorie vor und heißt dort CAYLEYs Ω-*Prozess*.

Aus dem nächsten Lemma folgt durch Induktion, daß $(*)$ nicht möglich ist, wenn $\text{Char } k = 0$. Wir brauchen also nur das Lemma zu beweisen.

Lemma. (i) $\Omega \circ \lambda(g) = (\det g)\lambda(g) \circ \Omega$ *für* $g \in \text{GL}_n(k)$.

(ii) *Es gibt eine ganze Zahl* $c_{N,n}$ *mit* $\Omega(D^N) = c_{N,n}D^{N-1}$, *und es gilt* $c_{N,n} > 0$ *für* $N > 0$.

BEWEIS: (i) Dieser Beweis ist einfach und kann übergangen werden.

(ii) Mit Hilfe von (i) sieht man, daß $\Omega(D^N)$ ein Polynom in $k[T_{ij}]$ ist, homogen vom Grad $n(N - 1)$ und daß

$$\lambda(g)\Omega(D^N) = (\det g)^{N-1}\Omega(D^N).$$

Daraus folgt, daß $\Omega(D^N)$ ein Vielfaches ist von D^{N-1}. Um die Konstante $c_{N,n}$ zu finden, genügt es, den Koeffizienten von $(T_{11}T_{22}\ldots T_{nn})^{N-1}$ in $\Omega(D^N)$ zu bestimmen. Dazu braucht man nur die Koeffizienten der Terme

$$(T_{11}T_{22}\ldots T_{nn})^{N-1}T_{1,\sigma(1)}T_{2,\sigma(2)}\ldots T_{n,\sigma(n)} \quad (\sigma \in \mathcal{S}_n)$$

in D^N zu kennen. Eine einfache Überlegung zeigt, daß $c_{N,n} > 0$. (Eine etwas längere Überlegung ergibt $c_{N,n} = N \cdot (N - 1) \cdots (N + n - 1)$).   □

2.4. Der Fall $k = \mathbf{C}$. Es sei hier $k = \mathbf{C}$. In diesem Fall hat eine affine Varietät X eine klassische (oder $\mathbf{C}$-) Topologie, die feiner ist als die Zariski-Topolgie. (Diese kann ja charakterisiert werden als die gröbste Topologie, für die alle $f \in \mathbf{C}[X]$ stetig sind.) Wir haben jetzt folgendes Kriterium für Reduktivität (vgl. [Kr, Anhang II]):

Satz. *Die lineare Gruppe G ist reduktiv, wenn es eine Zariski-dichte Untergruppe $K \subset G$ gibt, die kompakt in Bezug auf die $\mathbf{C}$-Topologie ist.*

BEWEIS: Der Beweis benutzt, daß es auf der kompakten topologischen Gruppe K ein invariantes Integral für stetige Funktionen gibt, d.h. ein lineares Funktional I auf dem Vektorraum $\mathcal{C}(K)$ der komplexwertigen stetigen Funtionen mit $I(1) = 1$, $I(\lambda(\gamma)f) = I(f)$ für $\gamma \in K$ (und $|I(f)| \leq \max_{\gamma \in K} |f(\gamma)|$). Wie früher ist $\lambda(\gamma)$ die Linkstranslation mit $\gamma \in K$.

Aus der Dichtigkeitsvoraussetzung folgt nun, daß $I(\lambda(g)f) = I(f)$ für $f \in \mathbf{C}[G]$ und $g \in G$. Daher ist G reduktiv nach Korollar 1.3. $\square$

2.5. Anwendungen

(i) Sei G ein Torus, also $G \simeq (\mathbf{C}^*)^n$ und $S \subset \mathbf{C}^*$ der Einheitskreis, $S = \{z \in \mathbf{C} \mid |z| = 1\}$. Dann ist $S^n \subset (\mathbf{C}^*)^n$ eine Untergruppe, die kompakt ist für die $\mathbf{C}$-Topologie. Sie ist auch dicht für die Zariski-Topologie. Das bedeutet hier folgendes: Wenn $F \in \mathbf{C}[T_1, \ldots, T_n]$ ein Polynom ist mit $F(e^{i\varphi_1}, \ldots, e^{i\varphi_n}) = 0$ für alle φ_i, dann ist $F = 0$. (Der Beweis dieser Tatsache sei dem Leser als Aufgabe überlassen.) Nach dem Kriterium 2.4 ist der Torus G reduktiv.

(ii) $G = \mathrm{GL}_n(\mathbf{C})$. Es sei jetzt K die unitäre Gruppe U_n, also $K = \{g \in G \mid g \cdot {}^t\bar{g} = 1\}$. Offenbar ist K kompakt für die $\mathbf{C}$-Topologie. Wir beweisen jetzt, daß K dicht ist für die Zariski-Topologie. Zuerst bemerken wir, daß der Zariski-Abschluß $\overline{K}$ wieder eine Untergruppe ist (nach einem elementaren Resultat über algebraische Gruppen [Sp2, S. 38]). Es sei D die Untergruppe der Diagonalmatrizen in G. Zudem gilt $G = KDK$; dies ist eine direkte Konsequenz der bekannten Tatsache, daß jede Hermitesche Matrix $g \in G$ in der Form $g = \gamma d \gamma^{-1}$ mit $\gamma \in K$ und $d \in D$ dargestellt werden kann. Es genügt jetzt zu zeigen, daß $D \subset \overline{K}$; dies folgt aber aus (i). Wir haben damit nochmals bewiesen, daß GL_n reduktiv ist, diesmal für $k = \mathbf{C}$. Ein ähnlicher Beweis kann für die anderen klassischen Gruppen $\mathrm{O}_n(\mathbf{C})$ und $\mathrm{Sp}_{2n}(\mathbf{C})$ geführt werden (vgl. [Kr, Anhang II]).

(iii) Es sei G die *Komplexifizierung* der kompakten Lie-Gruppe K (siehe [BtD, III.8]). Dann sind die Voraussetzungen des Kriteriums 2.4 erfüllt, und es folgt, daß G reduktiv ist.

Aufgaben

1. Situation von 1.2 (d):

   (a) Der Teilraum V^G hat ein eindeutig bestimmtes Komplement, nämlich den Teilraum, der von allen $\varrho(g)v - v$ mit $g \in G, v \in V$ erzeugt wird. Die lineare Abbildung $p_V : V \to V^G$ ist eindeutig bestimmt.

   (b) Es sei $\varphi : V \to W$ eine lineare Abbildung von lokal endlichen G-Modulen. Dann ist $\varphi \circ p_V = p_W \circ \varphi$.

(c) Ist $\varphi : V \to W$ wie in (b) und φ surjektiv, so gilt $\varphi(V^G) = W^G$.

2. Sei G eine reduktive Gruppe.

   (a) Das Integral I aus dem Korollar in 1.3 ist eindeutig bestimmt.

   (b) Es sei ϱ die Darstellung von G in $k[G]$ durch Rechtstranslation. Dann ist $I\big(\varrho(g)f\big) = I(f)$. Insbesondere ist I auch ein Integral für die Rechtstranslation.

   (c) Für $h \in k[G]$ sei $\tilde{h}(x) = h(x^{-1})$. Dann gilt $I(\tilde{h}) = I(h)$.

3. Es sei $\varphi : G \to H$ ein surjektiver Homomorphismus von algebraischen Gruppen. Ist G reduktiv, so auch H.

4. Es seien G und H zwei reduktive Gruppen.

   (a) Das direkte Produkt $G \times H$ ist reduktiv.

   (b) Jeder irreduzible $G \times H$-Modul ist von der Gestalt $V \otimes_k W$ mit einem einfachen G-Modul V und einem einfachen H-Modul W.

5. Die additive Gruppe $\mathbf{G}_a$ ($= k$ mit Addition) ist nicht reduktiv.

6. Die spezielle lineare Gruppe $\mathbf{SL}_n$ ist reduktiv, falls Char $k = 0$ gilt.

7. Es sei $\varrho : G \to \mathrm{GL}(V)$ eine endlichdimensionale treue Darstellung der linearen algebraischen Gruppe G. Wenn alle Tensorpotenzen $V^{\otimes d}$ vollständig reduzible G-Moduln sind, so ist G reduktiv.

8. Sei $k = \mathbf{C}$.

   (a) Die treue Darstellung $\varrho : G \to \mathrm{GL}_n$ der algebraischen Gruppe G habe die Eigenschaft, daß das Bild $\varrho(G)$ invariant unter den Automorphismen $X \mapsto ({}^t\bar{X})^{-1}$ von GL_n ist. Dann ist die Darstellung ϱ vollreduzibel. Dasselbe gilt für die Tensorpotenzen $V^{\otimes d}$.

   (b) Die klassischen Gruppen GL_n, SL_n, O_n, SO_n, Sp_n sind reduktiv.

III. Endlichkeitssatz, algebraische Quotienten

§1   Invariantenringe

1.1. Es sei G eine reduktive Gruppe über k und X eine affine G-Varietät. Wir bezeichnen mit $k[X]^G$ die Menge der G-invarianten Funktionen in $k[X]$, d.h.

$$k[X]^G = \{f \in k[X] \mid f(g.x) = f(x) \text{ für alle } g \in G \text{ und alle } x \in X\}.$$

$k[X]^G$ ist also gerade der Fixpunktraum der Wirkung von G auf $k[X]$ (I.2). $k[X]^G$ ist eine Unteralgebra von $k[X]$ und heisst *Invariantenring* von $k[X]$.

1.2. Endlichkeitssatz. *Der Invariantenring $k[X]^G$ wird von endlich vielen Elementen erzeugt.*

BEWEIS: Aus der lokalen Endlichkeit der Darstellung von G in $k[X]$ folgt, daß es endlich viele linear unabhängige Funktionen $f_1, \dots, f_n$ in $k[X]$ gibt so, daß $k[X] = k[f_1, \dots, f_n]$ und daß der von den f_i aufgespannte Teilraum G-invariant ist. Die f_i definieren einen Isomorphismus $\varphi : x \mapsto (f_1(x), \dots, f_n(x))$

von X auf eine abgeschlossene Teilvarietät von $V = k^n$; der zugehörige Algebra-Homomorphismus $\varphi^* : k[T_1, \ldots, T_n] \to k[X]$ wird gegeben durch $\varphi^* T_i = f_i$. Nach Konstruktion gibt es eine lineare Darstellung $\varrho : G \to GL(V)$ mit $\varphi(g.x) = \varrho(g)\, \varphi(g)$ $(x \in X, g \in G)$. Es sei $k[V]^G$ der Invariantenring, definiert durch diese lineare Wirkung von G auf V. Aus Bemerkung II.1.4 folgt, daß der von φ^* induzierte Homomorphismus $k[V]^G \to k[X]^G$ surjektiv ist.

Aus diesen Überlegungen ist ersichtlich, daß es genügt, den Satz im Falle $X = k^n$ zu beweisen, wobei die Wirkung von G auf X durch eine rationale Darstellung gegeben wird. In diesem Fall sind $k[X]$ und $A = k[X]^G$ graduiert. Es sei I das homogene Ideal in $k[X]$, erzeugt von den homogenen Elementen von A mit Grad > 0. Nach dem Hilbertschen Satz gibt es endlich viele solche Elemente $h_1, h_2, \ldots, h_s$ in A, die I erzeugen. Wir behaupten, daß $A = k[h_1, h_2, \ldots, h_s]$ gilt. Es sei $h \in A$ homogen vom Grad $d > 0$. Dann gibt es $f_1, \ldots, f_s \in k[X]$ mit

$$h = f_1 h_1 + \cdots + f_s h_s.$$

Es sei $p = p_A$ wie in II.1.2(d). Wenn $f \in k[X]$ homogen ist, dann ist Grad $p(f) =$ Grad f (wie z.B. aus dem Beweis von II.1.2 folgt). Aus der Eindeutigkeit von p (II, Aufgabe 1) folgt, daß

$$h = p(f_1) h_1 + \cdots + p(f_s) h_s.$$

Dann sind die $p(h_i)$ homogene Elemente von A mit Grad $< d$, und durch Induktion können wir voraussetzen, daß sie in $k[h_1, \ldots, h_s]$ liegen. Es folgt $h \in k[h_1, \ldots, h_s]$, womit der Satz bewiesen ist. $\square$

§2   Algebraische Quotienten

Wie in 1.1 sei G eine reduktive Gruppe und X eine affine G-Varietät. Der Invariantenring $k[X]^G$ ist offenbar reduziert. Es folgt daher aus dem Endlichkeitssatz 1.2, daß es eine affine k-Varietät $G \backslash X$ gibt mit $k[G \backslash X] = k[X]^G$.

2.1. Definition. Die affine Varietät $G \backslash X$ heißt *(algebraischer) Quotient* von X nach G; er wird auch mit $X /\!\!/ G$ bezeichnet. Die Inklusion $k[X]^G \hookrightarrow k[X]$ definiert einen Morphismus $\pi_X = \pi : X \to G \backslash X$, welcher *Quotientenabbildung* genannt wird.

Allgemeiner kann man auch bei einer nicht-reduktiven algebraischen Gruppe G den Quotienten $G \backslash X$ definieren, sobald $k[X]^G$ von endlichem Typ ist.

Wir werden einige Eigenschaften von $G \backslash X$ und π besprechen. Doch zuerst stellen wir ein paar Hilfsmittel bereit.

2.2. Bahn und Stabilisator. Die Bezeichnungen sind wie in 1.1. Die *Bahn* (oder *G-Bahn*) $\mathcal{O}_x$ von $x \in X$ ist die Menge

$$\mathcal{O}_x = G.x = \{g.x \mid g \in G\}.$$

Die *Isotropiegruppe* (oder der *Stabilisator*) von $x \in X$ in G ist die abgeschlossene
Untergruppe

$$G_x = \{g \in G \mid g.x = x\}.$$

Die *Bahnabbildung* $G \to \mathcal{O}_x \subset X$ ist der Morphismus $g \mapsto g.x$ von G auf $\mathcal{O}_x$.
Sie ist konstant auf den Nebenklassen gG_x. Wir brauchen nun ein Lemma von
BOREL.

2.3. Lemma. *Eine Bahn $\mathcal{O}_x$ ist offen in ihrem Abschluß $\overline{\mathcal{O}_x}$.*

Der Beweis folgt schnell aus der folgenden elementaren (aber nicht trivialen)
Eigenschaft (siehe [Sp2, S.28] oder [Kr, II.2.2]): Es sei $\varphi : X \to Y$ ein Morphismus von affinen Varietäten, wobei X irreduzibel sei. Dann enthält das Bild
$\varphi(X)$ eine nichtleere offene Teilmenge vom Abschluß $\overline{\varphi(X)}$.

Im nächsten Lemma sind die Bezeichnungen wieder wie in 1.1.

2.4. Lemma. *Es sei I ein Ideal in $k[X]^G$. Dann ist $Ik[X] \cap k[X]^G = I$.* (Hier
ist $Ik[X]$ das von I in $k[X]$ erzeugte Ideal.)

BEWEIS: Wenn $f \in k[X]^G$ und $f = \sum_s i_s h_s$ mit $i_s \in I$ und $h_s \in k[X]$, dann hat
man $f = p_{k[X]}f = \sum_s i_s(p_{k[X]}h_s)$, woraus ersichtlich ist, daß $Ik[X] \cap k[X]^G \subset I$.
Die Inklusion in der anderen Richtung ist evident.   □

§3   Eigenschaften von $(G\backslash X, \pi)$

Im folgenden sei X eine affine G-Varietät und $\pi : X \to G\backslash X$ der Quotient.

3.1. Universelle Eigenschaft. *Es sei $\varphi : X \to Y$ ein Morphismus von affinen
Varietäten, welcher konstant auf den G-Bahnen in X ist. Dann gibt es einen
eindeutig bestimmten Morphismus $\psi : G\backslash X \to Y$ mit $\varphi = \psi \circ \pi$.*

BEWEIS: Der Beweis folgt aus der Bemerkung, daß das Bild von $k[Y]$ unter
dem Homomorphismus ψ^* in $k[X]^G$ liegt.   □

Aus dieser Eigenschaft folgt, daß π einen Funktor von affinen G-Varietäten
nach affinen Varietäten definiert. Übrigens gilt die universelle Eigenschaft auch
mit einer beliebigen, nicht notwendig affinen G-Varietät Y. (Diese haben wir
jedoch nicht eingeführt. Siehe auch IV.2.)

3.2. Surjektivität. *π ist surjektiv.*

BEWEIS: Es sei ξ ein Punkt von $G\backslash X$, d.h. ein Homomorphismus $k[X] \to$
k. Dann ist $\pi^{-1}(\xi)$ die abgeschlossene Menge in X definiert durch das Ideal
$\mathrm{Ker}(\xi) \subset k[X]$. Nach obigem Lemma 2.4 ist das ein echtes Ideal. Daher ist
$\pi^{-1}(\xi) \neq \varnothing$.   □

3.3. Abgeschlossenheit. *Es sei Y eine G-invariante abgeschlossene Unter-
varietät von X. Dann ist $\pi(Y)$ abgeschlossen in $G\backslash X$, und $\pi|_Y : Y \to X$ ist*

der Quotient, d.h. isomorph zu $(G\backslash Y, \pi_Y)$.

(In der letzten Aussage ist $\pi|_Y$ die Einschränkung von π auf Y.)

BEWEIS: Es sei I das G-invariante Ideal von $k[X]$ mit $k[Y] = k[X]/I$. Der Homomorphismus $k[X] \to k[X]/I$ induziert einen Isomorphismus $k[X]^G/I^G \overset{\sim}{\to} (k[X]/I)^G$. Dies ergibt sich aus der Surjektivität von $k[X]^G \twoheadrightarrow (k[X]/I)^G$ (Bemerkung II.1.4). Hieraus folgt, daß $(G\backslash Y, \pi_Y)$ isomorph ist zu $\overline{(\pi(Y), \pi|_Y)}$ ist. Aus der Surjektivität von π_Y (3.2) sieht man, daß $\pi|_Y : Y \to \overline{\pi(Y)}$ surjektiv ist, so daß $\pi(Y)$ abgeschlossen sein muss. Das beweist die Behauptung. □

3.4. Trennungseigenschaft. *Es seien Y_1, Y_2 zwei G-invariante abgeschlossene Untervarietäten von X. Dann ist $\pi(Y_1 \cap Y_2) = \pi(Y_1) \cap \pi(Y_2)$.*

BEWEIS: Es sei $k[Y_i] = k[X]/I_i$, $i = 1, 2$. Dann ist $k[Y_1 \cap Y_2] = k[X]/J$, wo $J = \sqrt{I_1 + I_2}$ das Radikal von $I_1 + I_2$ ist (d.h. das Ideal derjenigen Elemente von $k[X]$, von denen eine Potenz in $I_1 + I_2$ liegt). Es folgt aus Eigenschaft (f) in 1.4, daß die Additionsabbildung $I_1 \times I_2 \to I_1 + I_2$ eine surjektive Abbildung $I_1^G \times I_2^G \twoheadrightarrow (I_1 + I_2)^G$ induziert. Es ist daher $(I_1 + I_2)^G = I_1^G + I_2^G$ und damit

$$J^G = \sqrt{I_1 + I_2}^G = \sqrt{(I_1 + I_2)^G} = \sqrt{I_1^G + I_2^G},$$

woraus die Behauptung folgt. □

Insbesondere gilt also folgendes: *Wenn $Y_1 \cap Y_2 = \varnothing$, dann ist auch $\pi(Y_1) \cap \pi(Y_2) = \varnothing$, d.h. die Invarianten trennen disjunkte abgeschlossene G-invariante Teilmengen.*

3.5. Quotiententopologie. *Die Topologie auf $G\backslash X$ ist die Quotiententopologie in Bezug auf π.*

BEWEIS: Dies bedeutet folgendes: Eine Teilmenge $U \subset G\backslash X$ ist offen genau dann, wenn $\pi^{-1}(U)$ offen ist. Es folgt aus der Surjektivität 3.2, daß man hier statt "offen" auch "abgeschlossen" nehmen kann. Dann ist die Aussage eine Konsequenz von der Abgeschlossenheit 3.3. □

3.6. Fasern. *Jede Faser $\pi^{-1}(\xi)$ $(\xi \in G\backslash X)$ enthält genau eine abgeschlossene Bahn.*

BEWEIS: Es sei $\xi \in G\backslash X$. Es gibt eine Bahn $\mathcal{O} \subset \pi^{-1}(\xi)$ so, daß der Abschluß $\overline{\mathcal{O}}$ minimal ist (in der Menge der Bahnabschlüsse). (Das ist eine Folge der Noetherschen Eigenschaft von $k[X]$.) Nach Lemma 2.3 muss dann $\mathcal{O}$ abgeschlossen sein. Daß es nur eine solche Bahn geben kann, folgt aus der Trennungseigenschaft 3.4. □

Wir sehen also, daß $G\backslash X$ die *Menge der abgeschlossenen Bahnen von G in X algebraisch parametrisiert*. Es ist im allgemeinen nicht richtig, daß $G\backslash X$ die Menge aller Bahnen von G in X parametrisiert, d.h. daß alle G-Bahnen in

X abgeschlossen sind. Ist dies der Fall, so redet man von einem *geometrischen Quotienten* (siehe auch IV.2).

3.7. Invariantenkörper. Es sei X jetzt irreduzibel, d.h. $k[X]$ nullteilerfrei. Dasselbe gilt dann für $k[X]^G$, also ist dann auch $G\backslash X$ irreduzibel. Es sei $k(X)$ der Quotientenkörper von $k[X]$. Es ist klar, daß G als Automorphismengruppe auf $k(X)$ wirkt und daß $k(G\backslash X)$ im Fixkörper $k(X)^G$ enthalten ist.

Satz. *Es gilt* $k(G\backslash X) = k(X)^G$ *in folgenden Fällen:*

(a) G *ist endlich.*

(b) X *ist ein Vektorraum, wo G linear wirkt, G ist zusammenhängend und alle Charaktere von G sind trivial.*

(Ein Charakter von G ist ein Homomorphismen $G \to \mathbf{G}_m$ von algebraischen Gruppen.)

BEWEIS: Es sei G endlich. Sind $p, q \in k[X]$ und $q^{-1}p \in k(X)^G$, so kann man $q^{-1}p$ auch schreiben als Quotient $(q')^{-1}p'$ mit Nenner $q' = \prod_{g \in G}(g.q) \in k[X]^G$. Der Zähler p' liegt dann auch in $k[X]^G$, was (a) beweist.

Im Falle (b) benutzen wir, daß wir in $k[X]$ die eindeutige Zerlegung in Primfaktoren haben. Ist $u \in k(X)^G$, so schreibe man $u = \prod_i f_i^{a_i}$, wo die f_i verschiedene Primelemente in $k[X]$ sind und $a_i \in \mathbf{Z} \setminus \{0\}$. Dann folgt aus dem Zusammenhang von G, daß $g.f_i = \alpha_i(g)f_i$ gilt mit $\alpha_i(g) \in k^*$, und man sieht leicht, daß α_i ein Charakter von G ist. Weil diese alle trivial sind, ist $\alpha_i(g) = 1$. Damit ist (b) gezeigt. □

Es ist nicht allgemein richtig, daß $k(X)^G = k(G\backslash X)$ gilt. (Gegenbeispiel: $X = k^n, G = \mathbf{G}_m$ wirkend durch Skalarmultiplikation.)

Bemerkung. Ist G zusammenhängend, dann ist der Invariantenkörper $k(X)^G$ in $k(X)$ algebraisch abgeschlossen. (Der Beweis folgt leicht aus der Tatsache, daß eine zusammenhängende Gruppe G keine Untergruppen mit endlichem Index > 1 hat; siehe [Kr, II.1.2].)

3.8. Dimensionsformel. *Es sei X irreduzibel und $k(X)^G = k(G\backslash X)$. Dann ist $\dim X - \dim G\backslash X$ die maximale Dimension der G-Bahnen in X.*

Wir erinnern daran, daß die *Dimension* $\dim X$ einer irreduziblen Varietät X der Transzendenzgrad des Quotientenkörpers $k(X)$ über k ist. Wenn X reduzibel ist, dann ist $\dim X$ die maximale Dimension der irreduziblen Komponenten von X. Den Beweis der Dimensionsformel werden wir in IV.2.3 geben.

3.9. Ein Kriterium für Quotienten. Wir bemerken zunächst, daß für eine *normale* G-Varietät X (d.h. X ist irreduzibel und $k[X]$ ist ganz abgeschlossen in $k(X)$) auch der Quotient $G\backslash X$ normal ist. (Der Beweis ist einfach.) In diesem Zusammenhang erwähnen wir folgendes Resultat, das nützlich bei der Identifikation von Quotienten ist (siehe [Kr, II.4] für Anwendungen). Es sei X eine irreduzible G-Varietät und $\varphi : X \to Y$ ein Morphismus von affinen Varietäten, der auf den G-Bahnen konstant ist. Nach der universellen Eigenschaft 3.1 gibt es einen Morphismus $\psi : G\backslash X \to Y$ mit $\varphi = \psi \circ \pi$.

Quotientenkriterium. *Man setze folgendes voraus:*

(a) π *ist surjektiv.*

(b) Y *ist normal.*

(c) *Es gibt eine dichte offene Teilmenge $U \subset Y$, so daß die Faser $\varphi^{-1}(y)$ für $y \in U$ genau eine abgeschlossenen G-Bahn enthält.*

(d) Char $k = 0$.

Dann ist $\psi : G\backslash X \to Y$ ein Isomorphismus.

Der Beweis beruht auf einer einfachen (affinen) Version von ZARISKI's Main Theorem (siehe [Kr, II.3]).

§4   Isotypische Zerlegung und Kovarianten

4.1. Es sei G eine reduktive Gruppe und $\hat{G}$ die Menge der Isomorphieklassen der irreduziblen rationalen Darstellungen von G. Wenn $\lambda \in \hat{G}$, so sei $\varrho_\lambda : G \to \mathrm{GL}(M_\lambda)$ eine Darstellung in λ und $d(\lambda) = \dim M_\lambda$.

Sind V und W zwei G-Moduln, so schreiben wir $\mathrm{Hom}_G(V, W)$ für den Vektorraum der G-linearen Abbildungen $V \to W$. Weiter bezeichnen wir mit V^* den dualen G-Modul zu V.

Wenn V ein lokal endlicher Modul ist, so ist V nach dem Satz II.1.2 eine direkte Summe $\bigoplus_i V_i$ von irreduziblen Moduln. Für $\lambda \in \hat{G}$ sei V^λ die direkte Summe der V_i, die in λ liegen. Das folgende Lemma zeigt, daß V^λ nicht von der Zerlegung von V abhängt.

Lemma. (i) V^λ *wird aufgespannt von den $f(M_\lambda)$ mit $f \in \mathrm{Hom}_G(M_\lambda, V)$.*

(ii) V^λ *ist G-isomorph zu $M_\lambda \otimes_k \mathrm{Hom}_G(M_\lambda, V)$, und $\mathrm{Hom}_G(M_\lambda, V) \simeq (M_\lambda^* \otimes V)^G$.*

(iii) $V = \bigoplus_{\lambda \in \hat{G}} V^\lambda$.

(Der einfache Beweis sei dem Leser überlassen.)

V^λ heißt die *λ-isotypische Komponente* von V und die Zerlegung von (iii) ist die *isotypische Zerlegung* von V. Die Dimension von $\mathrm{Hom}_G(M_\lambda, V)$ ist die *Multiplizität* von λ in V. Der Vektorraum $(M_\lambda \otimes V)^G$ ist der Raum der *Kovarianten von V vom Typ λ*. (Für die Klasse der trivialen Darstellung λ ist dies der Raum V^G der Invarianten, d.h. der Fixpunkte von G.)

4.2. Es sei jetzt X eine affine G-Varietät. Dann ist der Vektorraum $k[X]^\lambda$ der Kovarianten vom Typ λ offenbar ein $k[X]^G$-Modul.

Satz. $k[X]^\lambda$ *ist eine endlicher $k[X]^G$-Modul.*

BEWEIS: Etwas allgemeiner beweisen wir folgendes: Ist M ein endlichdimensionaler G-Modul, so ist $(M \otimes k[X])^G$ ein endlicher $k[X]^G$-Modul. Der Dualraum M^* ist eine affine G-Varietät und $k[M^*]$ ist die symmetrische Algebra $\mathrm{Sym}_k(M)$. Wir wenden den Endlichkeitssatz 1.2 auf das Produkt der G-Varietäten M^* und X an. Es folgt, daß die Algebra $(\mathrm{Sym}_k(M) \otimes_k k[X])^G$ von endlichem Typ ist. Die Graduierung von $\mathrm{Sym}_k(M)$ definiert eine Graduierung dieser Invariantenalgebra, und $(M \otimes k[X])^G$ ist die Menge der homogenen Elemente mit Grad 1. Daß dies ein endlicher $k[X]^G$-Modul ist, folgt nun direkt aus dem Endlichkeitssatz.   □

§ 5   Die Zerlegung von $k[G]$

G ist immer reduktiv vorausgesetzt. Wir definieren eine symmetrische Bilinearform $\langle \, , \, \rangle$ auf dem Vektorraum $k[G]$ durch

$$\langle f, h \rangle = I(f\tilde{h}),$$

wo I das Integral auf $k[G]$ ist und $\tilde{h}(x) = h(x^{-1})$ ist. Die Symmetrie folgt mit II, Aufgabe 2.

5.1. Lemma. *Es seien* $\varrho : G \to \mathrm{GL}_m$ *und* $\sigma : G \to \mathrm{GL}_n$ *zwei irreduzible rationale Darstellungen von* G, $\varrho(g) = (\varrho_{ij}(g))$ *und* $\sigma(g) = (\sigma_{ij}(g))$ *die zugehörigen Matrizen. Wenn* ϱ *und* σ *nicht isomorph sind, so gilt*

$$\langle \varrho_{hi}, \sigma_{jl} \rangle = 0 \quad \text{für} \quad 1 \leq h, i \leq m, \ 1 \leq j, l \leq n.$$

Weiter ist

$$m \cdot \langle \varrho_{hi}, \varrho_{jl} \rangle = \delta_{hl} \delta_{ij} \quad \text{für} \quad 1 \leq h, i, j, l \leq m.$$

BEWEIS: Dies zeigt man mit der Methode, die I. SCHUR für endliche Gruppen benutzte (siehe [Se, S. 27]). Es sei A irgendeine $m \times n$-Matrix und es sei $\bar{A}$ das Integral der $m \times n$-Matrix $\varrho(x)A\sigma(x)^{-1}$ mit Elementen in $k[X]$. Dann ist $\varrho(x)\bar{A} = \bar{A}\sigma(x)$ für alle $x \in G$. Die Behauptungen folgen dann schnell aus dem Lemma von SCHUR.   □

Wir betrachten jetzt die isotypische Zerlegung von $k[G]$ in Bezug auf die Darstellung von G durch Linkstranslation. Wir benutzen auch die durch

$$(g, h)f(x) = f(g^{-1}xh)$$

definierte Darstellung von $G \times G$ in $k[G]$. Der folgende Satz gibt ein Analogon der bekannten Zerlegung der Gruppenalgebra einer endlichen Gruppe und des Satzes von PETER und WEYL für kompakte Gruppen [BtD, Kap. III].

5.2. Satz. *Sei* G *reduktiv.*

(i) *$k[G]$ ist orthogonale direkte Summe der isotypischen Teilräume $k[G]^\lambda$. Die Restriktion der Bilinearform auf $k[G]^\lambda$ ist nicht ausgeartet;*

(ii) $k[G]^\lambda$ *ist* $G \times G$-*invariant und isomorph zum Endomorphismenraum* $\mathrm{End}(M_\lambda)$ *mit* $G \times G$-*Wirkung* $(g, h)f = \varrho_\lambda(g) \circ f \circ \varrho_\lambda(h)^{-1}$;

(iii) $\dim k[G]^\lambda = d(\lambda)^2$, *und die Multiplizität von* λ *in* $k[G]$ *ist* $d(\lambda)$.

BEWEIS: Es sei $\lambda \in \hat{G}$ und $\varrho : G \to \mathrm{GL}_m$ eine Darstellung in der Klasse λ. Der Raum $k[G]^\lambda$ wird aufgespannt von Teilräumen, die eine Basis $(f_1, \ldots, f_m)$ haben mit

$$f_i(g^{-1}.x) = \sum_{j=1}^{m} \varrho_{ji}(g) f_j(x).$$

Es folgt, daß

$$f_i = \sum_{j=1}^{m} f_j(e) \widetilde{\varrho_{ji}},$$

woraus ersichtlich ist, daß $k[G]^\lambda$ von den m^2 Funktionen $\widetilde{\varrho_{ij}}$, $1 \le i, j \le m$, aufgespannt wird. Aus dem Lemma 5.1 sieht man, daß die Restriktion von $\langle\ ,\ \rangle$ auf $k[G]^\lambda$ nicht ausgeartet ist und daß $\dim k[G]^\lambda = m^2$ ist, womit (iii) bewiesen ist. Die Orthogonalitätsaussage in (i) folgt ebenfalls aus dem Lemma, und (ii) ist einfach nachzuweisen. □

5.3. Wir können die Analogie von $k[G]$ mit einer Gruppenalgebra noch etwas weiter treiben. Wir definieren durch

$$(f * h)(x) = \langle f, \varrho(x)h \rangle,$$

ein neues Produkt auf $k[G]$, die *Faltung*. ($\varrho(x)$ ist wie oben die Rechtstranslation.)

Korollar. (i) $k[X]^\lambda * k[X]^\mu = 0$ *für* $\lambda \ne \mu$, *und* $k[X]^\lambda * k[X]^\lambda \subset k[X]^\lambda$.

(ii) *Es gibt einen* $G \times G$-*Isomorphismus* $\varphi_\lambda : k[X]^\lambda \xrightarrow{\sim} \mathrm{End}(M_\lambda)$, *so daß* $\varphi_\lambda(f * h) = \varphi_\lambda(f) \cdot \varphi_\lambda(h)$ *gilt, wobei das Produkt in* $\mathrm{End}(M_\lambda)$ *das kanonische ist.*

(iii) *Die Faltung definiert die Struktur einer assoziativen Algebra auf* $k[G]$. *Diese Algebra ist eine direkte Summe von endlichdimensionalen Matrizenalgebren.*

BEWEIS: Die Aussagen (i) und (ii) folgen aus dem obigen Lemma 5.1, und (iii) ist eine einfache Konsequenz von (i) und (ii). □

§6   Gruppencharaktere

6.1. Schließlich geben wir noch ein paar Eigenschaften der *Gruppencharaktere* von G. Es sei $\varrho : G \to \mathrm{GL}(V)$ eine endlichdimensionale rationale Darstellung von G. Ihr *Charakter* χ_ϱ ist die Funktion in $k[G]$ definiert durch

$$\chi_\varrho(x) = \mathrm{Sp}\varrho(x),$$

wobei Sp die *Spur* auf V bezeichnet. Der Charakter hängt nur von der Isomor-
phieklasse von ϱ ab. Wir schreiben kurz χ_λ für χ_{ϱ_λ}. Sei $C \subset k[G]$ die Teilalgebra
der *Klassenfunktionen*:

$$C = \{f \in k[G] \mid f(ghg^{-1}) = f(h) \text{ für alle } g, h \in G\}.$$

Offenbar ist $\chi_\varrho \in C$.

6.2. Korollar. (i) *Die χ_λ, $\lambda \in \hat{G}$, bilden eine Basis von C.*

   (ii) $\langle \chi_\lambda, \chi_\gamma \rangle = \delta_{\lambda\gamma}$.

   (iii) *Die Darstellung ϱ ist bis auf Isomorphie durch χ_ϱ eindeutig festgelegt.*

BEWEIS: (i) folgt aus Teil (ii) des Satzes 5.2, und (ii) aus dem Lemma 5.1. Wie
bei den endlichen Gruppen folgt (iii) aus den Orthogonalitätsrelationen (ii).
                                                                            □

Aufgaben

1. Es sei (a_{ij}) eine $m \times n$-Matrix mit ganzzahligen Elementen. Die Lösungsvek-
   toren $(x_1, \dots, x_n) \in \mathbf{N}^n$ des Gleichungssystems

   $$\sum_{j=1}^{n} a_{ij}x_j = 0, \quad 1 \le i \le m)$$

   sind Linearkombinationen von endlich vielen solchen, mit ganzzahligen Koeffizienten ≥ 0 (Satz von Gordan).
   Man beweise, daß dies eine Folgerung des Endlichkeitssatzes 1.2 ist. (Man
   nehme für G einen n-dimensionalen Torus.)

2. Es sei $G = (\mathbf{G}_m)^n$ ein n-dimensionaler Torus und X eine affine G-Varietät.
   Die isotypischen Komponenten von $k[X]$ (in Bezug auf die Darstellung von
   G in $k[X]$) definieren eine $\mathbf{Z}^n$-Graduierung auf $k[X]$.
   Umgekehrt: Ist X eine affine Varietät, dann definiert eine $\mathbf{Z}^n$-Graduierung
   von $k[X]$ die Struktur einer G-Varietät auf X.

3. G ist ein Torus und X eine irreduzible affine G-Varietät, welche eine dichte
   G-Bahnen enthält. Zeige:
   (a) $k(X)^G = k$;
   (b) die G-isotypischen Komponenten von $k[X]$ haben Dimension ≤ 1.
   Umgekehrt impliziert (b), daß es eine dichte Bahn (sogar nur endlich viele
   Bahnen) gibt (siehe [Kr, II.3.3 Satz 5]).

4. Es sei $G = \mathbf{G}_m$ und X eine affine G-Varietät. Wenn $\mathcal{O}$ eine G-Bahn ist,
   dann hat $\bar{\mathcal{O}} \setminus \mathcal{O}$ höchstens einen Punkt.

5. Sei

   $$G = \mathrm{SL}_2 = \left\{ \begin{pmatrix} x & y \\ z & t \end{pmatrix} \mid xt - yz = 1 \right\},$$

   und T die Untergruppe der Diagonalmatrizen. Wir lassen T auf G durch
   Linksmultiplikation wirken.

(a) Nach 2.1 existiert der Quotient $T\backslash G$. Beweise, daß $T\backslash G$ isomorph ist zur affinen Quadrik $Q = \{(x,y,z) \in k^3 \mid xy + z^2 = 1\}$. ($Q$ ist isomorph zu $\mathbf{P}^1 \times \mathbf{P}^1 \smallsetminus$ Diagonale.)

(b) (Char $k \neq 2$.) Es sei N der Normalisator von T in G. Man beweise, daß $N\backslash G$ existiert und isomorph ist zum Komplement eines Kegelschnittes in der projektiven Ebene $\mathbf{P}^2(k)$.

6. In der Situation von 5.3 sei $k = \mathbf{C}$ und G eine endliche Gruppe. Beweise, daß die Algebra $(k[G], *)$ isomorph zur Gruppenalgebra kG ist.

IV. Äquivalenzrelation einer Gruppenaktion

§ 1   Definitionen und Hilfssätze

1.1. Es sei G eine beliebige algebraische Gruppe und X eine affine G-Varietät. Die G-Aktion definiert eine (mengentheoretische) *Äquivalenzrelation* auf X, nämlich eine Teilmenge R von $X \times X$ gegeben durch

$$R = \{(x,y) \mid y = g.x \text{ für ein } g \in G\}.$$

Im Rahmen der algebraischen Geometrie geht man nun folgendermaßen vor. Sei $\varphi : G \times X \to X \times X$ der Morphismus mit $\varphi(g, x) = (g.x, x)$. Dann ist $\varphi(G \times X) = R$. Man kann im allgemeinen jedoch nicht erwarten, daß R gute Eigenschaften hat, also z.B. abgeschlossen ist.

Es sei nun $A = k[X]^G$ die Invariantenalgebra (nicht notwendigerweise von endlichem Typ) und $I \subset k[X \times X] = k[X] \otimes_k k[X]$ das Ideal erzeugt von den Elementen $a \otimes 1 - 1 \otimes a$ mit $a \in A$. Das Ideal I definiert eine abgeschlossene Teilvarietät Y von $X \times X$, nämlich

$$Y = \{(x,y) \in X \times X \mid a(x) = a(y) \text{ für alle } a \in A\}.$$

Dann ist

$$k[Y] = (k[X] \otimes_k k[X])/\sqrt{I},$$

wo $\sqrt{I}$ das Radikal von I ist. Es ist klar, daß $R \subset Y$, also induziert φ einen Morphismus $G \times X \to Y$, den wir auch mit φ bezeichnen. Er wird durch einen Homomorphismus $\varphi^* : k[Y] \to k[G] \otimes k[X]$ definiert.

1.2. In gewissen Fällen kann man mehr aussagen. So folgt etwa im Falle einer reduktiven Gruppe G aus der Eigenschaft III.3.2 (Surjektivität von π), daß der Morphismus $\varphi : G \times X \to Y$ surjektiv ist, falls alle G-Bahnen in X abgeschlossen sind. Insbesondere ist dann $R = Y$, also R abgeschlossen in $X \times X$.

Wir werden einige weitere Resultate dieser Art besprechen. Dazu brauchen wir einiges aus der kommutativen Algebra.

1.3. Lemma. *Es sei B ein Ring ohne Nullteiler und A ein Teilring, so daß B von endlichem Typ über A ist. Die Quotientenkörper von A und B seien K und L. Man setze voraus: (a) B ist flach über A, (b) L ist separabel über K. Dann ist $B \otimes_A B$ reduziert. Wenn außerdem K in L algebraisch abgeschlossen ist, dann ist $B \otimes_A B$ nullteilerfrei.*

Die *Flachheit* bedeutet bekanntlich, daß der Funktor $M \mapsto B \otimes_A M$ in der Kategorie der A-Moduln exakte Folgen erhält. Die *Separabilität* von L/K bedeutet folgendes: Es sei p der charakteristische Exponent von L. Sind $x_1, \ldots, x_s \in L$ über K linear unabhängig, so auch $x_1^p, \ldots, x_s^p$.

BEWEIS: Es sei $S = A \smallsetminus \{0\}$. Dann ist $(B \otimes_A B)_S \simeq B_S \otimes_K B_S$. Aus der Flachheitsvoraussetzung folgt, daß der kanonische Homomorphismus $B \otimes_A B \to (B \otimes_A B)_S$ injektiv ist. Wir haben also die Injektionen

$$B \otimes_A B \hookrightarrow B_S \otimes_K B_S \hookrightarrow L \otimes_K L.$$

Aus der Separabilität von L/K folgt bekanntlich, daß $L \otimes_K L'$ für jede Erweiterung L'/K reduziert ist. Daher ist $B \otimes_A B$ reduziert. Wenn außerdem K in L algebraisch abgeschlossen ist, dann ist $L \otimes_K L'$ für alle L' nullteilerfrei. Also ist dann $B \otimes_A B$ nullteilerfrei. □

1.4. Lemma. *Es seien A und B wie in Lemma 1.3 und es sei überdies A noethersch. Es gibt $a \in A \smallsetminus \{0\}$, so daß B_a ein freier A_a-Modul ist. Insbesondere ist B_a flach über A_a.*

Einen Beweis findet man etwa in [Ma, S. 156].

1.5. Lemma. *Es sei L ein Körper, Γ eine Automorphismengruppe von L und K der Fixkörper von Γ.*

(i) *Es seien $x_1, \ldots, x_s$ Elemente von L, die über K linear unabhängig sind. Sind $y_1, \ldots, y_s \in L$ und gilt für alle $\gamma \in \Gamma$*

$$(\gamma.x_1)y_1 + (\gamma.x_2)y_2 + \cdots + (\gamma.x_s)y_s = 0,$$

dann ist $y_1 = \cdots = y_s = 0$.

(ii) *L/K ist separabel.*

BEWEIS: (i) wird durch Induktion bewiesen. Für $s = 1$ ist die Aussage evident. Wir können voraussetzen, daß die y_i über K linear unabhängig sind. Nun gilt für alle $\gamma, \delta \in \Gamma$:

$$\sum_{i=2}^{s} \left(\gamma.(x_1^{-1}x_i) - x_1^{-1}x_i \right) \delta.y_i = 0.$$

Mit Induktion (angewendet auf die y_i) folgt, daß $x_1^{-1}x_i \in K$ für $i = 2, \ldots, n$. Das aber bedeutet, daß die x_i über K linear abhängig sind: Widerspruch!

Es seien jetzt $x_1, \ldots x_s$ Elemente von L so, daß $x_1^p, \ldots, x_s^p$ über K linear abhängig sind, d.h. $\sum_{i=1}^{s} x_i^p y_i = 0$ mit $y_i \in K$ und nicht alle y_i Null. Es sei $L' = L(y_1^{1/p}, \ldots, y_s^{1/p})$. Die Wirkung von Γ auf L kann auf L' fortgesetzt werden. Es sei (z_j) eine Basis von L'/L, welche aus Γ-invarianten Elementen von L' besteht (z.B. aus ein paar der $y_i^{1/p}$). Man schreibe $y_i^{1/p} = \sum_j x_{ij} z_j$. Dann liegen alle x_{ij} in K und $0 = \sum_i x_i y_i^{1/p} = \sum_{i,j} x_i x_{ij} z_j$. Hieraus folgt, daß $\sum_i x_i x_{ij} = 0$, also sind die x_i über K linear abhängig, was (ii) beweist. $\square$

1.6. Wir kehren jetzt zu der Situation von 1.1 zurück und wir benützen die dort eingeführten Bezeichnungen. Wir setzen voraus, daß $k[X]^G$ eine k-Algebra von endlichem Typ ist. Sie definiert wieder eine Varietät $G\backslash X$ und wir haben einen Morphismus $\pi_X : X \to G\backslash X$. Die Varietät Y kann man auch als das *Faserprodukt*

$$X \times_{G\backslash X} X = \{(x,y) \in X \times X \mid \pi_X(x) = \pi_X(y)\}$$

interpretieren.

1.7. Satz. *Wir setzen folgendes voraus:*

(a) X *ist irreduzibel.*

(b) X *ist flach über* $G\backslash X$.

(c) $k(X)^G$ *ist der Quotientenkörper von* $k[X]^G$.

Dann gilt:

(i) $\sqrt{I} = I$ *und die Algebra* $k[X] \otimes_{k[G\backslash X]} k[X]$ *ist reduziert und isomorph zu* $k[Y]$.

(ii) $X \times_{G\backslash X} X$ *ist der Abschluß von* R.

(iii) *Wenn* G *zusammenhängend ist, dann ist* $X \times_{G\backslash X} X$ *irreduzibel.*

BEWEIS: Die Voraussetzung (b) bedeutet bekanntlich, daß $k[X]$ flach ist über $k[X]^G$. Die Behauptungen von (i) folgen direkt mit Hilfe von Lemma 1.3 und Lemma 1.5(ii). Wenn G zusammenhängend ist, dann ist $k(X)^G$ algebraisch abgeschlossen in $k(X)$ (Bemerkung in III.3.7), und Lemma 1.3 zeigt, daß $k[Y]$ nullteilerfrei ist, d.h. daß $X \times_{G\backslash X} X$ irreduzibel ist. Mit Lemma 1.4 und Lemma 1.5(i) folgt, daß der Homomorphismus φ^* injektiv ist, womit (ii) und (iii) bewiesen sind.

Wenn G beliebig ist, sei G° die Einheitskomponente. Die Behauptung (ii) folgt dann, indem man bemerkt, daß die endliche Gruppe G/G° die Komponenten von $X \times_{G\backslash X} X$ transitiv permutiert. $\square$

§2   Satz von ROSENLICHT

2.1. In den Rahmen dieses Kapitels paßt auch ein Satz von ROSENLICHT [Ro], den wir nun besprechen werden.

Sei G eine algebraische Gruppe über dem algebraisch abgeschlossenen Körper k. Wir betrachten eine nicht notwendig affine G-Varietät X, die wir

als irreduzibel voraussetzen. (Hier wird also Bekanntschaft mit allgemeinen
Varietäten vorausgesetzt. Man findet das Benötigte z.B. in [Sp3, Kap. 1,2].)

Eine *rationale Funktion* f auf X ist eine reguläre Funktion auf einer
offenen affinen Teilvarietät U von X (die von f abhängt). Die rationalen Funktionen bilden einen Körper $k(X)$. Ist U wie vorher, so ist $k(X)$ kanonisch isomorph zum Quotientenkörper $k(U)$ von $k[X]$. Die Gruppe G wirkt auf $k(X)$
als k-lineare Automorphismengruppe. Es sei $k(X)^G$ der Invariantenkörper.

Definition. Ein *geometrischer Quotient* von X nach G ist ein Paar (Y, π), wo
Y eine algebraische Varietät ist und $\pi : X \twoheadrightarrow Y$ ein surjektiver Morphismus
so, daß

(a) die Fasern $\pi^{-1}(\pi(x))$ $(x \in X)$ genau die G-Bahnen in X sind, und

(b) π einen Isomorphismus $k(Y) \xrightarrow{\sim} k(X)^G$ induziert.

Ein geometrischer Quotient braucht nicht zu existieren: Dazu notwendig ist,
daß alle G-Bahnen in X abgeschlossen sind, was schon in einfachen Beispielen
nicht der Fall ist.

2.2. Satz von ROSENLICHT. *Es gibt eine offene G-stabile Teilvarietät U von
G, so daß ein geometrischer Quotient von U nach G existiert.*

BEWEIS: Der Invariantenkörper $k(X)^G$ ist eine Teilerweiterung der Erweiterung
von endlichem Typ $k(X)/k$. Man benutzt nun die folgende bekannte Tatsache:
Wenn $K = k(x_1, \ldots, x_m)$ eine Erweiterung von endlichem Typ ist, so auch jede
Teilerweiterung L. (Man reduziert den Beweis schnell auf den Fall $m = 1$. Falls
x_1 transzendent ist über k, benutze man den Satz von LÜROTH, und ist x_1
algebraisch über k, so die Endlichdimensionalität von $k(x_1)/k$.)

Es seien $f_1, \ldots, f_n$ rationale Funktionen auf X so, daß $k(X)^G =
k(f_1, \ldots, f_n)$. Es gibt eine affine Varietät Z mit $k[Z] = k[f_1, \ldots, f_n]$. Dann
ist Z eine abgeschlossene Teilvarietät von k^n.

Es sei U eine offene Teilvarietät von X so, daß $f_1, \ldots, f_n \in k[U]$.
Wegen der G-Invarianz der f_i ist dann auch $f_1, \ldots, f_n \in k[g.U]$ für jedes $g \in G$.
Wir ersetzen X durch die G-stabile offene Teilvarietät $\cup_{g \in G} g.U$. Dann definiert
$\pi(x) = (f_1(x), \ldots, f_n(x))$ einen Morphismus $\pi : X \to Z$, und π ist dominant
(d.h. $\overline{\pi(X)} = Z$). Bekanntlich gilt für jedes $x \in X$

$$\dim \pi^{-1}(\pi(x)) \geq \dim X - \dim Z,$$

mit Gleichheit auf einer nichtleeren offenen Teilvarietät. Nachdem wir X wieder
durch eine offene Teilvarietät ersetzt haben, können wir erreichen, daß alle
Fasern $\pi^{-1}(\pi(x))$ die gleiche Dimension $\dim X - \dim Z$ haben.

Aus 1.4 folgt, daß es eine offene Teilvarietät Y_0 von Y gibt, so daß
π einen flachen Morphismus $\pi^{-1}(Y_0) \to Y_0$ definiert. Indem wir X wieder
verkleinern, können wir daher auch erreichen, daß π flach ist.

Wir betrachten jetzt den Morphismus $\varphi : G \times X \to X \times X$ von 1.1.

Es sei Y der Abschluß des Bildes von φ. Es gibt eine nichtleere dichte offene Teilmenge V von $G \times X$ so, daß für $\xi \in V$ gilt

$$\dim \varphi^{-1}(\varphi(\xi)) = \dim G + \dim X - \dim Y.$$

Das Bild von V unter der Projektion $G \times X \to X$ ist dicht in X und enthält eine nichtleere offene Teilvarietät von X. Wir können daher X ersetzen durch eine offene Teilvarietät, so daß alle Fasern von φ dieselbe Dimension haben. Weil die Faser $\varphi^{-1}\varphi(g.x)$ isomorph ist zur Isotropiegruppe G_x, haben alle Isotropiegruppen dieselbe Dimension.

Man zeigt nun wie im Beweis von 1.7 (wobei Z die Rolle von $G\backslash X$ spielt), daß $Y = X \times_Z X = \{(x, x') \in X \times X \mid \pi(x) = \pi(x')\}$. Folglich ist für alle $x \in X$

$$\dim G_x = \dim G \times X - \dim Y = \dim G - \dim X + \dim Z,$$

und alle G-Bahnen haben Dimension $\dim X - \dim Z$. Nach Konstruktion hat (Z, π) die Eigenschaft (b) eines geometrischen Quotienten. Falls φ surjektiv ist, gilt auch die Eigenschaft (a).

Es sei jetzt $\varphi(X) \neq Y$ und sei F eine irreduzible Komponente von $\overline{Y \smallsetminus \varphi(X)}$. Dann ist F eine echte abgeschlossene Teilvarietät von $Y = X \times_Z X$. Man beachte: Ist $(x, y) \in F$, so auch $(x, g.y) \in F$ für alle g in der Einheitskomponente G^0. Wenn pr_1 die erste Projektion $X \times X \to X$ bezeichnet, dann gilt

$$\begin{aligned} \dim \overline{\mathrm{pr}_1(F)} + \dim X - \dim Z &= \dim \overline{\mathrm{pr}_1(F)} + \dim G.y \\ &\leq \dim F < 2 \dim X - \dim Z, \end{aligned}$$

woraus folgt, daß $\overline{\mathrm{pr}_1(F)}$ eine echte abgeschlossene Teilvarietät von X ist. Wir ersetzen X durch das Komplement der Vereinigung aller $\overline{\mathrm{pr}_1(F)}$. Dann haben wir erreicht, daß (Z, π) die Eigenschaften (a) und (b) des geometrischen Quotienten besitzt. Indem wir schließlich noch X ersetzen durch das inverse Bild einer geeigneten offenen Teilvariatät von Z, erreichen wir auch noch, daß π surjektiv ist. $\square$

2.3. Wir können jetzt den Beweis der Dimensionsformel III.3.8 (in etwas allgemeinerer Fassung) nachholen.

Korollar. *Es sei G eine lineare algebraische Gruppe und X eine irreduzible affine G-Varietät. Man setze voraus:* (a) *$k[X]^G$ ist von endlichem Typ, und* (b) *$k(X)^G$ ist der Quotientenkörper von $k[X]^G$. Dann ist $\dim X - \dim G\backslash X$ die maximale Dimension der G-Bahnen in X.*

BEWEIS: Mit den Bezeichnungen des Beweises von 1.9 folgt aus diesem Beweis, daß $\dim X - \dim Z$ die maximale Bahndimension ist. Nun ist $\dim Z$ der Transzendenzgrad von $k(X)^G$ über k. Nach Voraussetzung (b) ist dies gerade $\dim G\backslash X$. $\square$

Die Beweismethoden der letzten beiden Abschnitte gehen zurück auf Luna [Lu, Kap. 4].

§ 3   Affine Quotienten

Es sei G eine lineare algebraische Gruppe und H eine abgeschlossene Untergruppe. Man lasse H in G durch Rechtstranslation operieren. In der Theorie der algebraischen Gruppen zeigt man (siehe z.B. [Sp3, Kap. 5]), daß es eine Quotientenvarietät G/H gibt, deren Punkte die Nebenklassen gH parametrisieren. Sie wird durch eine universelle Eigenschaft wie in III.3.1 charakterisiert. Es sei $\varphi : H \times G \to G \times G$ der Morphismus mit $\varphi(h,g) = (gh^{-1}, g)$.

3.1. Lemma. *Sei G/H affin. Dann gilt:*

  (i) $k[G] \otimes_{k[G/H]} k[G]$ *ist reduziert.*

  (ii) φ *definiert einen Isomorphismus $H \times G \xrightarrow{\sim} G \times_{G/H} G$.*

  (iii) φ *definiert einen Isomorphismus*

$$\varphi^* : k[G] \otimes_{k[G/H]} k[G] \xrightarrow{\sim} k[H] \otimes_k k[G]$$

  mit $\varphi^* \circ (\varrho(h) \otimes \mathrm{id}) = (\lambda(h) \otimes \mathrm{id}) \circ \varphi^*$ $h \in H$.

(λ und ϱ sind die Links- und Rechtstranslationen wie in I.3.)

BEWEIS: Man reduziert den Beweis leicht auf den Fall, daß G zusammenhängend ist. Unter Benützung der Tatsache, daß G auf G/H durch Linkstranslation transitiv wirkt, folgt aus Lemma 1.4, daß G flach über G/H ist. Aus der Konstruktion des Quotienten G/H ist ersichtlich, daß $k(G/H)$ der Quotientenkörper von $k[G/H]$ ist (siehe [Sp3, Kap. 5]). Eine Anwendung von Satz 1.7 gibt (i). Weil φ offenbar surjektiv ist, folgen die beiden äquivalenten Aussagen (ii) und (iii) aus Teil (iii) des Satzes. $\square$

3.2. Ein lokal endlicher G-Modul I heißt *injektiv*, wenn er folgende Eigenschaft besitzt: Ist V ein lokal endlicher G-Modul und W ein G-invarianter Teilraum, so kann jeder G-Homomorphismus $W \to I$ zu einem G-Homomorphismus $V \to I$ fortgesetzt werden. Ein Beispiel eines injektiven Moduls ist $k[G]$ (mit der G-Aktion durch Linkstranslationen). Allgemein sind alle lokal endliche Moduln $k[G] \otimes V$ injektiv, wenn G trivial auf V operiert, d.h. $g.(f \otimes v) = \lambda(g)f \otimes v$. (Der Beweis ist einfach.)

Nach diesen Vorbereitungen können wir jetzt ein wichtiges Reduktivitätskriterium beweisen (siehe [CPS]).

3.3. Satz. *Es sei G eine reduktive Gruppe und H eine abgeschlossene Untergruppe. Die folgenden Eigenschaften sind äquivalent:*

  (a) *H ist reduktiv;*

  (b) *G/H ist affin;*

  (c) *$k[G]$ ist ein injektiver H-Modul (via Rechtstranslation).*

BEWEIS: (a) $\Rightarrow$ (b): Wenn H reduktiv ist, so ist der Quotient im Sinne von Kap. III, §2 ein Quotient G/H im Sinn der Theorie der algebraischen Gruppen, wie man leicht verifiziert.

(b) $\Rightarrow$ (c): Es sei G/H affin. Der H-Modul $k[H] \otimes_k k[G]$ (mit der Operation $\lambda \otimes \mathrm{id}$) ist injektiv, also ist es der H-Modul $M = k[G] \otimes_{k[G/H]} k[G]$ (mit der Wirkung $\varrho \otimes \mathrm{id}$) nach Lemma 3.1(iii) auch. Wir definieren Homomorphismen von H-Moduln $i : k[G] \to M$ und $p : M \to k[G]$ durch $if = f \otimes 1$ bzw. $p(f \otimes f') = ff'$. Dann ist $p \circ i = \mathrm{id}$.

Es sei jetzt V ein lokal endlicher H-Modul und W ein Teilmodul. Ist $\varphi : W \to k[G]$ ein H-Homomorphismus, dann ist $i \circ \varphi$ ein H-Homomorphismus $W \to M$. Wegen der Injektivität von M kann man $i \circ \varphi$ zu einem H-Homomorphismus $\psi : V \to M$ fortsetzen. Dann ist $p \circ \psi : V \to k[G]$ eine Fortsetzung von φ. Folglich ist $k[G]$ injektiv.

(c) $\Rightarrow$ (b): Wenn $k[G]$ ein injektiver H-Modul in Bezug auf Rechtstranslationen ist, so ist er es auch bezüglich Linkstranslationen. Aus der Injektivität folgt, daß es bezüglich Linkstranslationen einen H-Homomorphismus $\alpha : k[H] \to k[G]$ gibt mit $\alpha(1) = 1$. Es sei I_G das Integral auf $k[G]$ im Sinne von II.1.3. Dann ist $I_H = I_G \circ \alpha$ ein Integral auf $k[H]$, so daß H reduktiv ist (loc.cit.). □

Wir erinnern daran, daß für einen abgeschlossenen Normalteiler H der linearen algebraischen Gruppe G der Quotient G/H wieder die Struktur einer linearen algebraischen Gruppe hat [Sp3, Kap. 5]. Insbesondere ist G/H affin.

3.4. Korollar. *Es sei G eine lineare algebraische Gruppe und H ein abgeschlossener Normalteiler. G ist reduktiv dann und nur dann, wenn G/H und H reduktiv sind.*

BEWEIS: Wenn G reduktiv ist, so ist H reduktiv nach dem obigen Satz. Die Algebra $k[G/H] = k[G]^H$ ist immer eine Teilalgebra von $k[G]$. Die Beschränkung des Integrals I_G auf $k[G/H]$ ist dann ein Integral auf $k[G/H]$, so daß G/H reduktiv ist (II.1.3).

Es seien jetzt G und G/H reduktiv. Dann ist $k[G/H]$ bezüglich der Rechtstranslation der Raum der H-Invarianten in $k[G]$. Es sei $p : k[G] \to k[G/H]$ eine H-äquivariante Projektion wie in Satz II.1.2(d). Wenn $I_{G/H}$ ein Integral auf $k[G/H]$ ist, so ist $I_{G/H} \circ p$ ein Integral auf $k[G]$, so daß G nach dem Korollar II.1.3 reduktiv ist. □

3.5. Beispiel. Es sei Char $k = 0$ und $G = \mathrm{GL}_n$. Dann ist G reduktiv nach II.2.3. Weiter sei H die orthogonale Gruppe $\mathrm{O}_n \subset \mathrm{GL}_n$. Man beweist leicht, daß G/H isomorph zum Raum der nicht ausgearteten symmetrischen $n \times n$-Matrizen ist (z.B. als einfache Anwendung des Quotientenkriteriums III.3.9). Dieser Raum ist offenbar affin, also ist O_n und damit auch SO_n in Charakteristik 0 reduktiv. In derselben Weise sieht man, daß die symplektische Gruppe Sp_{2n} reduktiv ist.

In obigem Beispiel liegt ein Spezialfall der folgenden Situation vor: G ist reduktiv und H ist die Fixpunktgruppe eines halbeinfachen Automorphismus von G. Dann ist G/H affin nach einer Folgerung aus dem Satz in [Sp3, S. 124]. Also ist dann H reduktiv.

V. Andere Reduktivitätsbegriffe

§ 1   Gruppentheoretische Reduktivität

Wir setzen jetzt Bekanntschaft mit der Theorie der algebraischen Gruppen voraus. Es sei G eine lineare algebraische Gruppe über k. Das *unipotente Radikal* $R_u G$ ist der maximale zusammenhängende unipotente Normalteiler von G. In der Theorie der algebraischen Gruppen heißt G reduktiv, wenn $R_u G$ trivial ist. Wir werden hier (ausnahmsweise) die Bezeichnung *gruppentheoretisch reduktiv* verwenden.

1.1. Satz. (i) *Es sei G reduktiv. Dann ist G gruppentheoretisch reduktiv.*

(ii) *Es sei* Char $k = 0$. *Wenn G gruppentheoretisch reduktiv ist, dann ist G reduktiv.*

BEWEIS: (i) Aus dem Korollar IV.3.4 folgt, daß $R_u G$ reduktiv ist. Nun hat eine nichttriviale zusammenhängende unipotente algebraische Gruppe H einen zur additiven Gruppe isomorphen Quotienten. Aber dann kann H nach II, Aufgabe 5 nicht reduktiv sein, womit (i) gezeigt ist.

(ii) (Skizze) Es sei Char $k = 0$ und G gruppentheoretisch reduktiv. Nach dem Korollar IV.3.4 können wir ohne Einschränkung der Allgemeinheit annehmen, daß G zusammenhängend und halbeinfach ist. Wir benutzen den *Casimir-Operator* C. Die Liealgebra $\mathfrak{g}$ von G besteht aus allen Derivationen der k-Algebra $k[G]$, die mit den Linkstranslationen $\lambda(g)$ kommutieren. Der Casimir-Operator C ist ein quadratischer Differentialoperator der Gestalt

$$C = \sum_i (X_i Y_i + Z_i) \quad \text{mit} \quad X_i, Y_i, Z_i \in \mathfrak{g},$$

der auch mit allen Rechtstranslationen vertauscht. Man kann ein solches C explizit hinschreiben [Sp1]. Wenn dann $\varrho : G \to \mathrm{GL}_n$ eine irreduzible rationale Matrixdarstellung von G ist, so folgt aus dem Lemma von SCHUR: Es gibt eine Konstante $c(\varrho)$ mit

$$C\varrho_{ij} = c(\varrho)\varrho_{ij}, \quad 1 \le i, j \le n.$$

Wenn $\chi = \sum_{i=1}^n \varrho_{ii}$ die Spurfunktion ist, dann folgt $C\chi = c(\varrho)\chi$. Man beweist nun, daß $c(\varrho) = 0$ nur für die triviale irreduzible Darstellung gilt (z.B. unter Benutzung von [loc. cit., Prop. 2.9]). Es sei $k[G]_a$ der Teilraum von $k[G]$ erzeugt von denjenigen Funktionen, die durch eine Potenz von $C - a$ annulliert werden. Dann ist $k[X]$ die direkte Summe von $k[X]_0$ und dem $\lambda(G)$-invarianten Teilraum $\bigoplus_{a \neq 0} k[G]_a$. Wir behaupten, daß $k[G]_0 = k$ ist. Dann folgt aus dem Satz II.1.2(c), daß G reduktiv ist.

Um die Behauptung zu beweisen, bemerke man, daß nach der obigen Eigenschaft von C als Kompositionsfaktoren von $k[G]_0$ nur triviale Darstellungen auftreten können. Wäre $\dim k[G]_0 > 1$, so gäbe es ein nichtkonstantes $f \in k[G]$ mit $\lambda(g)f - f \in k$ für alle $g \in G$. Aber so ein f wäre dann ein nichttrivialer Homomorphismus $G \to \mathbf{G}_a$, und solche gibt es in halbeinfachen Gruppen nicht (nach II, Aufgabe 5 und Korollar IV.3.4). Dieser Widerspruch zeigt, daß $k[G]_0 = k$ ist, womit der Satz bewiesen ist. $\square$

1.2. Teil (ii) des Satzes ist in beliebiger Charakteristik nicht richtig. Aus dem Lemma III.5.1 folgt nämlich bei Char $k = p > 0$ für jede irreduzible rationale Darstellung $G \to \mathrm{GL}_n$, daß p den Grad n der Darstellung nicht teilt. Es sei jetzt G zusammenhängend und $p > 0$. Nun hat bekanntlich jede zusammenhängende halbeinfache Gruppe G eine irreduzible rationale Darstellung mit p-Potenzgrad > 1, die *Steinberg-Darstellung* (siehe [Ha, S. 73]). Es folgt, daß eine reduktive Gruppe G ein Torus sein muß.

Etwas allgemeiner sieht man, daß für Char $p > 0$ eine algebraische Gruppe G genau dann reduktiv ist, wenn die Einskomponente G^0 ein Torus ist und die Ordung der endlichen Gruppe G/G^0 zu p prim ist (Satz von NAGATA).

§ 2   Geometrische Reduktivität

Es sei G eine lineare algebraische Gruppe über k. Die Charakteristik p sei beliebig.

2.1. Definition. G heißt *geometrisch reduktiv*, wenn folgendes gilt: Ist $\varrho : G \to \mathrm{GL}(V)$ eine endlichdimensionale rationale Darstellung und $v \in V^G \backslash \{0\}$, so gibt es ein homogenes $f \in k[V]^G$ mit $f(v) \neq 0$.

Reduktive Gruppen sind geometrisch reduktiv: Eine reduktive Gruppe hat nämlich die Eigenschaft der Definition mit einer linearen Funktion $\ell : V \to k$ (dies folgt direkt aus der Definition II.1.1). Die Umkehrung ist schon für endliche Gruppen in positiver Charakteristik falsch. Für Charakteristik 0 sind beide Begriffe äquivalent.

2.2. Der Begriff der geometrischen Reduktivität wurde von MUMFORD eingeführt. Es hat sich gezeigt, daß diese die "richtige" Voraussetzung für Endlichkeitsergebnisse wie in Kapitel III ist. Der Endlichkeitssatz III.1.2 gilt für geometrisch reduktive Gruppen, und man kann damit auch algebraische Quotienten definieren. Die Eigenschaften 3.1, 3.2, 3.4, 3.5 und 3.6 aus III.3 gelten auch unter Voraussetzung der geometrischen Reduktivität. (Siehe [Sp2, §2] für mehr Einzelheiten über die genannten Tatsachen.)

Ein Hauptergebnis über geometrische Reduktivität ist der folgende

2.3. Satz von HABOUSH. *Gruppentheoretisch reduktive Gruppen sind geometrisch reduktiv.*

Der Beweis benutzt Darstellungstheorie von reduktiven Gruppen ([Ha]). Für GL_n kann man einen verhältnismäßig elementaren Beweis angeben (siehe [FP]).

Man zeigt auch—mehr oder weniger wie im Beweis von Teil (i) des obigen Satzes 1.1—daß geometrisch reduktive Gruppen gruppentheoretisch reduktiv sind. Daraus sieht man, daß geometrische und gruppentheoretische Reduktivität äquivalent sind.

2.4. Wir bemerken schließlich, daß der Satz IV.3.3 richtig bleibt, falls man dort "reduktiv" durch "geometrisch reduktiv" oder "gruppentheoretisch reduktiv" ersetzt.

VI. Graduierte Algebren, Poincaré-Reihen

Es sei G eine reduktive Gruppe über k und $\varrho : G \to GL(V)$ eine endlichdimensionale rationale Darstellung. Dann wirkt G auf die graduierte Algebra $k[V]$. Die Invariantenalgebra $A = k[V]^G$ ist auch graduiert und von endlichem Typ über k (Endlichkeitssatz II.1.2). Wir besprechen hier einiges über solche Algebren.

§ 1   Poincaré-Reihen

Es sei $A = \bigoplus_{n>0} A_n$ eine graduierte Algebra über dem algebraisch abgeschlossenen Körper k mit der Eigenschaft, daß die homogenen Teile A_n endliche k-Dimension haben. Es sei $M = \bigoplus_{n\in\mathbf{Z}} M_n$ ein endlicher graduierter A-Modul. Dann sind die M_n endlichdimensional über k, und $M_n = 0$ für $n < n_0$.

1.1. Definition. Die *Poincaré-Reihe von A* ist die formale Potenzreihe

$$P_A(T) = \sum_{n=0}^{\infty}(\dim A_n)\, T^n.$$

Die *Poincaré-Reihe von M* ist

$$P_M(T) = \sum_{n}(\dim M_n)\, T^n,$$

diesmal eine formale Laurent-Reihe (d.h. mit endlich vielen negativen Potenzen).

1.2. Eigenschaften. Wir wollen einige Eigenschaften von Poincaré-Reihen zusammenstellen.

(a) *Wenn* $0 \to M' \to M \to M'' \to 0$ *eine exakte Sequenz von endlichen graduierten A-Moduln ist, dann gilt:*

$$P_M = P_{M'} + P_{M''}.$$

(b) *Es sei $a \in A$ homogen mit* $\operatorname{Grad} d \geq 0$. *Man setze* $_aM = \{m \in M \mid am = 0\}$. *Dann gilt*

$$(1 - T^d)P_M(T) = P_{M/_aM}(T) - P_{_aM}(T).$$

(c) *Es sei A von endlichem Typ über k. Dann ist $P_M(T)$ eine rationale Funktion aus* $\mathbf{Q}(T)$.

BEWEIS: Der Beweis von (a) ist trivial, und (b) folgt mit zweimaliger Anwendung von (a).

Die Behauptung (c) besagt, daß es $f, g \in \mathbf{Z}[T]$ gibt mit $g(T)P_M(T) = f(T)$. Zum Beweis schreibe man $A = k[a_1, \ldots, a_s]$ mit homogenen a_i. Wenn alle a_i den Grad Null haben, ist A endlichdimensional und P_M ist ein Laurent-Polynom. Wenn z.B. a_s den Grad > 0 hat, so wende man (b) mit $a = a_s$ an. Die Behauptung folgt durch Induktion nach s, indem man bemerkt, daß M/a_sM und $_{a_s}M$ beides Moduln über der von $s - 1$ Elementen erzeugten Algebra A/a_sA sind.   □

1.3. Es sei jetzt A von endlichem Typ und es sei M wie oben. Wir definieren folgende numerische Invarianten von M:

- Die *Dimension $d(M)$* von M ist die Ordnung des Poles bei $T = 1$ der rationalen Funktion $P_M(T)$.
- Die *Multiplizität $e(M)$* von M ist der Wert von $(1 - T)^{d(M)}P_M(T)$ für $T = 1$, eine rationale Zahl > 0.
- Der *Grad $\delta(M)$* ist die Ordnung von $P_M(T)$ für $T = \infty$, d.h. für $P_M(T) = f(T)g(T)^{-1}$ mit $f, g \in \mathbf{Z}[T]$ gilt $\delta(M) = \operatorname{Grad} g - \operatorname{Grad} f$.

1.4. Eigenschaften. Die Beweise folgender Behauptungen seien dem Leser als Übung überlassen.

(a) *Es sei $a \in A$ homogen vom Grad $d \geq 0$ und es sei a kein Nullteiler in M, d.h. $_aM = 0$. Dann ist*

$$d(M) = d(M/_aM) + 1, \quad e(M) = e(M/_aM), \quad \delta(M) = \delta(M/_aM) + d.$$

(b) *Es sei $A = k[a_1, \ldots, a_s]$ mit homogenen algebraisch unabhängigen a_i vom Grad d_i. Dann ist*

$$P_A(T) = \frac{1}{(1 - T^{d_1}) \ldots (1 - T^{d_s})}.$$

(c) *Es sei A ganz über einer Teilalgebra $k[a_1, \ldots, a_s]$ wie in (b). Dann ist $d(A) = s$.*

1.5. Beispiel. Es sei V ein endlichdimensionaler Vektorraum über $\mathbf{C}$ und G eine endliche Untergruppe von $\operatorname{GL}(V)$. Für die Poincaré-Reihe der zugehörigen Invariantenalgebra A hat man MOLIENs Formel (siehe z.B. [Sp2, S. 73]):

$$P_A(T) = |G|^{-1} \sum_{g \in G} \frac{1}{\det(1 - gT)}.$$

§ 2   Parametersysteme

Es sei $A = \bigoplus_{n \geq 0} A_n$ wieder eine graduierte k-Algebra von endlichem Typ mit endlichdimensionalem A_0. Wir schreiben $A^+ = \bigoplus_{n > 0} A_n$.

2.1. Lemma. *Es sei* $A = k[a_1, \ldots, a_s]$ *mit homogenen* a_i.

(i) *Es gibt algebraisch unabhängige Elemente* $b_1, \ldots, b_t$ *in* A^+, *so daß* A *ganz ist über* $k[b_1, \ldots, b_t]$. *Wenn die* a_i *algebraisch abhängig sind, so ist* $t < s$.

(ii) *Es seien die* b_i *wie in (a),* $d_i = \operatorname{Grad} b_i$, *und* K *sei der Quotientenkörper von* $k[b_1, \ldots, b_t]$. *Wenn* M *ein endlicher graduierter* A-*Modul ist, dann ist*

$$P_M(T) = \frac{F(T)}{(1 - T^{d_1}) \ldots (1 - T^{d_t})}$$

mit $F \in \mathbf{Z}[T]$ *und* $F(1) = \dim_K(K \otimes_A M)$.

Der elementare Beweis von (i) findet sich im wesentlichen in [Sp2, S. 27], wo ein etwas schwächeres Resultat bewiesen wird. Ein Beweis von (ii) steht in [loc. cit., S.30].

2.2. Es sei M wieder ein endlicher graduierter A-Modul. Der *Annulator* von M ist das homogene Ideal $\operatorname{Ann}(M) = \{a \in A \mid aM = 0\}$.

Definition. Ein *homogenes Parametersystem* für M ist eine endliche Familie von homogenen Elementen $(a_1, \ldots, a_s)$ aus A^+, so daß $M/a_1 M + \cdots + a_s M$ endliche k-Dimension hat und daß die Zahl s so klein wie möglich ist. (Wir sagen auch kurz *Parametersystem*.)

2.3. Satz. *Es seien* $a_1, \cdots, a_s$ *homogene Elemente in* A^+.

(i) *Es ist* $(a_1, \cdots, a_s)$ *genau dann ein Parametersystem für* M, *wenn* (a) *die Bilder* $\overline{a_i}$ *der* a_i *in* $A/\operatorname{Ann}(M)$ *algebraisch unabhängig sind und* (b) $A/\operatorname{Ann}(M)$ *ganz über* $k[\overline{a_1}, \ldots, \overline{a_s}]$ *ist;*

(ii) *Die Anzahl der Elemente eines homogenen Parametersystems für* M *ist* $d(M)$.

BEWEIS: Indem wir A durch $A/\operatorname{Ann}(M)$ ersetzen, können wir $\operatorname{Ann}(M) = 0$ erreichen. Das wird im Folgenden vorausgesetzt. Es seien $a_1, \ldots, a_s$ wie in (a). Setze $B = k[a_1, \ldots, a_s]$. Es sei $M/a_1 M + \ldots + a_s M$ endlichdimensional. Wir nehmen m_i so, daß die Bilder in $M/a_1 M + \ldots + a_s M$ eine k-Basis bilden. Dann sieht man durch Induktion nach n, daß $M_n \subset \sum_i B m_i$, woraus $M = \sum_i B m_i$ folgt. (Dies ergibt sich auch mit NAKAYAMA's Lemma.) Wenn $a \in A$ ist, dann gibt es $b_{ij} \in B$ mit

$$a m_i = \sum_j b_{ij} m_j.$$

Daraus folgt $\det(a\delta_{ij} - b_{ij})m_h = 0$ für alle h, also $\det(a\delta_{ij} - b_{ij}) = 0$, da $\mathrm{Ann}(M) = 0$ ist. Daraus ist ersichtlich, daß A ganz über B ist. Im umgekehrten Fall ist $A/a_1 A + \ldots + a_s A$ endlichdimensional, woraus folgt, daß für jeden endlichen graduierten A-Modul M auch $M/a_1 M + \ldots + a_s M$ endlichdimensional ist.

Wenn nun $(a_1, \ldots, a_s)$ ein Parametersystem ist, dann gilt also (b). Aus Lemma 2.1(i) folgt, daß auch (a) gilt. Die Aussage (ii) folgt dann mit Hilfe von Lemma 2.1(ii).

Wenn (a) und (b) gelten, dann ist $M/a_1 M + \ldots + a_s M$ endlichdimensional, wie oben schon bemerkt wurde. Aus Lemma 2.1(ii) folgt, daß $s = d(M)$ gilt, woraus man mit (ii) sieht, daß $(a_1, \ldots, a_s)$ ein Parametersystem ist.   □

2.4. Korollar. *Es seien $a_1, \ldots, a_h$ homogene Elemente von A^+. Dann ist $d(M/a_1 M + \ldots + a_h M) \geq d(M) - h$. Gleichheit gilt dann und nur dann, wenn $(a_1, \ldots, a_h)$ Teil eines Parametersystems ist.*

BEWEIS: Aus Eigenschaft 1.2(b) folgt, daß für homogene Elemente $a \in A^+$ gilt: $d(M/aM) \geq d(M) - 1$. Daraus ergibt sich die behauptete Ungleichung. Wenn die Gleichheit gilt, so nehme man ein Parametersystem $(a_{h+1}, \ldots, a_s)$ für $M/a_1 M + \ldots + a_h M$. Nach Teil (ii) des obigen Satzes gilt $s = d(M)$. Dann ist $M/a_1 M + \ldots + a_s M$ endlichdimensional, und folglich ist $(a_1, \ldots, a_s)$ ein Parametersystem für M.

Ist umgekehrt $(a_1, \ldots, a_s)$ ein Parametersystem für M ist, so folgt leicht, daß $d(M/a_1 M + \ldots + a_h M) = d(M) - h$ gilt für $h = 1, \ldots, s$.   □

§ 3 M-Sequenzen

Es seien A und M wie oben.

3.1. Definition. Eine endliche Folge $(a_1, \ldots, a_s)$ von homogenen Elementen aus A^+ heißt eine *M-Sequenz*, wenn a_i kein Nullteiler in $M/a_1 M + \ldots + a_{i-1} M$ ist für $i = 1, \ldots, s$. (Man setze $a_0 = 0$).

Man beachte, daß nach NAKAYAMA's Lemma $M \neq a_1 M + \ldots + a_{i-1} M$.

Im folgenden stellen wir einige wichtige Eigenschaften von M-Sequenzen zusammen.

3.2. Lemma. *Jede M-Sequenz ist in einem Parametersystem enthalten. Die Anzahl der Elemente einer M-Sequenz ist höchstens $d(M)$.*

BEWEIS: Mit Eigenschaft 1.4(a) folgt: Ist $(a_1, \ldots, a_s)$ eine M-Sequenz, so gilt $d(M/a_1 M + \ldots + a_s M) = d(M) - s$. Daraus folgen mit dem Korollar 2.4 die Behauptungen.   □

3.3. Satz. *Eine Folge $(a_1, \ldots, a_s)$ von homogenen Elementen aus A^+ ist genau dann eine M-Sequenz, wenn folgende Bedingungen erfüllt sind:*

(a) *Die a_i ($1 \leq i \leq s$) sind algebraisch unabhängig über k;*

(b) *M ist ein freier $k[a_1, \ldots, a_s]$-Modul mit einer aus homogenen Elementen bestehenden Basis.*

BEWEIS: Daß die Bedingungen hinreichen, folgt aus der Bemerkung, daß für $A = M = k[a_1, \ldots, a_s]$ und algebraisch unabhängige a_i die Folge $(a_1, \ldots, a_s)$ eine M-Sequenz ist.

Es sei jetzt $(a_1, \ldots, a_s)$ eine M-Sequenz und $F \in k[T_1, \ldots, T_s]$, so daß $F \neq 0$, $F(a_1, \ldots, a_s) = 0$. Wir schreiben $F(T_1, \ldots, T_s) = \sum_{i=0}^{h} T_1^i F_i(T_2, \ldots, T_s)$ und setzen voraus, daß der Grad von F minimal ist. Ist $s = 1$, dann können wir wegen der Homogenität von a_1 voraussetzen, daß $F = T_1^h$, $h > 0$. Aber dann ist a_1 nilpotent, was der Voraussetzung widerspricht, daß a_1 kein Nullteiler in M ist. Es sei jetzt $s > 1$. Durch Induktion können wir annehmen, daß die Bedingung (a) für die $M/a_1 M$-Sequenz $(a_2, \ldots, a_s)$ erfüllt ist. Es folgt $F_0 = 0$, also ist F durch T_1 teilbar. Da a_1 kein Nullteiler ist, hat $T_1 F$ dieselben Eigenschaften wie F, was der Minimalität von Grad F widerspricht. Damit ist (a) bewiesen.

Wir wählen nun eine homogene Basis (m_α) des graduierten Vektorraumes $M/(A^+ \cap k[a_1, \ldots, a_s])M$. Wie oben im Beweis des Satzes 2.3 sieht man, daß M über $B = k[a_1, \ldots, a_s]$ von den m_α erzeugt wird. Es sei jetzt (b_α) eine Familie von Elementen aus B (nur endlich viele ungleich Null), so daß $\sum_\alpha b_\alpha m_\alpha = 0$ gilt. Da a_1 kein Nullteiler ist, können wir voraussetzen, daß nicht alle b_α durch a_1 teilbar sind. Durch Induktion nach s, mit $s = 0$ beginnend, können wir weiter voraussetzen, daß die Bilder der m_α in $M/a_1 M$ eine $k[a_2, \ldots, a_s]$-Basis bilden. Daraus folgt aber, daß die b_α alle durch a_1 teilbar sind: Widerspruch. Damit ist auch (b) gezeigt.   □

3.4. Korollar. *Es sei $(a_1, \ldots, a_s)$ eine M-Sequenz. Für jede Permutation σ von $\{1, 2, \ldots, s\}$ ist $(a_{\sigma 1}, \ldots, a_{\sigma s})$ auch eine M-Sequenz.*

(Dies ist eine unmittelbare Folge der obigen Eigenschaft 3.3.)

3.5. Satz. *Jede M-Sequenz ist in einer maximalen M-Sequenz enthalten. Alle maximalen M-Sequenzen haben gleich viele Elemente.*

BEWEIS: Der erste Punkt folgt aus 3.2. Für den Rest des Beweises brauchen wir folgende Aussagen. (Für die (einfachen) Beweise siehe etwa [Ma, Kap. 3].)

(1) Sind $P_1, \ldots, P_s$ homogene Primideale in A mit $A^+ \subset \bigcup_{i=1}^{s} P_i$, so gibt es ein i mit $A \subset P_i$.

(2) Die Menge der homogenen Nullteiler in M ist eine Vereinigung von endlich vielen homogenen Primidealen. Für jedes dieser Primideale P gibt es ein $m \in M$ mit $P = \{ a \in A \mid am = 0 \}$.

Wir beweisen jetzt durch Induktion nach s: Es sei $(a_1, \ldots, a_s)$ eine maximale M-Sequenz und $(b_1, \ldots, b_s)$ eine M-Sequenz gleicher Länge. Dann ist $(b_1, \ldots, b_s)$ auch maximal. Die zweite Behauptung von 3.5 folgt dann unmittelbar.

Aus (1) und (2) folgt, daß es ein $m \in M \smallsetminus (a_1 M + \cdots + a_s M)$ gibt mit $A^+ m \subset a_1 M + \cdots + a_s M$. Wenn $a \in A^+$, $am = a_1 m_1 + \cdots a_s m_s$, dann ist die Klasse von m_s modulo $a_1 M + \cdots + a_{s-1} M$ eindeutig bestimmt, da a_s modulo $a_1 M + \cdots + a_{s-1} M$ kein Nullteiler ist. Wir bezeichnen sie mit $\varphi(a)$. Es ist klar, daß $\varphi(ab) = a\varphi(b) = b\varphi(a)$ gilt für $a, b \in A^+$.

Es sei zuerst $s = 1$. Dann ist $A^+ \varphi(b_1) \subset b_1 M$, woraus man sieht, daß (b_1) eine maximale M-Sequenz ist. Wenn $s > 1$ ist, dann gibt es nach (1) und (2) ein $c \in A^+$, so daß c kein Nullteiler in $M/a_1 M + \ldots + a_{s-1} M$ und $M/b_1 M + \ldots + b_{s-1} M$ ist. Dann ist $A^+ \varphi(c) \in c(M/a_1 M + \ldots + a_{s-1} M)$, weshalb $(a_1, \ldots, a_{s-1}, c)$ eine maximale M-Sequenz ist. Nach (d) ist $(c, a_1, \ldots, a_{s-1})$ es auch. Die Wahl von c war so, daß $(b_1, \ldots, b_{s-1}, c)$ eine M-Sequenz ist, also auch $(c, b_1, \ldots, b_{s-1})$. Nun sind $(a_1, \ldots, a_{s-1})$ und $(b_1, \ldots, b_{s-1})$ beides M/cM-Sequenzen, und die erste ist maximal. Nach Induktion können wir voraussetzen, daß $(b_1, \ldots, b_{s-1})$ eine maximale M/cM-Sequenz ist. Aber nun sind (c) und (b_s) beide $(M/b_1 M + \ldots, b_{s-1} M)$-Sequenzen, und die erste ist maximal. Nach dem früher Bewiesenen ist dann auch (b_s) maximal, woraus man leicht sieht, daß $(b_1, \ldots, b_s)$ eine maximale M-Sequenz ist. $\square$

§4   Cohen-Macaulay Moduln

4.1. Definition. Die maximale Länge der M-Sequenzen heißt *Tiefe* von M und wird mit $t(M)$ bezeichnet. Man sagt, daß M ein *Cohen-Macaulay Modul* ist, wenn $t(M) = d(M)$ gilt.

Es folgen ein paar wichtige Eigenschaften von Cohen-Macaulay Moduln.

4.2. Satz. *Es sei M ein Cohen-Macaulay Modul. Jedes homogene Parametersystem für M ist eine maximale M-Sequenz.*

BEWEIS: Es sei $(a_1, \ldots, a_s)$ eine maximale M-Sequenz mit $s = d(M)$. Wir beweisen durch Induktion nach s, daß ein beliebiges Parametersystem $(b_1, \ldots, b_s)$ der Länge s eine M-Sequenz ist.

Zuerst sei $s = 1$. Es sei $N_h = \{m \in M \mid b_1^h m = 0\}$. Dann ist (N_h) eine steigende Folge von Teilmoduln von M. Da M Noethersch ist, gibt es ein h so, daß $N = \bigcup_i N_i = N_h$. Es folgt dann auch, daß $N \cap b_1 M = b_1 N$. Weil $M/b_1 M$ endliche k-Dimension hat, gilt dasselbe für $N/b_1 N$. Da $b_1^k N = 0$, folgt, daß auch N endliche k-Dimension hat. Aber dann gibt es $\ell > 0$ so, daß $a_1^\ell N = 0$. Weil a_1 kein Nullteiler ist, muss $N = 0$ sein, d.h. (b_1) ist eine M-Sequenz ist.

Jetzt sei $s > 1$. Es folgt aus der Definition eines Parametersystems, daß $(b_1, \ldots, b_s)$ ein Parametersystem für $M/a_1 M$ enthält. Nach Induktion können wir dann voraussetzen, daß etwa $(b_1, \ldots, b_{s-1}, a_1)$ eine M-Sequenz ist. Dann ist

a_1 in $M/b_1 M + \cdots + b_{s-1} M$ kein Nullteiler und (b_s) ein Parametersystem. Weil der Fall der Dimension 1 erledigt ist, ist b_s auch eine $(M/b_1 M + \cdots + b_{s-1} M)$-Sequenz und daher $(b_1, \ldots, b_s)$ ist eine M-Sequenz.   □

4.3. Korollar. *Sei M ein A-Modul.*

(i) *M ist ein Cohen-Macaulay Modul dann und nur dann, wenn folgende Bedingung erfüllt ist:*

(∗) *Es gibt homogene $a_1, \ldots, a_s$ in A^+, die über k algebraisch unabhängig sind, so daß M ein freier $k[a_1, \ldots, a_s]$-Modul von endlichem Rang mit homogener Basis ist. Es gilt dann $s = d(M)$.*

(ii) *Ist M ein beliebiger Cohen-Macaulay Modul, dann genügt jedes homogene Parametersystem der obigen Bedingung (∗).*

BEWEIS: Der erste Teil folgt aus Satz 3.3 und der zweite aus 4.2.   □

Man sagt, daß A eine *Cohen-Macaulay Algebra* ist, wenn der A-Modul A ein Cohen-Macaulay Modul ist.

4.4. Korollar. *A ist genau dann eine Cohen-Macaulay Algebra, wenn für ein homogenes Paramatersystem (bzw. für jedes homogene Parametersystem) $(a_1, \ldots, a_s)$ für A gilt, daß $a_1, \ldots, a_s$ algebraisch unabhängig über k sind und daß A ein freier $k[a_1, \ldots, a_s]$-Modul von endlichem Rang mit homogener Basis ist.*

Dies ist ein (wichtiger) Spezialfall von 4.3(ii).

Beispiel. Es sei $A = k[T_1, \ldots, T_n]$ mit der üblichen Graduierung. Man sieht unmittelbar, daß $(T_1, \ldots, T_n)$ ein homogenes Parametersystem sowie eine maximale A-Sequenz ist. Es folgt, daß $n = d(A) = t(A)$, und A ist eine Cohen-Macaulay Algebra. Die Eigenschaft 4.4 führt jetzt zum folgenden Resultat, das auf HILBERT zurückgeht.

4.5. Korollar. *Es seien $f_1, \ldots, f_n \in k[T_1, \ldots, T_n]$ nichtkonstante homogene Polynome mit der Eigenschaft, daß die Gleichungen $f_1(x) = \cdots = f_n(x) = 0$ nur die triviale Lösung $x = 0$ in k^n haben. Dann sind $f_1, \ldots, f_n$ algebraisch unabhängig über k, und $k[T_1, \ldots, T_n]$ ist ein freier $k[f_1, \ldots, f_n]$-Modul mit homogener Basis.*

BEWEIS: Wir setzen $A = k[T_1, \ldots, T_n]$. Nach dem Hilbertschen Nullstellensatz ist das Radikal des Ideals $A f_1 + \cdots + A f_n$ das maximale Ideal $A T_1 + \cdots + A T_n$, woraus ersichtlich ist, daß $A/A f_1 + \cdots + A f_n$ endliche Länge hat. Also ist $(f_1, \ldots, f_n)$ ein homogenes Parametersystem mit $n = d(A)$ Elementen. Damit ist die Behauptung ein Spezialfall von 4.4.   □

Das folgende Ergebnis gibt eine Umkehrung von 4.5.

4.6. Satz. *Man setze* Char $k = 0$ *voraus. Sei* B *eine graduierte Teilalgebra von* $A = k[T_1, \ldots, T_n]$ *mit der Eigenschaft, daß* A *ein freier* B-*Modul endlichen Ranges mit einer homogenen Basis ist. Dann gibt es algebraisch unabhängige homogene Polynome* $f_1, \ldots, f_n$ *mit* $B = k[f_1, \ldots, f_n]$.

Für den (elementaren) Beweis verweisen wir auf die Literatur, z.B. [Sp2, S. 78].

§ 5   Invariantenringe von endlichen Gruppen

Die oben eingeführten Begriffe sollen jetzt im Falle der Invariantenalgebren endlicher Gruppen illustriert werden.

Es sei V ein endlichdimensionaler Vektorraum über $\mathbf{C}$ und $G \subset \mathrm{GL}(V)$ eine endliche Gruppe von linearen Transformationen von V. Wir setzen $A = \mathbf{C}[V] \simeq \mathbf{C}[T_1, \ldots, T_n]$, $B = A^G$. Nach dem Endlichkeitssatz II.1.2 ist B eine graduierte Algebra von endlichem Typ über $\mathbf{C}$.

5.1. Satz. *B ist eine Cohen-Macaulay Algebra.*

BEWEIS: Wir definieren Linearfunktionen $\ell_1, \ldots, \ell_n$ auf V in folgender Weise. Es sei ℓ_1 beliebig $\neq 0$. Ist $i > 1$ und sind $\ell_1, \ldots, \ell_{i-1}$ schon definiert, so sei ℓ_i eine Linearfunktion mit der Eigenschaft, daß für beliebige Elemente $g_1, \ldots, g_{i-1} \in G$ die i Linearfunktionen $g_1.\ell_1, \ldots, g_{i-1}.\ell_{i-1}, \ell_i$ linear unabhängig sind. Das Produkt der Funktionen $g.\ell_i$, $g \in G$ ist eine Invariante f_i. Aus der Definition der f_i und ℓ_j folgt, daß die Gleichungen $f_1(v) = \cdots = f_n(v) = 0$ nur die Lösung $v = 0$ haben. Nach 4.5 sind daher $f_1, \ldots, f_n$ algebraisch unabhängig über $\mathbf{C}$, und A ist ein freier Modul über $C = \mathbf{C}[f_1, \ldots, f_n]$ mit einer endlichen homogenen Basis.

Es sei I das Integral auf A, also (nach II.2.1)

$$I(f) = |G|^{-1} \sum_{g \in G} g.f$$

Dann ist $A = B \oplus \mathrm{Ker}\, I$ eine direkte Zerlegung von A als C-Modul. Nach dem folgenden Lemma ist B dann ein freier C-Modul mit einer endlichen homogenen Basis. Mit 4.4 folgt, daß B eine Cohen-Macaulay Algebra ist.   □

5.2. Lemma. *Es sei* A *eine graduierte* k-*Algebra und* M *ein freier* A-*Modul mit einer endlichen homogenen Basis.*

(i) *Es seien* $e_1, \ldots, e_s$ *homogene Elemente von* M, *deren Restklassen modulo* A^+M *eine* k-*Basis von* M/A^+M *bilden. Dann ist* $(e_i)_{1 \leq i \leq s}$ *eine Basis von* M.

(ii) *Es sei* N *ein homogener Teilmodul von* M, *der ein direkter Summand von* M *ist. Dann ist* N *frei.*

((ii) besagt gerade, daß ein projektiver graduierter A-Modul frei ist—ein bekanntes Resultat.)

BEWEIS: Die e_i erzeugen M (siehe Beweis des Satzes in 2.3). Wir zeigen durch Induktion nach s, daß sie linear unabhängig sind. Wir nehmen eine homogene Basis $(f_i)_{1 \leq i \leq s}$ von M und setzen voraus, daß $\text{Grad} \, e_1 \leq \cdots \leq \text{Grad} \, e_s$, $\text{Grad} \, f_1 \leq \cdots \leq \text{Grad} \, f_s$. Man schreibe

$$e_j = \sum_{j=1}^{s} a_{ij} \cdot f_j.$$

Es folgt dann, daß die a_{ij} mit $\text{Grad} \, e_i = \text{Grad} \, f_j = \text{Grad} \, e_1$ in k liegen. Indem man die f_j durch geeignete Linearkombinationen mit Koeffizienten in k ersetzt, können wir erreichen, daß $e_1 = f_1$ gilt. Durch Induktion können wir voraussetzen, daß $(e_i + Ae_1)_{i \geq 2}$ eine Basis des freien Moduls M/Ae_1 ist. Folglich sind die e_i linear unabhängig. Damit ist (i) bewiesen, und (ii) folgt, indem man die e_i so wählt, daß eine Teilmenge eine Basis von N/A^+M bildet.   □

Definition. Eine *Spiegelung* in V ist eine lineare Transformation endlicher Ordnung mit genau einem Eigenwert ungleich Eins. $G \subset \text{GL}(V)$ heißt eine *Spiegelungsgruppe*, wenn sie von Spiegelungen erzeugt wird.

5.3. Satz. *G ist eine Spiegelungsgruppe dann und nur dann, wenn es homogene algebraisch unabhängige Invarianten $f_1, \ldots, f_n$ gibt mit $\mathbf{C}[V]^G = \mathbf{C}[f_1, \ldots, f_n]$.*

Für den Beweis verweisen wir auf die Literatur (z.B. [Sp2, 4.2]). Im Beweis des "nur dann" zeigt man zuerst, daß für eine Spiegelungsgruppe der Koordinatenring $\mathbf{C}[V]$ frei ist als $\mathbf{C}[V]^G$-Modul (mit homogener Basis) und wendet dann 4.6 an.

§6   Einige allgemeine Sätze

Es sei V ein endlichdimensionaler Vektorraum über k und $G \subset \text{GL}(V)$ eine reduktive lineare algebraische Gruppe. Wir bezeichnen mit A die Invariantenalgebra $k[V]^G$. Nach dem Endlichkeitssatz II.1.2 A ist eine graduierte k-Algebra von endlichem Typ. Wir geben ohne Beweis einige wichtige Sätze an.

6.1. Satz. *$k[V]^G$ ist eine Cohen-Macaulay Algebra.*

Das ist ein tiefliegender Satz von HOCHSTER und ROBERTS [HR]. Den Beweis eines etwas allgemeineren Satzes findet man in [Bo].

Wir setzen jetzt voraus, daß $\text{Char} \, k = 0$ ist und daß G zusammenhängend und halbeinfach ist. Die Invariante $\delta(A)$ wurde in 1.3 definiert; sie ist die Ordnung der Poincaré-Reihe bei $T = \infty$.

6.2. Satz. $\delta(A) \leq \dim V$.

Diese von V.L. POPOV vermutete Ungleichung ist vor kurzem von F. KNOP [Kn] bewiesen worden. Sie hat folgende Konsequenz:

6.3. Korollar. *Man setze folgendes voraus:* (1) $V^G = \{0\}$. (2) *Es gibt homogene algebraisch unabhängige Elemente* $f_1, \ldots, f_s \in A$ *mit* $A = k[f_1, \ldots, f_s]$. *Dann ist* $\dim V \leq 2 \dim G$.

BEWEIS: Es sei $d_i = \operatorname{Grad} f_i$. Aus der Voraussetzung (1) folgt, daß $d_i \geq 2$. Nach obigem Satz und Eigenschaft 1.4(b) gilt dann $2s \leq \dim V$. Aus der Dimensionsformel III.3.8 sieht man, daß $s \geq \dim V - \dim G$ ist, und die behauptete Ungleichung folgt. □

Die Ungleichung kann für Klassifikationszwecke benützt werden. (Siehe etwa [Li].)

Aufgaben

1. M sei ein Cohen-Macaulay Modul. Die Bezeichnungen sind wie in 4.3. Sei $\operatorname{Grad} a_i = d_i$ $(1 \leq i \leq s)$. Weiter sei $(m_j)_{1 \leq i \leq t}$ eine homogene $k[a_1, \ldots, a_n]$-Basis von M mit $\operatorname{Grad} m_j = e_j$. Dann ist

$$P_M(T) = \left(\sum_{j=1}^{t} T^{e_j} \right) \prod_{i=1}^{s} (1 - T^{d_i})^{-1}.$$

Weiter gilt mit den Bezeichnungen von 1.3

$$e(M) = t \left(\prod_{i=1}^{s} d_i \right)^{-1}, \qquad \delta(M) = \sum_{i=1}^{s} d_i - \left(\max_{1 \leq j \leq t} e_j \right).$$

Im folgenden sei G eine endliche Gruppe von linearen Transformationen auf einem Vektorraum V. Die Bezeichnungen sind wie in Kapitel VI.

2. Mit den Bezeichnungen von 1.3 gilt $d(B) = n = \dim V$, $e(B) = |G|^{-1}$, $\delta(B) = n - a$, wo a die kleinste Zahl ≥ 0 ist, so daß die Darstellung von G in $\operatorname{Sym}^a(V)$ die eindimensionale Darstellung $g \mapsto (\det g)^{-1}$ enthält. Insbesondere ist $a = 0$ falls $G \subset \operatorname{SL}(V)$.

3. Es sei $B = \mathbf{C}[f_1, \ldots, f_s]$ mit f_i homogen vom Grad d_i. Die primitive d-te Einheitswurzel ζ sei ein Eigenwert eines Elements von G. Dann teilt d ein d_i $(1 \leq i \leq s)$.

4. Es sei $G = \{\operatorname{id}, -\operatorname{id}\}$. Der Rang des freien B-Moduls A ist $\geq 2^{n-1}$.

5. Es sei $A = (\mathbf{F}_2)^m$ mit kanonischer Basis (e_i). Es sei $(,)$ das übliche innere Produkt auf A. Für $a \in A$ sei $I(a)$ die Menge der $i \in \{1, \ldots m\}$, für welche die i-te Koordinate von a gleich eins ist. Es sei $C \subset A$ ein Teilraum von A (ein "Kode"). Man definiere $\Phi_C \in \mathbf{Z}[T, U]$ durch

$$\Phi_C[T, U] = \sum_{c \in C} T^{|I(c)|} U^{m - |I(c)|}.$$

Falls C mit dem Orthogonalraum $C^\perp$ in Bezug auf $(,)$ zusammenfällt, gilt

$$\Phi_C(T, U) = \Phi_C \left(\frac{T - U}{\sqrt{2}}, \frac{T + U}{\sqrt{2}} \right).$$

Es folgt, daß Φ_C eine Invariante der endlichen Gruppe $G \subset \mathrm{GL}_2(\mathbf{C})$ ist, welche von den Spiegelungen

$$\begin{pmatrix} \frac{1}{\sqrt{2}} & \frac{1}{\sqrt{2}} \\ \frac{1}{\sqrt{2}} & \frac{-1}{\sqrt{2}} \end{pmatrix}, \qquad \begin{pmatrix} 1 & 0 \\ 0 & -1 \end{pmatrix}$$

erzeugt wird. Man zeige, daß man jetzt in Satz 5.1 $f_1 = T^2 + U^2$, $f_2 = T^2 U^2 (T^2 - U^2)^2$ nehmen kann. (Also kann Φ_C mittels f_1 und f_2 ausgedrückt werden.)

Literaturverzeichnis

[Bo]   Boutot, J.-F.: *Singularités rationelles et quotients par les groupes réductifs* Invent. Math. **88** (1987), 65–68

[BtD]   Bröcker, Th.; tom Dieck, T.: *Representations of compact Lie groups.* Graduate Texts in Math. **28**. Springer-Verlag, Berlin Heidelberg New York 1985

[CPS]   Cline, E.; Parshall, B.; Scott, L.: *Induced modules and affine quotients.* Math. Ann. **230** (1977), 1–14

[FP]   Formanek, E.; Procesi, C.: *Mumford's conjecture for the general linear group.* Adv. in Math. **19** (1976), 292–305

[Ha]   Haboush, W.: *Reductive groups are geometrically reductive.* Ann. of Math. **102** (1975), 67–83

[HR]   Hochster, M.; Roberts, J.: *Rings of invariants of reductive groups acting on regular rings are Cohen-Macaulay.* Adv. in Math. **13** (1974), 115–175

[Kn]   Knop, F.: *Über die Glattheit von Quotientenabbildungen.* Manuscripta Math. **56** (1986), 419–427

[Kr]   Kraft, H.: *Geometrische Methoden in der Invariantentheorie.* Aspekte der Mathematik **D1**. Vieweg-Verlag, Braunschweig 1984

[Li]   Littelmann, P.: *Koreguläre und äquidimensionale Darstellungen.* J. Algebra **123** (1989), 193–222

[Lu]   Luna, D.: *Slices étales.* Bull. Soc. Math. France, Mémoire **33** (1973), 81–105

[Ma]   Matsumura, H.: *Commutative algebra.* Benjamin, New York 1970

[Ro]   Rosenlicht, M.: *A remark on quotient spaces.* An. Acad. Brasil. Ciênc. **35** (1963), 487–489

[Se]   Serre, J.-P.: *Représentations linéaires des groupes finis.* Hermann, Paris 1971

[Sp1]   Springer, T. A.: *Weyl's character formula for algebraic groups.* Invent. Math. **5** (1968), 85–105

[Sp2]   Springer, T. A.: *Invariant theory.* Lecture Notes in Math. **585**. Springer-Verlag, Berlin Heidelberg New York 1977

[Sp3]   Springer, T. A.: *Linear Algebraic Groups.* Progress in Math. **9**. Birkhäuser Verlag, Basel Boston 1981

KLASSISCHE INVARIANTENTHEORIE
Eine Einführung*

Hanspeter Kraft

Inhaltsverzeichnis

Einleitung 41
§ 1   Invarianten und Kovarianten 43
§ 2   Invarianten von Vektoren und Kovektoren 46
§ 3   Invarianten von Matrizen 48
§ 4   Multilineare Invarianten 50
§ 5   Tensor-Invarianten 52
§ 6   Polarisierung und Restitution 54
§ 7   Einige Resultate von CAPELLI und WEYL 56
Literatur 61

Einleitung

Im folgenden sei k ein Körper der Charakteristik 0 und G eine beliebige Gruppe. Die klassische Invariantentheorie fragt nach *Invarianten* und *Kovarianten* von G. Dabei ist G meist als Untergruppe der allgemeinen linearen Gruppe $GL_n(k)$ gegeben, und man sucht nach polynomialen Funktionen $f(x_1, \ldots, x_n)$, welche sich bei linearen Substitutionen der Variablen x_i mit Elementen aus G nicht ändern.

Etwas allgemeiner betrachtet man Polynome f, welche von mehreren Vektoren $x = (x_1, x_2, \ldots, x_n)$, $y = (y_1, y_2, \ldots, y_n)$, ... und auch von Kovektoren $\xi = (\xi_1, \xi_2, \ldots, \xi_n)$, $\eta = (\eta_1, \eta_2, \ldots, \eta_n)$, ... abhängen, wobei sich die Kovektoren $\xi, \eta, \ldots$ unter G *kontragredient* zu den Vektoren transformieren: $\xi \mapsto {}^t g^{-1} \xi, \ldots$, d.h. sie sind Vektoren des Dualraumes. Man redet von *Invarianten von Vektoren und Kovektoren*. Ein typisches Beispiel ist etwa das *Skalarprodukt* $(x, \xi) \mapsto \langle x, \xi \rangle := \sum_{i=1}^n x_i \xi_i$.

---

*   Nach der Brandeis-Vorlesungsausarbeitung *"A Primer in Invariant Theory"* von Claudio Procesi

Die *Invarianten von Matrizen* bilden einen weiteren wichtigen Gegenstand der klassischen Invariantentheorie. Hier ist f ein Polynom in einer oder mehreren Matrizenvariablen $x = (x_{ij})_{i,j=1,\ldots,n}$, und die Operation ist gegeben durch *Konjugation* mit Elementen aus G: $x \mapsto gxg^{-1}$. Typische Invarianten sind *Spur* und *Determinante*.

Entsprechend werden *Invarianten von symmetrischen oder schiefsymmetrischen Formen* definiert. Die Variablen sind hier die Monome $\xi_1^{r_1}\xi_2^{r_2}\cdots\xi_n^{r_n}$ eines festen Grades d in den ξ_j—man bezeichnet diese meist mit $\xi_{r_1 r_2 \ldots r_n}$ und identifiziert sie mit den Koeffizienten der homogenen Polynome vom Grad d in den x_i—bzw. die äusseren Potenzen $\xi_{i_1} \wedge \xi_{i_2} \wedge \ldots \wedge \xi_{i_d}$. Sie werden in üblicher (kontragredienter) Weise durch Substitution mit Elementen aus G transformiert. Im Falle der symmetrischen Formen bedeutet dies, dass die Form $\sum \xi_{r_1 r_2 \ldots r_n} x_1^{r_1} x_2^{r_2} \cdots x_n^{r_n}$ als Ganzes invariant bleibt. Dies führt zum klassischen Begriff der *Kovarianten*: Man bezeichnet damit einen Ausdruck der Gestalt

$$\sum p_{r_1 r_2 \ldots r_n}(\xi_{i_1 i_2 \ldots i_n}) x_1^{r_1} x_2^{r_2} \cdots x_n^{r_n},$$

mit Polynomen $p_{r_1 r_2 \ldots r_n}(\xi_{i_1 i_2 \ldots i_n})$ in den $\xi_{i_1 i_2 \ldots i_n}$, welcher als Ganzes invariant unter den Substitutionen aus G ist.

All diese Beispiele und viele andere Phänomene der klassischen Invariantentheorie lassen sich mit den Mitteln der modernen Darstellungstheorie besser verstehen und auch klarer und übersichtlicher darstellen. Wir wollen dies im folgenden etwas näher erläutern und folgen dabei den Brandeis Lecture Notes *"A Primer in Invariant Theory"* [Pro] von PROCESI. Eine stärker geometrisch orientierte Darstellung dieses Themenkreises findet man in dem Buch *"Geometrische Methoden in der Invariantentheorie"* [Kra]. (Man vergleiche auch die Artikel von SLODOWY und SPRINGER in den vorliegenden DMV-Seminar-Notes.) Die meisten modernen Texte zur Invariantentheorie—so auch die beiden oben erwähnten—entstanden aus dem Bemühen, das bekannte (und auch berüchtigte) Werk *"Classical Groups"* [Wey] von WEYL besser zu verstehen und einem breiteren Leserkreis näher zu bringen. Man findet dort eine Fülle von Ideen und Ergebnissen, die heute erst zum Teil aufgearbeitet sind.

Ähnliches gilt für die grundlegenden Arbeiten von HILBERT, allen voran [Hil1,Hil2], auf welche viele wichtige Resultate der neueren Zeit zurückgehen. Ein sehr schönes Beispiel bilden die Lecture Notes *"Invariant Theory"* [Spr1] von SPRINGER, wo u.a. klassische Fragestellungen zu den binären Formen behandelt werden und die Invariantentheorie der endlichen Gruppen studiert wird. Das wichtigste Werk in diesem Zusammenhang ist MUMFORDs Buch *"Geometric Invariant Theory"* [MFo], welches ein neues Kapitel in der algebraischen Geometrie eingeleitet hat. Einen sehr anregenden historischen Bericht zum Stande der Invariantentheorie um die Jahrhundertwende findet man im Encyklopädie-Artikel [Mey] von MEYER.

§ 1   Invarianten und Kovarianten

1.1. Invarianten. Im folgenden sei V eine endlichdimensionale Darstellung der Gruppe G, gegeben durch den Gruppenhomomorphismus $\rho : G \to \mathrm{GL}(V)$. Wir schreiben kurz gv für $\rho(g)v$ und nennen die Abbildung $(g,v) \mapsto gv$ eine *lineare Aktion von G auf V*. Die Gruppe G operiert auch auf der Algebra $k[V]$ der polynomialen Funktionen auf V, welche *Koordinatenring von V* genannt wird:

$$^g f(v) := f(g^{-1}v) \quad \text{für } f \in k[V],\ g \in G \text{ und } v \in V.$$

Wir können $k[V]$ in kanonischer Weise mit der *symmetrischen Algebra* $S(V^*)$ des Dualraumes V^* der linearen Funktionen auf V identifizieren. Dem Raum der *homogenen* Funktionen $k[V]_d$ vom Grad d entspricht dabei die d-te symmetrische Potenz $S^d(V^*)$. Es ist klar, dass diese Unterräume unter G *stabil*[1] sind, d.h. mit f gehören auch alle $^g f$ ($g \in G$) dazu. Somit zerfällt $k[V]$ in die direkte Summe der endlichdimensionalen Darstellungen von G auf den homogenen Bestandteilen:

$$k[V] = \bigoplus_{d \geq 0} k[V]_d.$$

Diese Zerlegung wird uns helfen, viele Untersuchungen über den Koordinatenring $k[V]$ auf den endlichdimensionalen Fall zurückzuführen.

Wir kommen nun zum zentralen Begriff der invarianten Funktion. Zunächst erinnern wir daran, dass die Teilmengen $Gv := \{gv \mid g \in G\}$ die *G-Bahnen* oder kurz *Bahnen* in V genannt werden.

Definition. Eine Funktion $f \in k[V]$ heisst *G-invariant*, wenn f auf allen G-Bahnen in V konstant ist. Dies ist gleichbedeutend damit, dass f ein Fixpunkt unter der Operation von G auf $k[V]$ ist.

Die invarianten Funktionen bilden eine Unteralgebra von $k[V]$, den *Invariantenring*, welchen wir mit $k[V]^G$ bezeichnen:

$$
\begin{aligned}
k[V]^G : &= \{f \in k[V] \mid f(gv) = f(v) \text{ für alle } g \in G, v \in V\} \\
&= \{f \in k[V] \mid {}^g f = f \text{ für alle } g \in G\}
\end{aligned}
$$

Eine der fundamentalen Aufgaben der Invariantentheorie besteht in der Bestimmung eines Erzeugendensystemes des Invariantenringes $k[V]^G$. Ein solches wird klassisch eine *Basis der Invarianten* genannt. Die Frage nach der Endlichkeit der Basis stand im Mittelpunkt der Forschung im 19. Jahrhundert. Der berühmte *Endlichkeitssatz* von HILBERT besagt, dass eine endliche Basis existiert, falls die Darstellung von G auf V *vollständig reduzibel* ist ([Hil1], vgl. [Kra, II.3.2]). Ob dies immer der Fall ist, ist Gegenstand des *vierzehnten Hilbertschen Problems* (siehe [HiP]). Erst 1958 fand NAGATA ein Gegenbeispiel,

---

[1]   Man sagt auch *invariant* unter G, doch führt dies manchmal zu Unklarheiten im Zusammenhang mit dem Begriff der invarianten Funktion; siehe die nachstehende Definition.

welches zeigte, dass im allgemeinen kein endliches Erzeugendensystem zu existieren braucht [Nag].

Hat man ein endliches Erzeugendensystem $f_1, f_2, \ldots, f_m$ gefunden, so möchte man weiter die *Relationen* zwischen diesen Basisinvarianten beschreiben. Dies bedeutet, dass wir nach einem Erzeugendensystem des *Ideals der Relationen* $I \subset k[y_1, \ldots, y_m]$ suchen, welches als Kern des kanonischen Homomorphismus $k[y_1, \ldots, y_m] \to k[V]^G, y_i \mapsto f_i$ beschrieben werden kann. Ein weiterer fundamentaler Satz, der *Basissatz* von HILBERT (vgl. [Hil1]), besagt nun, dass dieses Ideal immer endlich erzeugt ist. Wir können deshalb weiter nach den Relationen zwischen den erzeugenden Relationen fragen, dann nach den Relationen zwischen jenen, usw.; dies sind die berühmten *Syzygien* von HILBERT.

Aus diesen knappen Ausführungen ist bereits ersichtlich, dass die klassische Invariantentheorie nicht nur der Ausgangspunkt für die Darstellungstheorie von Gruppen und Algebren war (FROBENIUS, SCHUR, WEYL), sondern auch entscheidende Anstösse zur Entwicklung der kommutativen Algebra geliefert hat (E. NOETHER).

1.2. Kovarianten. Die klassischen Begriffe der *Kovarianten* oder etwas allgemeiner der *Konkomitanten* haben vom Standpunkt der Darstellungstheorie aus eine sehr einfache Beschreibung. Sei wiederum V eine endlichdimensionale Darstellung einer Gruppe G.

Definition. Eine *Kovariante von V* ist eine polynomiale G-äquivariante Abbildung $\varphi : V \to W$, wobei W eine beliebige endlichdimensionale Darstellung von G ist. Die Abbildung φ wird dann genauer eine Kovariante *vom Typ W* genannt[2].

(In Verallgemeinerung des Begriffes der G-invarianten Funktion nennt man eine Abbildung $\varphi : V \to W$ zwischen zwei Darstellungen *G-äquivariant*, falls $\varphi(gv) = g\varphi(v)$ gilt für alle $g \in G$ und $v \in V$.)

Es ergibt sich leicht aus der Definition, dass die Kovarianten vom Typ W einen *Modul* über dem Invariantenring $k[V]^G$ bilden: Ist f eine Invariante und $\varphi : V \to W$ ein Kovariante, so ist das Produkt $f\varphi : V \to W, v \mapsto f(v)\varphi(v)$, ebenfalls G-äquivariant und somit eine Kovariante vom Typ W. In dieser Situation fragt die klassische Invariantentheorie nach einem Erzeugendensystem für den Kovarianten-Modul. Das hängt eng mit dem vorangehenden Problem zusammen. Betrachtet man nämlich die Darstellung von G auf der direkten Summe $V \oplus W^*$, so zeigt man leicht, dass der Unterraum derjenigen Invarianten $f \in k[V \oplus W^*]^G$, welche in W^* *linear* sind, in kanonischer Weise zum Modul der Kovarianten vom Typ W isomorph ist (vgl. [Kra, III.3.4]). Aus dem Endlichkeitssatz für Invarianten ergibt sich damit sofort ein entsprechender

---

2   Eigentlich entspricht diese Definition eher dem klassischen Begriff der Konkomitanten, doch hat sich inzwischen der Name Kovariante eingebürgert.

Endlichkeitssatz für Kovarianten-Moduln.

1.3. Beispiele. Wir wollen zunächst ein paar elementare Beispiele anführen. Etwas anspruchsvollere werden wir in den späteren Abschnitten kennenlernen. (Vergleiche auch die Aufgaben am Ende der Paragraphen.)

Historisch war eine der ersten Invarianten die *Determinante*. Schon sehr früh bemerkte LAGRANGE, dass sich die Diskriminante einer binären quadratischen Form in zwei Variablen nicht ändert, wenn die Variablen einer unimodularen Substitution unterworfen werden (vgl. [Mey]). Dies ordnet sich folgender allgemeinen Situation unter: Für jede Untergruppe $G \subset \mathrm{GL}(V)$ erhalten wir eine Darstellung von G auf den *Bilinearformen* $\mathrm{Bil}(V) := (V \otimes V)^*$ und damit auf den *quadratischen Formen* $\mathrm{S}^2(V^*)$. Wählen wir in V eine Basis und identifizieren wir $\mathrm{Bil}(V)$ mit den $n \times n$-Matrizen $\mathrm{M}_n(k)$, so ist die lineare Aktion gegeben durch $(g, A) \mapsto {}^t g^{-1} A g^{-1}$. Ist daher $G \subset \mathrm{SL}(V)$, so ist die Determinante $\det : \mathrm{M}_n(k) \to k$ eine Invariante; sie wird seit Gauss *Diskriminante* der Form genannt. Im Falle $G = \mathrm{SL}(V)$ kann man leicht zeigen, dass die Diskriminante eine erzeugende Invariante für die quadratischen Formen ist,

$$k[\mathrm{S}^2(V^*)]^{\mathrm{SL}(V)} = k[\det],$$

d.h. jede Invariante ist ein Polynom in der Determinanten.

Betrachten wir andererseits die Operation von $\mathrm{GL}_n(k)$ auf $\mathrm{M}_n(k)$ durch *Konjugation*, so finden wir neben der Determinanten auch die Spur und allgemeiner alle Koeffizienten des charakteristischen Polynoms als Invarianten. Wir werden auf dieses Beispiel im dritten Paragraphen ausführlich eingehen. Man kann auch sehr leicht Kovarianten angeben, nämlich das *Potenzieren* $p_i : \mathrm{M}_n(k) \to \mathrm{M}_n(k)$, $A \mapsto A^i$. Es stellt sich heraus, dass die Kovarianten vom Typ $\mathrm{M}_n(k)$ einen freien Modul vom Rang n über dem Invariantenring bilden mit der Basis $p_0, p_1, \ldots, p_{n-1}$. Dass die höheren Potenzen durch die ersten n ausgedrückt werden können, ergibt sich aus dem bekannten Satz von CAYLEY-HAMILTON.

Eine bekannte klassische Kovariante ist die *Hessesche*, welche die Diskriminante bei quadratischen Formen verallgemeinert. Wir betrachten die Darstellung von $G = \mathrm{SL}(V)$ (oder einer beliebigen Untergruppe G von $\mathrm{SL}(V)$) auf den homogenen Formen $F_n := \mathcal{S}^n V^*$ vom Grad n. Die Hessesche ist dann folgendermassen definiert:

$$\mathrm{Hess}\, f := \det\left(\frac{\partial^2 f}{\partial x_i \partial x_j}\right).$$

Es ist nicht schwierig nachzurechnen, dass es sich hierbei um eine Kovariante $\mathrm{Hess} : F_n \to F_{n(n-2)}$ vom Grad n handelt.

Zum Schluss kehren wir nochmals zur allgemeinen Situation einer beliebigen Darstellung von G auf V zurück und betrachten eine invariante Funktion $f \in k[V]^G$. Das *Differential* von f können wir auffassen als Abbildung $df : V \to V^*$, $v \mapsto df_v$. Wählt man in V eine Basis und in V^* die duale, so ist

df gegeben durch grad $f := (\frac{\partial f}{\partial x_1}, \frac{\partial f}{\partial x_2}, \ldots, \frac{\partial f}{\partial x_n})$. Es ist leicht zu sehen, dass df eine Kovariante (vom Typ V^* und vom Grad grad $f - 1$) ist. Hier stellt sich die interessante Frage, welche Kovarianten man auf diese Weise erhält. Nimmt man etwa die Darstellung von $GL_n(k)$ auf $M_n(k)$ durch Konjugation, so erzeugen die Differentiale der Invarianten den Modul der Kovarianten. Im Allgemeinen ist dies jedoch nicht richtig, wie man leicht an Beispielen erkennt (siehe Aufgabe 1.1).

Aufgaben

1. Bestimme den Invariantenring der Darstellung von $\mathbf{Z}_2$ auf $V := k^2$ durch Multiplikation mit ± 1. Wie sehen die Kovarianten vom Typ V aus?

2. Zeige, dass jede Invariante als Summe von homogenen Invarianten geschrieben werden kann.

3. Zeige, dass die Invarianten der 2×2-Matrizen $M_2(k)$ bezüglich Konjugation mit $GL_2(k)$ von Spur und Determinante erzeugt werden.

4. Die Invarianten der Darstellung von $SL_n(k)$ auf $M_n(k)$ durch Linksmultiplikation werden von der Determinanten erzeugt.

5. Gibt es in V eine Zariski-dichte Bahn von G, so ist jede Invariante eine Konstante. (Eine Teilmenge $X \subset V$ heisst *Zariski-dicht*, falls jede Funktion $f \in k[V]$, für welche $f(x) = 0$ gilt für alle $x \in X$, die Nullfunktion ist.)

6. Es sei G eine endliche kommutative Gruppe und $\rho : G \to GL(V)$ eine endlichdimensionale komplexe Darstellung. Für eine geeignete Basis von V wird der Invariantenring $\mathbf{C}[V]^G$ von Monomen erzeugt, welche alle einen Grad $\leq |G|$ haben. Ist G nicht zyklisch, so gilt das echte Ungleichheitszeichen (vgl. [Schm88]).

§2   Invarianten von Vektoren und Kovektoren

Wir betrachten zunächst die Darstellung von $GL(V)$ auf

$$V^p \oplus V^{*q} = \underbrace{V \oplus \ldots \oplus V}_{p\ \text{mal}} \oplus \underbrace{V^* \oplus \ldots \oplus V^*}_{q\ \text{mal}}.$$

Die "Skalarprodukte" $(v_1, \ldots, v_p, \xi_1, \ldots, \xi_q) \mapsto \langle x_i, \xi_j \rangle := \xi_j(v_i)$ sind offenbar Invarianten unter dieser Operation. Wir bezeichnen diese Funktionen mit $\langle i, j \rangle$. Das *erste Fundamentaltheorem* besagt, dass sie den Invariantenring erzeugen:

2.1. Erstes Fundamentaltheorem für GL_n. *Die Invarianten der Darstellung von $GL(V)$ auf $V^p \oplus V^{*q}$ werden von den Skalarprodukten $\langle i, j \rangle$ erzeugt:*

$$k[V^p \oplus V^{*q}]^{GL(V)} = k[\langle i, j \rangle \mid 1 \leq i \leq p, 1 \leq j \leq q].$$

Einen Beweis werden wir erst später in 6.5 geben, nachdem wir den Satz mittels *Polarisierung* und *Restitution* (§6) auf den multilinearen Fall zurückgeführt haben. Den Spezialfall $q = 0$ (oder auch $p = 0$) kann man allerdings direkt einsehen: Jede Invariante f auf V^p oder auf V^{*q} ist eine Konstante, denn es gilt $f(v) = f(\lambda v)$ für alle $\lambda \in k^*$ und damit auch für $\lambda = 0$.

Betrachten wir jetzt die *spezielle lineare Gruppe* $\mathrm{SL}(V)$ anstelle von $\mathrm{GL}(V)$, so finden wir noch weitere Invarianten. Hierzu wählen wir eine Basis $e_1, \ldots, e_n$ von V und identifizieren V mit den Spaltenvektoren von k^n. Für n Vektoren $v_1, \ldots, v_n \in V$ sei dann

$$[v_1, \ldots, v_n] := \det(v_1, \ldots, v_n),$$

die Determinante der $n \times n$ Matrix $(v_1, \ldots, v_n)$. Damit erhalten wir für jede echt aufsteigende Folge $i_1 < i_2 < \cdots < i_n$ von ganzen Zahlen zwischen 1 und p eine $\mathrm{SL}(V)$-invariante Funktion $[i_1 \ldots i_n]$ auf V^p definiert durch

$$[i_1 \ldots i_n](v_1, v_2, \ldots, v_p) := [v_{i_1}, v_{i_2}, \ldots, v_{i_n}].$$

Entsprechend definieren wir die Invariante $[j_1 \ldots j_n]^*$ auf V^{*q}.

2.2. Erstes Fundamentaltheorem für SL_n. *Die Invarianten auf $V^p \oplus V^{*q}$ unter $\mathrm{SL}(V)$ werden von den Skalarprodukten $\langle i, j \rangle$ und den Determinanten $[i_1 \ldots i_n]$ und $[j_1 \ldots j_n]^*$ erzeugt:*

$$k[V^p \oplus V^{*q}]^{\mathrm{SL}(V)} = k[\langle i,j \rangle, [i_1 \ldots i_n], [j_1 \ldots j_n]^*].$$

Der Beweis dieses Resultates ergibt sich aus den Sätzen von CAPELLI und WEYL; wir werden später darauf zurückkommen (§ 7). Einzelne Spezialfälle sind wiederum klar. So hat etwa $\mathrm{SL}(V)$ auf V^p keine Invarianten, falls $p < n := \dim V$ gilt, denn in diesem Falle hat $\mathrm{SL}(V)$ eine Zariski-dichte Bahn in V^p und jede Invariante ist deshalb eine Konstante (vgl. Aufgabe 1.5). Für $p = \dim V$ ist die Determinante eine erzeugende Invariante, was man ebenfalls direkt einsehen kann (Aufgabe 1.4). Es ist auch nicht schwierig zu sehen, dass das erste Fundamentaltheorem für GL_n (2.1) eine Konsequenz des ersten Fundamentaltheorems für SL_n ist (vgl. Aufgabe 2.1).

Die beiden obigen Resultate sind in dem Sinne "fundamental", als dass viele klassische Probleme der Invariantentheorie von GL_n und SL_n mit Hilfe von *Polarisierung* und *Restitution* darauf zurückgeführt werden können (§ 6). Dieses Verfahren wird *symbolische Methode* genannt und bildet eines der wichtigsten Hilfsmittel der klassischen Invariantentheorie.

Aufgaben

1. Folgere das erste Fundamentaltheorem für GL_n aus dem für SL_n. Verwende dabei die Beziehung $[i_1, \ldots, i_n][j_1, \ldots, j_n]^* = \det((\langle i_\nu, j_\mu \rangle))_{\nu, \mu = 1, \ldots, n}$.

2. Beweise folgenden Spezialfall des ersten Fundamentaltheorems:
$$k[V \oplus V^*]^{\mathrm{GL}(V)} = k[V \oplus V^*]^{\mathrm{SL}(V)} = k[\langle \ , \ \rangle].$$

§ 3   Invarianten von Matrizen

Wir betrachten als nächstes die Darstellung von $\mathrm{GL}(V)$ auf $\mathrm{End}(V)$ durch Konjugation:

$$gA := gAg^{-1}, \qquad g \in \mathrm{GL}(V),\ A \in \mathrm{End}(V).$$

Schreiben wir das charakteristische Polynom $\chi_A(t)$ in der Form

$$\chi_A(t) = \det(tE - A) = t^n + \sum_{i=1}^{n}(-1)^i s_i(A)\, t^{n-i},$$

so sehen wir, dass die s_i *invariante homogene Funktionen vom Grad i* auf $\mathrm{End}(V)$ sind.

3.1. Satz. *Der Invariantenring von $\mathrm{End}(V)$ unter Konjugation mit $\mathrm{GL}(V)$ wird erzeugt von den algebraisch unabhängigen Funktionen $s_1, s_2, \ldots, s_n$:*

$$k[\mathrm{End}(V)]^{\mathrm{GL}(V)} = k[s_1, s_2, \ldots, s_n].$$

BEWEIS: Für eine Matrix A in rationaler Normalform

$$A = \begin{pmatrix} 0 & & & & a_n \\ 1 & 0 & & & \\ & \ddots & \ddots & & \vdots \\ & & 1 & 0 & a_2 \\ & & & 1 & a_1 \end{pmatrix} \qquad (*)$$

gilt bekanntlich $s_i(A) = (-1)^{i+1} a_i$. Eine beliebige Matrix A lässt sich genau dann in rationale Normalform konjugieren, wenn A *zyklisch* ist, d.h. wenn es ein $v \in V$ gibt mit der Eigenschaft, dass V von den $A^i v, i = 1, 2, \ldots$ aufgespannt wird. Man zeigt nun, dass die zyklischen Matrizen eine Zariski-dichte Teilmenge aller Matrizen $\mathrm{M}_n(k)$ bilden (siehe Aufgabe 3.6). Eine invariante Funktion f ist deshalb eindeutig durch ihre Einschränkung $\bar{f}$ auf die Matrizen in rationaler Normalform $(*)$ festgelegt, und diese ist offensichtlich ein Polynom in den a_i:

$$\bar{f}(A) = p(a_1, \ldots, a_n) = \tilde{p}(a_1, -a_2, \ldots, (-1)^{n+1} a_n).$$

Es folgt hieraus, dass $f(A) = \tilde{p}(s_1(A), \ldots, s_n(A))$ gilt für alle Matrizen A. Also ist $f = \tilde{p}(s_1, s_2, \ldots, s_n)$ ein Polynom in den s_i, und die Behauptung folgt. $\square$

Bekanntlich sind die $s_i(A)$ die i-ten elementarsymmetrischen Funktionen der Eigenwerte $\lambda_1, \lambda_2, \ldots, \lambda_n$ von A:

$$s_i(A) = \sigma_i(\lambda_1, \lambda_2, \ldots, \lambda_n).$$

Nun lassen sich über $\mathbf{Q}$ die $\sigma_i(\lambda_1, \ldots, \lambda_n)$ polynomial durch die Potenzsummen

$$\eta_j(t_1, t_2, \ldots, t_n) := t_1{}^j + t_2{}^j + \cdots + t_n{}^j$$

ausdrücken (Aufgabe 3.5; vgl. [Kra, II.3.6 Lemma] oder [Wey, Chap. II.A.3]). Definieren wir daher die invarianten Funktionen $\mathrm{sp}_j \in k[\mathrm{End}(V)]^{\mathrm{GL}(V)}$ durch

$$\mathrm{sp}_j(A) := \operatorname{Spur} A^j,$$

so erhalten wir aus obiger Überlegung leicht das folgende Korollar:

3.2. Korollar. $k[\operatorname{End}(V)]^{\mathrm{GL}(V)} = k[\mathrm{sp}_1, \mathrm{sp}_2, \dots, \mathrm{sp}_n].$

Diese Form des Satzes 3.1 lässt sich nun auf die Darstellung von $\mathrm{GL}(V)$ auf mehreren Kopien von $\operatorname{End}(V)$ verallgemeinern. Dabei ist die lineare Aktion von $\mathrm{GL}(V)$ auf $\operatorname{End}(V)^m$ gegeben durch *simultane Konjugation*:

$$g(A_1, A_2, \dots, A_m) := (gA_1g^{-1}, gA_2g^{-1}, \dots, gA_mg^{-1}).$$

Für jede Folge $j_1, j_2, \dots, j_r$ von ganzen Zahlen zwischen 1 und m sei die Funktion $\mathrm{sp}_{j_1 \dots j_r} \in k[\operatorname{End}(V)^m]$ folgendermassen definiert:

$$\mathrm{sp}_{j_1 \dots j_r}(A_1, \dots, A_m) = \operatorname{Spur}(A_{j_1} A_{j_2} \dots A_{j_r}).$$

Diese Funktionen sind offensichtlich invariant. Nach dem folgenden Satz bilden sie ein Erzeugendensystem für den Invariantenring.

3.3. Erstes Fundamentaltheorem für Matrizen. *Die Invarianten der Darstellung von* $\mathrm{GL}(V)$ *auf* $\operatorname{End}(V)^m$ *durch simultane Konjugation werden erzeugt von den verallgemeinerten Spuren* $\mathrm{sp}_{j_1 \dots j_r}$:

$$k[\operatorname{End}(V)^m]^{\mathrm{GL}(V)} = k[\mathrm{sp}_{j_1, \dots, j_r} \mid j_1, \dots, j_r \in \{1, \dots, m\}].$$

Aus dieser Formulierung ist nicht zu entnehmen, dass es ein endliches Erzeugendensystem gibt. Razmyslov und Procesi haben jedoch gezeigt, dass es für ein Erzeugendensystem genügt, die Spuren $\mathrm{sp}_{j_1 \dots j_r}$ vom Grad $r \leq n^2$ zu verwenden (vgl. [Pro, Chap. II, 8.7]). Es wird vermutet, dass man sogar mit dem Grad $r \leq \binom{n+1}{2}$ auskommt, doch konnte dies erst für $\dim V \leq 3$ nachgewiesen werden ([For, § 5, Theorem 7]).

3.4. Wir wollen noch ein weiteres Beispiel eines Erzeugendensystemes von Kovarianten angeben, welches wir schon in 1.3 kurz gestreift haben. Hierzu betrachten wir wiederum die Endomorphismen $\operatorname{End}(V)$ mit der linearen Aktion von $\mathrm{GL}(V)$ durch Konjugation. Die Potenzen $A \mapsto A^j : \operatorname{End}(V) \to \operatorname{End}(V)$ sind offensichtlich Kovarianten vom Typ $\operatorname{End}(V)$. Es stellt sich heraus, dass sie den Kovariantenmodul erzeugen:

Satz. *Die Kovarianten von* $\operatorname{End}(V)$ *vom Typ* $\operatorname{End}(V)$ *bilden einen freien Modul vom Rang* $n := \dim V$ *mit der Basis* $\pi_j : A \mapsto A^j$, $j = 0, \dots, n-1$.

Bemerkung. Der obige Satz 3.1 besagt unter anderem, dass der Invariantenring $k[\operatorname{End}(V)]^{\mathrm{GL}(V)}$ ein *Polynomring* in n Variablen ist. Es gilt aber noch mehr: Der Koordinatenring $k[\operatorname{End}(V)]$ selbst ist ein *freier Modul* über dem Invariantenring. Dies wurde von Kostant bewiesen [Kos], und gilt allgemein für die sogenannten *kofreien Darstellungen*; wir verweisen hierfür auf die Literatur [Schw1,Schw2]. Da der Koordinatenring eine direkte Summe der Kovariantenmoduln ist, folgert man hieraus, dass alle Kovariantenmoduln frei sind. Man kann auch deren Rang berechnen: Ist W der Typ und $T \subset \mathrm{GL}(V)$ ein maximaler Torus ist, so ist der Rang gleich $\dim W^{*T}$. Am obigen Beispiel lässt sich dies leicht bestätigen.

Als Folgerung aus obigem Satz sehen wir, dass sich die Potenzen A^i mit $i \geq n$ polynomial mit invarianten Koeffizienten durch $E, A, A^2, \ldots, A^{n-1}$ ausdrücken lassen. Dies lässt sich auch direkt aus dem bekannten Satz von CAYLEY-HAMILTON ablesen (Aufgabe 3.2).

Aufgaben

1. Der Invariantenring von $M_2 \oplus M_2$ unter simultaner Konjugation durch GL_2 wird erzeugt von den fünf algebraisch unabhängigen Funktionen $(A, B) \mapsto$ $\mathrm{sp}\, A$, $\mathrm{sp}\, A^2$, $\mathrm{sp}\, B$, $\mathrm{sp}\, B^2$, $\mathrm{sp}\, AB$.

2. Folgere aus dem Satz von CAYLEY-HAMILTON, dass sich für eine Matrix $A \in M_n$ jede Potenz A^i mit $i \geq n$ linear durch $E, A, A^2, \ldots, A^{n-1}$ mit invarianten Koeffizienten ausdrücken lässt.

3. Zeige, dass eine Matrix $A \in M_n$ genau dann nilpotent ist, wenn alle homogenen Invarianten von positivem Grad auf A verschwinden.

4. Beschreibe ein Erzeugendensystem für die Invarianten der Darstellung von $\mathrm{GL}(V)$ auf $V^p \oplus \mathrm{End}(V)^m \oplus V^{*q}$.

5. Zeige, dass die symmetrischen Funktionen in n Variablen $t_1, \ldots, t_n$ von den Potenzsummen $t_1^j + \cdots + t_n^j$ mit $j = 1, \ldots, n$ erzeugt werden (vgl. [Kra, Lemma II.3.6] oder [Wey, Chap. II.A.3]). Gilt dies auch für einen Körper mit positiver Charakteristik?

6. Ist der Körper k algebraisch abgeschlossen, so bilden die $n \times n$-Matrizen mit lauter verschiedenen Eigenwerten eine Zariski-dichte Teilmenge von $M_n(k)$. Folgere daraus, dass für einen beliebigen Körper k die zyklischen (und auch die halbeinfachen) Matrizen eine Zariski-dichte Teilmenge bilden.

§4   Multilineare Invarianten

4.1. Wir wollen uns kurz die *multilinearen* Invarianten von Vektoren und Kovektoren und von Matrizen anschauen. In der Situation der Paragraphen 2 und 3 (vgl. die Sätze 2.1 und 3.1) führt dies auf die Frage nach den linearen invarianten Funktionen auf

$$\underbrace{V \otimes \cdots \otimes V}_{p} \otimes \underbrace{V^* \otimes \cdots \otimes V^*}_{q} \quad \text{und} \quad \underbrace{\mathrm{End}(V) \otimes \cdots \otimes \mathrm{End}(V)}_{m}.$$

Es ist leicht zu sehen, dass es im ersten Falle für $p \neq q$ keine linearen Invarianten $\neq 0$ gibt. Für $p = q = m$ können wir aber die beiden Seiten identifizieren:

$$\beta : V^{\otimes m} \otimes V^{*\otimes m} \xrightarrow{\sim} \mathrm{End}(V)^{\otimes m}. \tag{$*$}$$

Wir verwenden dabei den kanonischen Isomorphismus $V \otimes V^* \xrightarrow{\sim} \mathrm{End}(V)$, welcher einem "reinen Tensor" $v \otimes \eta$ die lineare Abbildung $\varphi_{v,\eta} : w \mapsto \eta(w)v$

vom Rang 1 zuordnet.

Nun besagt das erste Fundamentaltheorem für GL_n (Satz 2.1), dass die linearen Invarianten von $V^{\otimes m} \otimes V^{*\otimes m}$ von den Funktionen

$$c_\sigma := \langle \sigma(1), 1 \rangle \langle \sigma(2), 2 \rangle \cdots \langle \sigma(m), m \rangle$$

aufgespannt werden, wobei σ die *symmetrische Gruppe* $\mathcal{S}_m$ durchläuft. Es gilt also

$$c_\sigma(v_1 \otimes \cdots \otimes v_m \otimes \xi_1 \otimes \cdots \otimes \xi_m) := \xi_1(v_{\sigma(1)}) \cdots \xi_m(v_{\sigma(m)}).$$

4.2. Um eine entsprechende Interpretation für das Fundamentaltheorem für Matrizen (Satz 3.1) zu erhalten, schreiben wir $\sigma \in \mathcal{S}_m$ als Produkt disjunkter Zyklen,

$$\sigma = (i_1 \ldots i_r)(j_1 \ldots j_s) \cdots (l_1 \ldots l_t),$$

unter Einschluss aller Einerzyklen, und definieren die lineare invariante Funktion sp_σ durch

$$\mathrm{sp}_\sigma(A_1 \otimes \ldots \otimes A_m) :=$$
$$\mathrm{sp}(A_{i_1} \cdots A_{i_r})\, \mathrm{sp}(A_{j_1} \cdots A_{j_s}) \cdots \mathrm{sp}(A_{l_1} \cdots A_{l_t}),$$

wobei $\mathrm{sp}(A)$ die *Spur* der Matrix A ist.

4.3. Lemma. *Unter dem kanonischen Isomorphismus β in $(*)$ geht die Invariante c_σ in sp_σ über.*

Der Beweis des Lemmas sei dem Leser zur Übung überlassen. Er beruht auf folgender Tatsache: Bezeichnen wir wie oben mit $\varphi_{v,\eta}$ die dem reinen Tensor $v \otimes \eta$ zugeordnete lineare Funktion auf $\mathrm{End}(V)$, so gilt

$$\mathrm{Spur}(\varphi_{v_1,\eta_1} \varphi_{v_2,\eta_2} \cdots \varphi_{v_r,\eta_r}) = \eta_1(v_2)\,\eta_2(v_3) \cdots \eta_{r-1}(v_r)\,\eta_r(v_1),$$

und die rechte Seite ist gerade sp_σ mit dem Zyklus $\sigma = (1, 2, \ldots, r)$.

4.4. Bemerkung. Damit sehen wir, dass die multilinearen Versionen der beiden Sätze 2.1 und 3.1 äquivalent sind. Die Methode der *Polarisierung und Restitution*, welche wir in Paragraph 6 beschreiben werden, wird es uns dann erlauben, den Beweis der beiden Sätze auf deren multilineare Version zurückzuführen. Es genügt deshalb, eine der beiden multilinearen Versionen zu beweisen. Dies soll im nächsten Paragraph geschehen.

Aufgabe

Die bilinearen Invarianten auf $\mathrm{End}(V) \oplus \mathrm{End}(V)$ werden aufgespannt von $(A, B) \mapsto \mathrm{Spur}\,A \cdot \mathrm{Spur}\,B$ und $(A, B) \mapsto \mathrm{Spur}(AB)$. Die zweite dieser beiden Formen ist nicht ausgeartet.

§ 5   Tensor-Invarianten

Wir wollen hier ein Problem betrachten, welches zunächst völlig unabängig von den bisher behandelten Fragen erscheint. Auf dem Tensorprodukt

$$V^{\otimes m} := \underbrace{V \otimes V \otimes \cdots \otimes V}_{m \text{ mal}}$$

haben wir zwei Darstellungen, eine der Gruppe $\mathrm{GL}(V)$ in üblicher Weise:

$$g(v_1 \otimes v_2 \otimes \cdots \otimes v_m) = gv_1 \otimes gv_2 \otimes \cdots \otimes gv_m,$$

und eine der symmetrischen Gruppe $\mathcal{S}_m$ durch Permutationen:

$$^\sigma(v_1 \otimes v_2 \otimes \cdots \otimes v_m) = v_{\sigma^{-1}(1)} \otimes v_{\sigma^{-1}(2)} \otimes \cdots \otimes v_{\sigma^{-1}(m)}.$$

(Die Verwendung von σ^{-1} is notwendig, damit wir eine *Links*-Operation erhalten.) Es ist klar, dass die beiden Aktionen miteinander vertauschen. Damit erhalten wir zwei Gruppenhomomorphismen

$$\mathrm{GL}(V) \longrightarrow \mathrm{GL}(V^{\otimes m}),$$
$$\mathcal{S}_m \longrightarrow \mathrm{GL}(V^{\otimes m}),$$

deren Bilder miteinander kommutieren. Wir bezeichnen die von den Bildern aufgespannten Unteralgebren von $\mathrm{End}(V^{\otimes m})$ mit $\langle \mathrm{GL}(V) \rangle$ und $\langle \mathcal{S}_m \rangle$. Der folgende Satz besagt nun, dass diese beiden Unteralgebren die Zentralisatoren voneinander sind.

5.1. Satz. (a) $\langle \mathrm{GL}(V) \rangle = \mathrm{End}_{\mathcal{S}_m}(V^{\otimes m})$.

(b) $\langle \mathcal{S}_m \rangle = \mathrm{End}_{\mathrm{GL}(V)}(V^{\otimes m})$.

BEWEIS: (a) Wir verwenden den kanonischen Isomorphismus $\mathrm{End}(V^{\otimes m}) \overset{\sim}{\rightarrow}$ $(\mathrm{End}\, V)^{\otimes m}$. Dieser sendet das Bild eines Elementes g aus $\mathrm{GL}(V)$ nach $g \otimes g \otimes \cdots \otimes g$, und das Bild von $\mathrm{End}_{\mathcal{S}_m}(V^{\otimes m})$ ist der Unterraum der symmetrischen Tensoren in $(\mathrm{End}\, V)^{\otimes m}$. Die Behauptung ergibt sich mit dem nachstehenden Lemma 5.2.

(b) Die Unteralgebra $\langle \mathcal{S}_m \rangle$ ist homomorphes Bild der Gruppenalgebra $k\,\mathcal{S}_m$, welche nach dem Satz von MASCHKE halbeinfach ist. Die Algebra $\langle \mathcal{S}_m \rangle$ ist daher ebenfalls halbeinfach und somit gleich ihrem Doppelzentralisator (siehe [Pie, 12.7], d.h. gleich dem Zentralisator von $\mathrm{End}_{\mathcal{S}_m}(V^{\otimes m})$. Nach (a) ist dieser gleich dem Zentralisator von $\langle \mathrm{GL}(V) \rangle$, also gleich $\mathrm{End}_{\mathrm{GL}(V)}(V^{\otimes m})$. □

5.2. Lemma. *Sei W ein endlichdimensionaler k-Vektorraum und $X \subset W$ eine Zariski-dichte Teilmenge. Die symmetrischen Tensoren in $W \otimes W \otimes \cdots \otimes W$ werden von den $x \otimes x \otimes \cdots \otimes x$ mit $x \in X$ aufgespannt.*

(Wir erinnern daran, dass eine Teilmenge $X \subset W$ *Zariski-dicht* heisst, falls jede Funktion $f \in k[W]$, für welche $f(x) = 0$ gilt für alle $x \in X$, die Nullfunktion ist; vgl. Aufgabe 1.5.)

BEWEIS: Sei $w_1, \ldots, w_n$ eine Basis von W. Dann bilden die Vektoren $w_{i_1} \otimes \cdots \otimes w_{i_m}$ eine Basis von $W^{\otimes m}$, welche unter $\mathcal{S}_m$ stabil ist. Jeder $\mathcal{S}_m$-Orbit hat einen eindeutig bestimmten Repräsentanten der Form $w_1^{\otimes h_1} \otimes w_2^{\otimes h_2} \otimes \cdots \otimes w_n^{\otimes h_n}$ mit $h_1 + h_2 + \cdots + h_n = m$. Wir bezeichnen mit $r_{h_1, \ldots, h_n}$ die Summe der Elemente dieses Orbits in $W^{\otimes m}$. Es ist klar, dass diese $r_{h_1, \ldots, h_n}$ eine Basis der symmetrischen Tensoren $\Sigma_m \subset W^{\otimes m}$ bilden. Wir beweisen das Lemma, indem wir zeigen, dass jede lineare Funktion $\lambda : \Sigma_m \to k$, welche auf allen $x \otimes \cdots \otimes x$ verschwindet, die Nullfunktion ist. Schreiben wir $x = \sum x_i w_i$, so folgt

$$x \otimes \cdots \otimes x = \sum x_1^{h_1} \cdots x_n^{h_n} r_{h_1, \ldots, h_n}.$$

Damit gilt

$$\lambda(x \otimes \cdots \otimes x) = \sum a_{h_1, \ldots, h_n} x_1^{h_1} \cdots x_n^{h_n}$$

mit $a_{h_1, \ldots, h_n} := \lambda(r_{h_1, \ldots, h_n}) \in k$. Dies ist ein Polynom in $x_1, \ldots, x_n$, welches nach Voraussetzung auf X verschwindet. Da X Zariski-dicht ist, ist es das Nullpolynom, d.h. alle $a_{h_1, \ldots, h_n}$ sind Null, und folglich $\lambda = 0$. □

5.3. Bemerkungen. (a) Als erstes ergibt sich aus obigem Satz 5.1, dass $\langle \mathrm{GL}(V) \rangle$ als Zentralisator von $\langle \mathcal{S}_m \rangle$ ebenfalls eine *halbeinfache* Unteralgebra ist. Insbesondere ist die Darstellung von $\mathrm{GL}(V)$ auf $V^{\otimes m}$ vollständig reduzibel. Man kann daraus schliessen, dass jede *polynomiale* Darstellung von $\mathrm{GL}(V)$ vollständig reduzibel ist (vgl. Aufgabe 5.3).

(b) Als nächstes betrachten wir $V^{\otimes m}$ als Darstellung von $\mathrm{GL}(V) \times \mathcal{S}_m$. Eine weitere Konsequenz des obigen Satzes 5.1 ist, dass diese Darstellung in eine direkte Summe von nicht-äquivalenten irreduziblen Darstellungen W_i zerfällt:

$$V^{\otimes m} = W_1 \oplus \cdots \oplus W_r,$$

wobei die Summanden W_i gerade die *isotypischen Komponenten* sowohl für $\mathrm{GL}(V)$ als auch für $\mathcal{S}_m$ sind (siehe Aufgabe 5.1). Man erhält damit eine *Paarung zwischen irreduziblen Darstellungen von* $\mathrm{GL}(V)$ *und* $\mathcal{S}_m$. Man beachte dabei, dass jede irreduzible Darstellung von $\mathcal{S}_m$ vorkommt, falls nur $\dim V \geq m$ ist (Aufgabe 5.2).

5.4. Beweis der multilinearen Fundamentaltheoreme. Wir wollen noch überlegen, dass wir mit Satz 5.1 die multilineare Version der beiden ersten Fundamentaltheoreme beweisen können (siehe Bemerkung 4.4). Wir betrachten den kanonischen Isomorphismus

$$\alpha : \mathrm{End}\, W \xrightarrow{\sim} (W \otimes W^*)^*,$$

welcher durch $\alpha(A)(w \otimes \psi) = \psi(Aw)$ gegeben ist. Für $W = V^{\otimes m}$ bildet dieser die Unteralgebra $\mathrm{End}_{\mathrm{GL}(V)}(V^{\otimes m})$ bijektiv auf die $\mathrm{GL}(V)$-invarianten multilinearen Funktionen auf $V^{\otimes m} \otimes V^{*\otimes m}$ ab. Es ist nun leicht nachzurechnen, dass dabei das Bild eines $\sigma \in \mathcal{S}_m$ in $\mathrm{End}_{\mathrm{GL}(V)}(V^{\otimes m})$ übergeht in die in 4.1 definierte Invariante $c_{\sigma^{-1}} = \langle 1 \mid \sigma(1) \rangle \cdots \langle m \mid \sigma(m) \rangle$. Es folgt daher aus Satz 5.1(b), dass die c_σ die multilinearen Invarianten auf $V^{\otimes m} \otimes V^{*\otimes m}$ (linear) erzeugen. Mit Lemma 4.3 ergibt sich dann, dass die sp_σ die multilinearen Invarianten von $\mathrm{End}(V)^m$ erzeugen.

Damit sind die multilinearen Versionen der beiden ersten Fundamentaltheoreme bewiesen.   □

Aufgaben

1. Sei W ein endlichdimensionaler k-Vektorraum, $A \subset \mathrm{End}(W)$ eine halbeinfache Unteralgebra und $B := A'$ der Zentralisator von A. Dann ist B ebenfalls halbeinfach, und jede isotypische Komponente W_i von W als A-Modul ist auch isotypische Komponente als B-Modul. Zudem ist W_i ein einfacher $A \otimes B$-Modul von der Gestalt $U_i \otimes_{D_i} V_i$ mit einem einfachen A-Modul U_i, einem einfachen B-Modul V_i und dem Schiefkörper $D_i = \mathrm{End}_A(U_i) \simeq \mathrm{End}_B(V_i)$.

2. Sei G eine endliche Gruppe und $\rho : G \to \mathrm{GL}(V)$ eine treue Darstellung. Dann kommt jede irreduzible Darstellung von G in einer geeigneten Tensorpotenz $V^{\otimes N}$ vor. Folgere daraus, dass jede irreduzible Darstellung der S_m in $V^{\otimes m}$ vorkommt, falls $\dim V \geq m$ gilt.

3. Sei $G \subset \mathrm{GL}(V)$ eine beliebige Untergruppe. Eine (endlichdimensionale) Darstellung $\rho : G \to \mathrm{GL}(W)$ heisst *polynomial*, falls bei Wahl von Basen in V und W die Matrixkoeffizienten $\rho_{kl}(g)$ Polynome in den Matrixkoeffizienten g_{ij} von $g \in G$ sind. (Es ist leicht zu sehen, dass dies nicht von der Basiswahl abhängt.)
   Sei nun $\rho : G \to \mathrm{GL}(W)$ eine polynomiale Darstellung.

   (a) Ist ρ irreduzibel, so kommt W als Unterdarstellung (als Restklassendarstellung) einer geeigneten Tensorpotenz $V^{\otimes N}$ vor.

   (b) ρ kommt als Unterdarstellung einer direkten Summe von Tensorpotenzen von V vor.

   (c) Sind alle Tensorpotenzen $V^{\otimes N}$ vollständig reduzible Darstellungen von G, so ist jede polynomiale Darstellung von G vollständig reduzibel.

§6   Polarisierung und Restitution

Polarisierung und *Restitution* ermöglichen uns, die Bestimmung von beliebigen Invarianten auf den multilinearen Fall zurückzuführen. Zunächst bemerken wir, dass jede Invariante $f \in k[V]^G$ eine Summe von homogenen Invarianten ist (Aufgabe 1.2). Es gilt nämlich

$$k[V]^G = \bigoplus_d k[V]_d^G$$

(siehe 1.1), wobei $k[V]_d$ der Unterraum der homogenen Polynome vom Grad d ist.

Sei nun $f \in k[V]_d$ und $t_1, t_2, \ldots, t_d$ Unbestimmte. Wir entwickeln $f(t_1 v_1 + t_2 v_2 + \cdots + t_d v_d)$ nach Potenzen der t_i und erhalten folgende Darstellung:

$$f(t_1 v_1 + t_2 v_2 + \cdots + t_d v_d) = \sum_{s_1 + \ldots s_d = d} t_1^{s_1} \cdots t_d^{s_d} f_{s_1, \ldots, s_d}(v_1, \ldots, v_d). (*)$$

Die Koeffizienten $f_{s_1, \ldots, s_d}(v_1, \ldots, v_d)$ sind multihomogene Funktionen auf V^d vom (Multi-)Grad $(s_1, \ldots, s_d)$.

6.1. Definition. Die multilineare Funktion $f_{1, \ldots, 1} : V^d \to k$ heisst die *(totale) Polarisierung* von f. Wir bezeichnen sie mit Pol f.

Wir bemerken, dass Pol f symmetrisch ist und dass der lineare Operator Pol : $k[V]_d \to \operatorname{Sym} V^d$ GL(V)-äquivariant ist. Dabei bezeichnet $\operatorname{Sym} V^d \subset k[V^d]$ den Unterraum der symmetrischen multilinearen Funktionen.

6.2. Lemma. *Für $f \in k[V]^d$ und $v \in V$ gilt* $(\operatorname{Pol} f)(v, v, \ldots, v) = d! f(v)$.

BEWEIS: Dies folgt unmittelbar aus der Definition, indem man in $(*)$ $v_1 = v_2 = \ldots = v_d = v$ setzt und die Homogenität von f ausnutzt. □

Für ein multilineares $F : V^d \to k$ nennen wir die homogene Funktion $f(v) = F(v, v, \ldots, v)$ die *Restitution* von f. Damit können wir nun folgenden Satz formulieren; der Beweis ergibt sich sofort aus dem Vorangehenden.

6.3. Satz. *Sei V eine Darstellung der Gruppe G. Jede homogene Invariante $f \in k[V]^G$ ist Restitution einer multilinearen Invarianten $F : V^d \to k$.*

Für viele Anwendungen ist die Darstellung V eine direkte Summe $V_1 \oplus V_2 \oplus \cdots \oplus V_r$ von Darstellungen. Dann ist jede Invariante $f \in k[V] = k[V_1 \oplus V_2 \oplus \cdots \oplus V_r]^G$ eine Summe von multihomogenen Invarianten. Den Polarisierungsprozess kann man nun auf jede Variable $v_i \in V_i$ einer multihomogenen Funktion $f \in k[V_1 \oplus V_2 \oplus \cdots \oplus V_r]$ vom (Multi-) Grad $(d_1, d_2, \ldots, d_r)$ anwenden und erhält eine multilineare Funktion

$$\operatorname{Pol} f : V_1^{d_1} \oplus V_2^{d_2} \oplus \cdots \oplus V_r^{d_r} \longrightarrow k,$$

welche in jedem $V_i^{d_i}$ symmetrisch ist und *(totale) Polarisierung* von f genannt wird. Der lineare Operator Pol ist äquivariant bezüglich der Aktion des Produktes GL(V_1) × GL(V_2) × $\cdots$ × GL(V_r), und es gilt:

$$(\operatorname{Pol} f)(\underbrace{v_1, \ldots, v_1}_{d_1}, \underbrace{v_2, \ldots, v_2}_{d_2}, \ldots, \underbrace{v_r, \ldots, v_r}_{d_r}) =$$
$$= d_1! d_2! \cdots d_r! f(v_1, v_2, \ldots, v_r).$$

Wie oben ergibt sich damit der folgende Satz:

6.4. Satz. *Es seien $V_1, V_2, \ldots, V_r$ Darstellungen der Gruppe G. Jede multihomogene Invariante $f \in k[V_1 \oplus V_2 \oplus \cdots \oplus V_r]^G$ ist Restitution einer multilinearen Invarianten $F : V_1^{d_1} \oplus \cdots \oplus V_r^{d_r} \to k$.*

6.5. Beweis des ersten Fundamentaltheorems. Als erste Anwendung erhalten wir nun einen Beweis des ersten Fundamentaltheorems 2.1. Nach 5.4 ist jede multilineare Invariante $F : V^m \oplus V^{*m} \to k$ eine Linearkombination der Invarianten $h_\sigma = \langle 1, \sigma(1) \rangle \langle 2, \sigma(2) \rangle \cdots \langle m, \sigma(m) \rangle$, $\sigma \in \mathcal{S}_m$, und die Restitution von h_σ ist offensichtlich ein Monom in den $\langle i, j \rangle$. Nach obigem Satz 6.4 bedeutet dies gerade, dass die $\langle i, j \rangle$ den Invariantenring erzeugen. Dies beweist das erste Fundamentaltheorem für GL(V).

Der Beweis des ersten Fundamentaltheorems für Matrizen 3.1 ergibt sich ganz entsprechend: Die Restitutionen der multilinearen Invarianten sp_σ (siehe 4.2) sind Monome in den verallgemeinerten Spuren $\mathrm{sp}_{j_1,\dots,j_r}$.

6.6. Beispiel: Invarianten einer quadratischen Form und eines Vektors.

Sei $Q := \mathrm{S}^2(V^*)$ der Vektorraum der quadratischen Formen auf V. Auf $Q \oplus V$ gibt es die Invariante $\alpha : (q, v) \mapsto q(v)$ unter GL(V). Wir wollen zeigen, dass diese den Invariantenring erzeugt:

$$k[Q \oplus V]^{\mathrm{GL}(V)} = k[\alpha].$$

Ist f ein beliebige bihomogene Invariante vom Grad (r, s), so gilt für einen Skalar $t \in k^* \subset \mathrm{GL}(V)$: $f(q, v) = {}^t f(q, r) = f({}^{t^{-1}} q, t^{-1} v) = f(t^2 q, t^{-1} v) = t^{2r-s} f(q, v)$. Ist daher $f \neq 0$, so muss $2r = s$ gelten. Nun betrachten wir die totale Polarisierung von f; diese ist eine multihomogene Invariante

$$F = \mathrm{Pol}\, f : Q^r \oplus V^{2r} \longrightarrow k,$$

also ein Element aus $(Q^{\otimes r} \otimes V^{\otimes 2r})^{*\mathrm{GL}(V)}$. Aus der Inklusion $Q \hookrightarrow V^* \otimes V^*$ erhalten wir eine surjektive lineare Abbildung

$$\varphi : (V^{*2r} \oplus V^{2r})^* \longrightarrow (Q^r \oplus V^{2r})^*,$$

welche die GL(V)-Invarianten ebenfalls surjektiv aufeinander abbildet. Es ist nun leicht zu sehen, dass das Bild von $h_\sigma = \langle 1, \sigma(1) \rangle \langle 2, \sigma(2) \rangle \cdots \langle 2r, \sigma(2r) \rangle$ nach Restitution gerade α^r ist.

§7   Einige Resultate von CAPELLI und WEYL

7.1. GL$_p$-Aktion auf den Invarianten.

Wir kehren zurück zu unserem ursprünglichen Problem der Bestimmung von Invarianten einer direkten Summe von p Kopien einer Darstellung

$$\rho : G \longrightarrow \mathrm{GL}(V)$$

einer beliebigen Gruppe G. Auf dieser Summe $V^p = V \oplus \cdots \oplus V$ haben wir—neben der Darstellung von G—eine natürliche lineare Aktion von GL$_p$:

$$g(v_1, \dots, v_p) := (v_1, \dots, v_p) \cdot g^{-1}.$$

Dabei hat die rechte Seite dieser Gleichung die übliche Bedeutung:

$$(v_1, \dots, v_p) \cdot (a_{ij})_{i,j=1,\dots,p} = (\dots, \textstyle\sum_{i=1}^p a_{ij} v_i, \dots).$$

Wählen wir eine Basis von V und identifizieren wir V^p mit den $n \times p$-Matrizen $M_{n \times p}$, so ist dies gerade die Rechtsmultiplikation mit der Matrix g^{-1}. Es ist klar, dass diese Aktion von GL_p mit der Darstellung von G auf V^p vertauscht. Damit ergibt sich das folgende Lemma:

7.2. Lemma. *Der Invariantenring $K[V^p]^G$ ist stabil unter GL_p.*

Für $p' \leq p$ betten wir $V^{p'}$ in V^p ein unter Verwendung der ersten p' Kopien:

$$V^{p'} \hookrightarrow V^p \quad : \quad (v_1, \ldots, v'_p) \mapsto (v_1, \ldots, v'_p, 0, \ldots, 0).$$

Diese Einbettung ist äquivariant bezüglich der Inklusion

$$\mathrm{GL}_{p'} \hookrightarrow \mathrm{GL}_p \quad : \quad A \mapsto \begin{pmatrix} A & 0 \\ 0 & E_{p-p'} \end{pmatrix}. \tag{$*$}$$

Weiter identifizieren wir den Koordinatenring $k[V^{p'}]$ mit dem Unterring derjenigen Funktionen von $k[V^p]$, welche nicht von den letzten $p-p'$ Kopien von V abhängen. Diese Einbettung entspricht der Projektion $V^p \twoheadrightarrow V^{p'}$ auf die ersten p' Kopien und ist äquivariant bezüglich G und auch bezüglich der Abbildung $(*)$. Damit folgt

$$k[V^{p'}]^G = k[V^{p'}] \cap k[V^p]^G \subset k[V^p]^G,$$

und nach dem obigen Lemma 7.2 enthält $k[V^p]^G$ sogar den GL_p-Modul erzeugt von $k[V^{p'}]^G$. Es gilt nun das folgende zentrale Resultat der klassischen Invariantentheorie, welches auf CAPELLI [Cap] zurückgeht:

7.3. Satz. *Es sei $p \geq n := \dim V$ und $U \subset k[V^p]$ ein GL_p-stabiler Unterraum. Dann ist U als GL_p-Modul erzeugt vom Durchschnitt mit $k[V^n]$:*

$$U = \langle U \cap k[V^n] \rangle_{\mathrm{GL}_p}.$$

(Wir benützen die Bezeichnung $\langle S \rangle_{\mathrm{GL}_p}$ für den GL_p-Modul erzeugt von einer Teilmenge S einer Darstellung von GL_p.)

Dieser Satz zeigt zusammen mit Lemma 7.2, dass man die Invarianten von $p \geq n = \dim V$ Kopien aus denen von n Kopien durch Anwendung von GL_p erhält.

Folgerung A. *Für $p \geq n = \dim V$ gilt*

$$k[V^p]^G = \langle k[V^n]^G \rangle_{\mathrm{GL}_p}.$$

(vgl. [Wey, II.5 Theorem 2.5.A])

Folgerung B. *Sei $U \subset k[V^n]^G$ ein GL_n-stabiler Unterraum, welcher den Invariantenring als k-Algebra erzeugt.*

(a) *Für $p \geq n$ wird $k[V^p]^G$ erzeugt von $\langle U \rangle_{\mathrm{GL}_p}$.*

(b) *Für $p \leq n$ wird $k[V^p]^G$ erzeugt von $\operatorname{res} U := \{ f|_{V^p} \mid f \in U \}$, und es gilt $\operatorname{res} U = U \cap k[V^p]$.*

BEWEIS: Sei $p \geq n$ und $R \subset k[V^p]$ die Unteralgebra erzeugt von $\langle U \rangle_{\mathrm{GL}_p}$. Dann ist R ein GL_p-stabiler Unterraum von $k[V^p]^G$. Wegen $R \supset k[U] = k[V^n]^G$ folgt die Behauptung (a) mit Folgerung A.

Für $p \leq n$ betrachten wir die Restriktionsabbildung res : $k[V^n] \twoheadrightarrow k[V^p]$, $f \mapsto f|_{V^p}$. Diese ist G-äquivariant und bildet $k[V^p]$ identisch auf sich ab. Die Komposition

$$k[V^p]^G \hookrightarrow k[V^n]^G \to k[V^p]^G$$

ist daher ebenfalls die Identität und folglich res : $k[V^n]^G \to k[V^p]^G$ surjektiv. Dies zeigt, dass res U den Invariantenring $k[V^p]^G$ erzeugt. Die Beziehung res $U = U \cap k[V^p]$ gilt sicherlich für einen multihomogenen Unterraum von $k[V^n]$. Da U nach Voraussetzung GL_n-stabil ist, ist dies hier der Fall (vgl. Aufgabe 7.1). □

7.4. Zum Beweis des Satzes von CAPELLI.

Der klassische Beweis des obigen Satzes beruht auf der CAPELLI-DERUYTS-*Entwicklung*; diese ergibt sich ihrerseits aus einer fundamentalen Beziehung zwischen den Differentialoperatoren Δ_{ij} (7.6), der sogenannten CAPELLI-*Identität*. Vom Standpunkt der Darstellungstheorie aus lässt sich das Resultat besser verstehen und auch relativ einfach beweisen. Dabei muss jedoch betont werden, dass die CAPELLI-Theorie etwas mehr liefert, in einfachen Fällen sogar explizite Zerlegungsformeln.

Zunächst erinnern wir daran, dass die Darstellung von GL_p auf dem Koordinatenring $k[V^p]$ vollständig reduzibel ist (Bemerkung 5.3(b)). Es genügt daher für den Beweis des obigen Satzes nachzuweisen, dass jeder einfache GL_p-Untermodul $M \subset k[V^p]$ die Unteralgebra $k[V^n]$ trifft. (Hieraus folgt nämlich $\langle M \cap k[V^n] \rangle_{\mathrm{GL}_p} = M$ und damit die Behauptung.) Nun ist bekannt, dass für die Untergruppe

$$U_p := \left\{ \begin{pmatrix} 1 & * & * \\ & \ddots & * \\ & & 1 \end{pmatrix} \in \mathrm{GL}_p \right\}.$$

der oberen Dreiecksmatrizen mit Einsen in der Diagonale immer $M^{U_p} \neq 0$ gilt, und zwar für jede Darstellung M von U_p (siehe [Kra, III.1.1 Satz 3]). Es bleibt also nachzuweisen, dass für alle p gilt

$$k[V^p]^{U_p} \subset k[V^n].$$

Durch Induktion genügt es zu zeigen, dass für $p > n$ eine U_p-Invariante $f \in k[V^p]$ nicht von der letzten Variablen x_p abhängt. Wir können annehmen, dass f multihomogen ist und $f \neq 0$ ist. Dann gibt es ein Element

$$v = (v_1, v_2, \ldots, v_n, v_{n+1}, \ldots, v_p) \in V^p$$

mit $f(v) \neq 0$ und $v_1, \ldots, v_n$ linear unabhängig. Für ein solches v gibt es $\alpha_2, \ldots, \alpha_p \in k$ mit $v_1 + \alpha_2 v_2 + \cdots \alpha_p v_p = 0$. Setzen wir

$$u = \begin{pmatrix} 1 & 0 & \cdots & \alpha_p \\ & 1 & \cdots & \alpha_{p-1} \\ & & \ddots & \vdots \\ & & & 1 \end{pmatrix} \in U_p,$$

so gilt $u(v_1, \ldots, v_p) = (v_1, \ldots, v_{p-1}, 0)$. Dies zeigt, dass $U_p V^{p-1}$ in V^p Zariski-dicht ist. Eine U_p-invariante Funktion hängt daher nicht von der letzten Variablen ab.   □

7.5. Primäre Kovarianten. Die U_p-Invarianten heissen klassisch *primäre Kovarianten* und lassen sich folgendermassen beschreiben. Wir fixieren wiederum eine Basis von V und identifizieren V^p mit den $p \times n$-Matrizen:

$$(v_1, \ldots, v_n) \leftrightarrow \begin{pmatrix} x_{11} & \cdots & x_{1p} \\ \vdots & & \vdots \\ x_{n1} & \cdots & x_{np} \end{pmatrix}.$$

Satz. *Die primären Kovarianten $k[V^p]^{U_p}$ werden erzeugt von allen $k \times k$-Minoren der ersten k Spalten der Matrix $(x_{ij})_{j=1,\ldots,p}^{i=1,\ldots,n}$, $k = 1, \ldots, n$.*

Auch dieses Resultat ergibt sich aus der CAPELLI-Theorie. Für $n = 2$ erhalten wir zum Beispiel

$$k[x_{11}, x_{12}, x_{21}, x_{22}]^{U_p} = k[x_{11}, x_{21}, x_{11}x_{22} - x_{21}x_{12}],$$

was man leicht direkt verifiziert.

7.6. Polarisierungs-Operatoren. Wir geben noch eine andere Beschreibung des GL_p-Moduls $\langle S \rangle_{\mathrm{GL}_p}$ aufgespannt von einer Teilmenge $S \subset k[V^p]$ unter Verwendung von Differentialoperatoren. In moderner Sprache handelt es sich dabei um die Operation der *Liealgebra* von GL_p und deren *Einhüllenden Algebra* auf den Funktionen $k[V^p]$ durch Derivationen und Differentialoperatoren.

Zunächst betrachten wir die folgenden linearen Operatoren Δ_{ij} auf $k[V^p]$, welche *Polarisations-Operatoren* genannt werden:

$$(\Delta_{ij} f)(v_1, \ldots, v_p) := \left. \frac{f(v_1, \ldots, v_j + t v_i, \ldots, v_p) - f(v_1, \ldots, v_p)}{t} \right|_{t=0}.$$

Verwenden wir Koordinaten in V und setzen wir $v_i = (x_1^{(i)}, \ldots, x_n^{(i)})$, so folgt

$$\Delta_{ij} = \sum_{\nu=1}^{n} x_\nu^{(i)} \cdot \frac{\partial}{\partial x_\nu^{(j)}}.$$

Offenbar sind die Δ_{ij} *Derivationen* von $k[V^p]$, d.h. es gilt

$$\Delta_{ij}(fh) = f \Delta_{ij} h + h \Delta_{ij} f \quad \text{für } f, h \in K[V^p].$$

Das folgende Resultat ist wohlbekannt; wir überlassen den Beweis dem Leser.

7.7. Lemma (Taylor-Entwicklung).

$$f(v_1, \ldots, v_j + tv_i, \ldots, v_p) = \sum_{\nu=0}^{\infty} \frac{t^\nu}{\nu!} \cdot \Delta_{ij}{}^\nu f(v_1, \ldots, v_p).$$

(Da es sich bei f um ein Polynom handelt, ist die rechte Summe in Wirklichkeit endlich: $\Delta_{ij}{}^\nu f = 0$ für $\nu \geq \text{grad } f$.)

Beispiele. (a) Es gilt $\Delta_{ij} f = 0$ falls f nicht von v_j abhängt.

(b) Ist f linear in v_j, so folgt

$$\Delta_{ij} f(v_1, \ldots, v_j, \ldots, v_p) = f(v_1, \ldots, \overset{j}{v_i}, \ldots, v_p),$$

d.h. v_j wird durch v_i ersetzt.

7.8. Satz. *Ein linearer Unterraum $U \subset k[V^p]$ ist genau dann stabil unter GL_p, wenn er stabil unter den Polarisations-Operatoren ist, d.h. es ist $\Delta_{ij} f \in U$ für alle $f \in U$ und alle Δ_{ij}.*

Der Satz besagt, dass man $\langle S \rangle_{\text{GL}_p}$ aus S erhält durch sukzessives Anwenden der Polarisations-Operatoren und bilden der linearen Hülle. Damit können wir obige Folgerung B in 7.3 anders formulieren:

Folgerung C. *Sei $S \subset k[V^n]$ ein Erzeugendensystem. Dann wird $k[V^p]$ für $p \geq n$ von den Polarisierungen von S erzeugt.*

BEWEIS (Satz 7.8): Für $t \in k$ und $1 \leq i, j \leq p$ setzen wir

$$A_{ij}(t) := E + tE_{ij} \in \text{GL}_p \quad (t \neq -1 \text{ im Falle } i = j),$$

wobei $E_{ij} \in M_p$ die Matrix mit einer Eins an der Position (i, j) und sonst lauter Nullen ist. Man weiss, dass die Matrizen A_{ij} die Gruppe GL_p erzeugen. Für $f \in k[V^p]$ findet man mit der Taylor-Entwicklung 7.7

$$
\begin{aligned}
{}^{A_{ij}(t)} f(v_1, \ldots, v_p) &= f(v_1, \ldots, v_j + tv_i, \ldots, v_p) \\
&= \sum_\nu \frac{t^\nu}{\nu!} \Delta_{ij}^\nu f(v_1, \ldots, v_p)
\end{aligned}
$$

Die Summe auf der rechten Seite ist endlich, und es folgt

$$\langle {}^{A_{ij}(t)} f \mid t \in K \rangle = \langle \Delta_{ij}{}^\nu f \mid \nu = 0, 1, \ldots \rangle$$

(siehe Aufgabe 7.3), womit die Behauptung bewiesen ist. $\quad\square$

7.9. Ein weiterer Satz von CAPELLI und WEYL. Im Falle einer unimodularen Untergruppe $G \subset \text{GL}_p$ können wir das Ergebnis von Satz 7.3 noch verschärfen. Hierzu fixieren wir eine Basis von V. Dann ist für jedes n-Tupel $(v_1, \ldots, v_n)$ von Spaltenvektoren $v_i \in V = k^n$ die Determinante $\det(v_1, \ldots, v_n)$ definiert. Damit erhalten wir für jede Folge $1 \leq i_1 < i_2 < \ldots < i_n \leq p$ eine $\text{SL}(V)$-invariante Funktion

$$[i_1, \ldots, i_n] : V^p \to K , \ (v_1, \ldots, v_p) \mapsto \det(v_{i_1}, \ldots, v_{i_n}).$$

Ein Beweis für das folgende Resultat steht in [Wey, II.5 Theorem 2.5.A].

Satz. *Sei* $G \subset \mathrm{SL}(V)$. *Für jedes* $p \geq n = \dim V$ *wird der Invarianten-ring* $k[V^p]^G$ *erzeugt von* $\langle K[V^{n-1}]^G \rangle_{\mathrm{GL}_p}$ *zusammen mit allen Determinanten* $[i_1, \ldots, i_n]$.

Wie vorher ergibt sich damit das folgende Korollar:

Folgerung 1. *Sei* $S \subset k[V^{n-1}]^G$ *ein Erzeugendensystem. Dann wird* $k[V^p]^G$ *erzeugt von den Polarisierungen von* S *und allen Determinanten* $[i_1, \ldots, i_n]$.

Als Anwendung ergibt sich ein Spezialfall des ersten Fundamentaltheorems für SL_n. (Man beachte hierbei, dass $\mathrm{SL}(V)$ in V^{n-1} eine Zariski-dichte Bahn hat.)

Folgerung 2. *Der Invariantenring* $k[V^p]^{\mathrm{SL}(V)}$ *wird erzeugt von den Determi-naten* $[i_1, \ldots, i_n]$.

Aufgaben

1. Jeder GL_p-stabile Unterraum $U \subset k[V^p]$ ist multihomogen.
2. Wir verwenden die Bezeichnungen von § 7.
   (a) Eine Funktion $f \in k[V^p]$ ist genau dann U_p-invariant, wenn $\Delta_{ij} f = 0$ gilt für $i > j$.
   (b) Es gilt $k[V^p]^{U_p} \subset k[V^n]$.
3. Für beliebige Elemente $f_0, f_1, \ldots, f_m \in U$ eines k-Vektorraumes U gilt:
$$\langle f_0 + t f_1 + t^2 f_2 + \cdots + t^m f_m \mid t \in k \rangle = \langle f_0, f_1, \ldots, f_m \rangle.$$

Literatur

[Cap]   Capelli, A.: *Lezioni sulla teoria delle forme algebriche.* Napoli: Pellerano, 1872

[For]   Formanek, E.: *The invariants of* $n \times n$ *matrices.* In: Invariant Theory, edited by S.S. Koh. Lecture Notes in Mathematics **1278**, 18–43. Springer-Verlag, Berlin Heidelberg New York 1987

[Har]   Hartshorne, R.: *Algebraic Geometry.* Graduate Texts in Mathematics **52**. Springer-Verlag, New York Heidelberg Berlin 1977

[Hil1]   Hilbert, D.: *Über die Theorie der algebraischen Formen.* Math. Ann. **36** (1890), 473–534

[Hil2]   Hilbert, D.: *Über die vollen Invariantensysteme.* Math. Ann. **42** (1893), 313–373

[HiP]   *Mathematical developments arising from Hilbert problems.* Proc. Sympos. Pure Math. **28** (1976)

[Hum1]   Humphreys, J.E.: *Introduction to Lie Algebras and Representation Theory.* Graduate Texts in Mathematics **9**. Springer-Verlag, New York Heidelberg Berlin 1972

[Hum2]   Humphreys, J.E.: *Linear Algebraic Groups.* Graduate Texts in Mathematics **21**. Springer-Verlag, New York Heidelberg Berlin 1975

[Kos]   Kostant, B.: *Lie group representations on polynomial rings.* Amer. J. Math. **85** (1963), 327–404

[Kra]   Kraft, H.: *Geometrische Methoden in der Invariantentheorie.* Aspekte der Mathematik **D1**. Vieweg, Braunschweig/Wiesbaden 1985

[Mey]   Meyer, F.: *Invariantentheorie.* In: Encyklopädie der Mathematischen Wissenschaften, Band **I**, Teil **IB2** (1899), 320–403

[MFo]   Mumford, D.; Fogarty, J.: *Geometric Invariant Theory.* Ergeb. der Math. und Grenzgeb. **34**. Springer-Verlag, Berlin Heidelberg New York 1982

[Nag]   Nagata, M.: *On the 14-th problem of Hilbert.* Amer. J. Math. **81** (1959), 766–772

[Noe]   Noether, E.: *Der Endlichkeitssatz der Invarianten endlicher Gruppen.* Math. Ann. **77** (1916), 89–92

[Pie]   Pierce, R. S.: *Associative Algebras.* Graduate Texts in Mathematics **88**. Springer-Verlag, New York Heidelberg Berlin 1982

[Pro]   Procesi, C.: *A Primer of Invariant Theory.* Brandeis Lecture Notes **1**, 1982

[Schm]   Schmid, B.: *Generating invariants of finite groups.* C. R. Acad. Sci. Paris **308** (1989), 1–6

[Schu]   Schur, I.: *Vorlesungen über Invariantentheorie.* Grundlehren der mathematischen Wissenschaften **143**. Springer-Verlag, Berlin Heidelberg New York 1968

[Schw1] Schwarz, G.W.: *Representations of simple Lie groups with regular rings of invariants.* Invent. Math. **49** (1978), 167–191

[Schw2] Schwarz, G.W.: *Representations of simple Lie groups with a free module of covariants.* Invent. Math. **50** (1978), 1–12

[Spr1]   Springer, T.A.: *Invariant Theory.* Lecture Notes in Math. **585**. Springer-Verlag, Berlin Heidelberg New York 1977

[Spr2]   Springer, T.A.: *Linear Algebraic Groups.* Progress in Math. **9**. Birkhäuser-Verlag, Boston Basel Stuttgart 1981

[Wey]   Weyl, H.: *Classical Groups.* Princeton Mathematical Series **1**. Princeton University Press, Princeton, New Jersey 1946

LOCAL PROPERTIES
OF ALGEBRAIC GROUP ACTIONS

Friedrich Knop   Hanspeter Kraft   Domingo Luna
Thierry Vust

Table of Contents

Introduction 63
§ 1   The Theorem of SUMIHIRO 64
§ 2   *G*-Linearization of Line Bundles 65
§ 3   Another Proof of SUMIHIRO's Theorem 68
§ 4   Picard Group of a Linear Algebraic Group 72
References 75

Introduction

In this article we present a fundamental result due to SUMIHIRO. It states that every normal G-variety X, where G is a connected linear algebraic group, is locally isomorphic to a quasi-projective G-variety, i.e., to a G-stable subvariety of the projective space $\mathbf{P}^n$ with a linear G-action (Theorem 1.1). The central tools for the proof are G-linearization of line bundles (§2) and some properties of the Picard group of a linear algebraic group (§4).

Along the proof, we also need some results about invertible functions on algebraic varieties and groups, which are due to ROSENLICHT. They are given in our second article *"The Picard group of a G-variety"* in this volume; it will be quoted by [Pic].

We work over a field of characteristic zero. Nevertheless, the main results are valid in positive characteristic as well, and our proofs seem to work in the general situation, too. We leave it to the reader to verify the details.

§1   The Theorem of SUMIHIRO

We fix an algebraically closed base field k of characteristic zero. Let G be a *connected linear algebraic group* and X a *normal G-variety*. We plan to give a proof of the following fundamental result due to SUMIHIRO [Su74,Su75].

1.1. Theorem. *Let $Y \subset X$ be an orbit in X. There is a finite dimensional rational representation $G \to \mathrm{GL}(V)$ and a G-stable open neighborhood U of Y in X which is G-equivariantly isomorphic to a G-stable locally closed subvariety of the projective space $\mathbf{P}(V)$.*

(As usual, a representation $\rho : G \to \mathrm{GL}(V)$ is called *rational* if ρ is a morphism of algebraic groups.)

Remark. The plane cubic with an ordinary double point admits a k^*-action with two orbits: the singular point as a fixed point and its complement which is isomorphic to k^*. This example shows that the normality assumption in the theorem is necessary. In fact, for every representation V of k^* the closure of an non-trivial orbit in $\mathbf{P}(V)$ always contains two fixed points (cf. [LV83, 1.6] or [Od78]).

1.2. Outline of Proof. Let $U_0 \subset X$ be an affine open subset with $U_0 \cap Y \neq \varnothing$. There is a line bundle L on X and a finite dimensional subspace N of the space $\mathrm{H}^0(X, L)$ of sections of L such that the corresponding rational map

$$\gamma_N : X \dashrightarrow \mathbf{P}(N^\vee)$$

which sends x to the kernel of the map $\varepsilon_x : N \to L_x$, $\sigma \mapsto \sigma(x)$, induces a (biregular) isomorphism of U_0 onto a locally closed subvariety of $\mathbf{P}(N^\vee)$. ($N^\vee$ denotes the dual space of N.) In fact, consider the divisor $D := X \smallsetminus U_0$ and the invertible sheaf $\mathcal{O}(mD)$ of rational functions with poles of order at most m on D. If $f_0 := 1, f_1, \ldots, f_n$ is a system of generators for the subalgebra $k[U_0] \subset k(X)$ and $N := \langle f_0, f_1, \ldots, f_n \rangle$ the linear span of the f_i's, we have $N \subset \mathrm{H}^0(X, \mathcal{O}(mD))$ for all $m \geq m_0$, and the claim follows.

The main step in the proof will be to show that for suitable $m \geq m_0$ the sheaf $\mathcal{O}(mD)$ is *G-linearizable* (Proposition 2.4). Then the linear action of G on $\mathrm{H}^0(X, \mathcal{O}(mD))$ is locally finite and rational (Lemma 2.5). Replacing N by the finite dimensional G-stable subspace $W \subset \mathrm{H}^0(X, \mathcal{O}(mD))$ generated by N we obtain a G-equivariant rational map

$$\gamma_W : X \dashrightarrow \mathbf{P}(W^\vee)$$

which induces an isomorphism of $U := GU_0$ with a G-stable locally closed subvariety of $\mathbf{P}(W^\vee)$.

1.3. In the next two paragraphs we give the details needed in the proof above. In paragraph 4 we offer a different proof based on techniques developed in [LV83].

§ 2   *G*-**Linearization of Line Bundles**

2.1. We first recall some results concerning G-linearization of line bundles (cf. [MF82, Chap. I, §3]). As above, G is a linear algebraic group and X a G-variety. We denote by $\varphi : G \times X \to X$ the G-action and by $p_X : G \times X \to X$ the projection. Let $\pi : L \to X$ be a line bundle on X. We do not distinguish between the line bundle L and its sheaf of sections.

Definition. A *G-linearization* of L is a G-action

$$\Phi : G \times L \to L$$

on L such that (a) $\pi : L \to X$ is G-equivariant and (b) the action is linear on the fibers, i.e., for every $g \in G$ and $x \in X$ the map $\Phi_x : L_x \to L_{gx}$ is linear.

Example. Let H be a closed subgroup of G. We denote by $\pi : G \to G/H$ the projection and by $\mathcal{X}(H)$ the character group of H. For every character $\chi \in \mathcal{X}(H)$ we define a line bundle E_χ on G/H in the following way: It is the quotient of $G \times k$ by the action of H given by

$$h(g, x) := (gh^{-1}, \chi(h) \cdot x), \qquad (h \in H, g \in G, x \in k).$$

(Of course one has to show that this quotient exists.) This defines a homomorphism

$$\mathcal{E} : \mathcal{X}(H) \longrightarrow \mathrm{Pic}(G/H) : \chi \mapsto E_\chi.$$

The image of this map is the subgroup consisting of the G-linearizable line bundles on G/H. In fact, by construction, E_χ is equipped with a G-action, which is linear in the fibres. On the other hand, given a G-linearized line bundle L on G/H, the group H acts on the fibre $L_H \simeq k$ over $H = eH \in G/H$ by a character χ, and the canonical map $G \times L_H \to L$, $(g, l) \mapsto gl$ induces an G-isomorphism $E_\chi \simeq L$. In particular, *every G-linearizable line bundle on G is trivial.*

2.2. It is clear that for any G-linearization we obtain a commutative diagram

$$
\begin{array}{ccc}
G \times L & \xrightarrow{\ \Phi\ } & L \\
{\scriptstyle \mathrm{id} \times \pi}\big\downarrow & & \big\downarrow{\scriptstyle \pi} \\
G \times X & \xrightarrow{\ \varphi\ } & X
\end{array}
\qquad (1)
$$

which is a pull-back diagram, i.e., it induces an isomorphism

$$G \times L = p_X^*(L) \xrightarrow{\ \sim\ } \varphi^*(L)$$

of line bundles on $G \times X$. In fact, the commutativity of the diagram is equivalent to the G-equivariance of $\pi : L \to X$, and the induced morphism $p_X^*(L) \to \varphi^*(L)$ is a bijective homomorphism of line bundles, since the action is linear on the fibers. In addition, the restriction of Φ to $\{e\} \times L$ is the identity. We claim that the converse is true:

Lemma. *Let $\Phi : G \times L \to L$ be a morphism. Assume that the diagram*

$$
\begin{array}{ccc}
G \times L & \overset{\Phi}{\longrightarrow} & L \\
\downarrow{\scriptstyle \mathrm{id} \times \pi} & & \downarrow{\scriptstyle \pi} \\
G \times X & \overset{\varphi}{\longrightarrow} & X
\end{array}
$$

is a pull-back diagram, that $\Phi(e, z) = z$ for all $z \in L$ and that $\Phi(g, ?)$ maps the zero section of L into itself for all $g \in G$. Then Φ is a G-linearization of L.

PROOF: By assumption, the morphisms $\Phi(g, ?) : L_x \to L_{gx}$ are all bijective and send 0 to 0; hence they are linear isomorphisms. It follows that there is an invertible function $f : G \times G \times L \longrightarrow k^*$ such that

$$\Phi(gh, z) = f(g, h, z)\Phi(g, \Phi(h, z)) \quad \text{for all } g, h \in G \text{ and } z \in L.$$

(The existence of such a map f is clear; we leave it to the reader to check that f is regular.) By a result of ROSENLICHT's (see [Pic, Proposition 1.1]), the function f is of the form

$$f(g, h, z) = r(g)s(h)t(z) \quad (g, h \in G, z \in L)$$

with invertible regular functions r, s on G and t on L. Since $\Phi(e, z) = z$ for every $z \in L$ we obtain

$$r(e)s(h)t(z) = 1 \quad (h \in G, z \in L),$$

and similarly

$$r(g)s(e)t(z) = 1 \quad (g \in G, z \in L).$$

Hence

$$
\begin{aligned}
f(g, h, z) &= r(g)s(h)t(z) = (r(g)s(h)t(z))\,(r(e)s(e)t(z)) \\
&= (r(g)s(e)t(z))\,(r(e)s(h)t(z)) = 1
\end{aligned}
$$

for every $g, h \in G$, $z \in L$, and the claim follows. $\square$

2.3. Lemma. *The line bundle L is G-linearizable if and only if the two bundles $\varphi^*(L)$ and $p_X^*(L)$ on $G \times X$ are isomorphic.*

PROOF: We have already seen that a G-linearization of L induces an isomorphism $p_X^*(L) \overset{\sim}{\to} \varphi^*(L)$. Conversely, such an isomorphism gives rise to a pull-back diagram

$$
\begin{array}{ccc}
G \times L & \overset{\Phi}{\longrightarrow} & L \\
\downarrow{\scriptstyle \mathrm{id} \times \pi} & & \downarrow{\scriptstyle \pi} \\
G \times X & \overset{\varphi}{\longrightarrow} & X
\end{array}
$$

with the property that every $\Phi(g, ?)$ maps the zero section of L into itself. The restriction of Φ to $\{e\} \times L$ is an automorphism of the line bundle L, hence given by a regular function $\lambda : X \to k^*$, defined by $\lambda(\pi(z)) \cdot z = \Phi(e, z)$ $(z \in L)$. Replacing Φ by $\lambda^{-1}\Phi$ we obtain a pull-back diagram satisfying the assumptions of the previous Lemma 2.2, and so L is G-linearizable. □

In the proof of the next proposition we shall need two results from paragraph 4.

2.4. Proposition. *Let L be a line bundle on a normal G-variety X. There is a number $n > 0$ such that $L^{\otimes n}$ is G-linearizable.*

PROOF: As before we denote by $\varphi : G \times X \to X$ the G-action on X and by p_X, p_G the two projections $G \times X \to X$ and $G \times X \to G$. It follows from Lemma 4.2 that

$$\varphi^*(L) \simeq p_G^*(M) \otimes p_X^*(N)$$

with a line bundle M on G and with

$$N := \varphi^*(L)|_{\{e\} \times X} \simeq L.$$

(Here we use the normality of X!) Since $\operatorname{Pic} G$ is finite (Proposition 4.5) we obtain

$$\varphi^*(L^{\otimes n}) \simeq p_X^*(L^{\otimes n}),$$

for a suitable $n > 0$, and the claim follows from Lemma 2.3. □

Remark. We have seen in the proof above that the number n in the proposition can be chosen to be the order of $\operatorname{Pic} G$. In particular, if G is factorial then every line bundle on X is G-linearizable.

2.5. End of proof. To finish the proof along the lines indicated in 1.2 we need the following result about the action of G on the space $\mathrm{H}^0(X, L)$ of sections of a G-linearized line bundle L.

Lemma. *Let L be a G-linearized line bundle on X. Then the action of G on $\mathrm{H}^0(X, L)$ given by*

$$^g\sigma(x) := g(\sigma(g^{-1}x)) = \Phi(g, \sigma(g^{-1}x))$$

for $g \in G$, $\sigma \in \mathrm{H}^0(X, L)$, $x \in X$, is locally finite and rational.

(A linear action of G on a vector space W is called *locally finite and rational* if every $w \in W$ is contained in a finite dimensional G-stable subspace V such that the corresponding homomorphism $G \to \operatorname{GL}(V)$ is a rational representation of G.)

PROOF: We first remark that there is a canonical isomorphism

$$k[G] \otimes \mathrm{H}^0(X, L) \xrightarrow{\sim} \mathrm{H}^0(G \times X, p_X^*(L))$$

(see [Ha77, Chap. III, Proposition 9.3]), which associates to $f \otimes \tau$ the section $(g,x) \mapsto (g, f(g) \cdot \tau(x))$. The G-linearization $\Phi : G \times L \to L$ of L induces a linear map

$$\Phi^* : \mathrm{H}^0(X, L) \longrightarrow \mathrm{H}^0(G \times X, p_X^*(L)) \simeq k[G] \otimes \mathrm{H}^0(X, L)$$

which sends the section σ to the map

$$\tilde{\sigma} : G \times X \longrightarrow L, \quad (g,x) \mapsto {}^{g^{-1}}\sigma(x) = \Phi(g^{-1}, \sigma(gx)).$$

(This follows immediately from the pull-back diagram (1) in 2.2.) If we write $\Phi^*(\sigma)$ in the form

$$\Phi^*(\sigma) = \textstyle\sum_i f_i \otimes \sigma_i, \quad f_i \in k[G], \ \sigma_i \in \mathrm{H}^0(X, L),$$

we see that ${}^g\sigma = \sum f_i(g^{-1})\sigma_i$, and the claim follows easily.   □

As a consequence of the previous results we obtain the following corollary:

2.6. Corollary. *Let X be a quasi-projective normal G-variety. There is a finite dimensional rational representation $G \to \mathrm{GL}(V)$ and a G-equivariant isomorphism of X with a locally closed G-stable subvariety of the projective space* $\mathbf{P}(V)$.

PROOF: By assumption, X is a locally closed subvariety of some projective space $\mathbf{P}(M)$, and the inclusion $X \hookrightarrow \mathbf{P}(M)$ is of the form γ_N as in 1.2, where L is the line bundle associated to the invertible sheaf $\mathcal{O}(1)|_X$ and $N = M^\vee \subset \mathrm{H}^0(X, L)$. By Proposition 2.4 the line bundle $L^{\otimes m}$ is G-linearizable for a suitable $m > 0$, and we proceed as above to obtain a G-equivariant inclusion of X into a projective space $\mathbf{P}(V)$ with a linear G-action.   □

§3   Another Proof of SUMIHIRO's Theorem

We give a second proof of Theorem 1.1 which is based on techniques developed by LUNA and VUST in [LV83, §8].

3.1. As before, let G be a connected linear algebraic group and X a normal G-variety. We assume that $k[G]$ is factorial. This is no restriction since every algebraic group G has a finite covering $\tilde{G} \to G$ such that $k[\tilde{G}]$ factorial (Proposition 4.6).

We consider the following two actions of G on $G \times X$:

- A *left action* defined by $t \cdot (s, x) := (ts, x)$,
- A *right action* defined by $(s, x) \cdot t := (st, t^{-1} \cdot x)$,

where $s, t \in G$, $x \in X$. Clearly, these two actions commute. We denote by $k(G \times X)^G$ the field of those rational functions on $G \times X$ which are invariant under the right action of G. The G-action $\varphi : G \times X \to X$ on X is equivariant with respect to the left action of G, and φ^* induces an isomorphism $k(X) \xrightarrow{\sim} k(G \times X)^G$.

3.2. Let $\mathcal{O}_{X,Y} \subset k(X)$ denote the local ring of $Y \subset X$ and $\mathbf{m}_{X,Y}$ its maximal ideal. We plan to show that there exist a finite dimensional subspace M of $k[G] \otimes k(X)$ which is stable under the left action of G, and an element $h \in M$, $h \neq 0$, satisfying the following properties:

(i) $\frac{1}{h}M$ is contained in $\varphi^*(\mathcal{O}_{X,Y})$; in particular $\frac{1}{h}M \subset k(G \times X)^G$.

(ii) $\mathcal{O}_{X,Y}$ is the localization of $k[\frac{1}{h}M]$ (considered as a subalgebra of $k(X)$) at the ideal $k[\frac{1}{h}M] \cap \mathbf{m}_{X,Y}$.

We claim that this implies Theorem 1.1. In fact, the inclusion of M into the field $k(G \times X)$ corresponds to a rational map

$$\mu : G \times X \dashrightarrow \mathbf{P}(M^\vee)$$

which is equivariant with respect to the left action of G on $G \times X$ and the linear action of G on $\mathbf{P}(M^\vee)$. We denote by X' the closure of the image of μ and by X'_h the intersection of X' with the affine open subset

$$\mathbf{P}(M^\vee)_h := \{x \in \mathbf{P}(M^\vee) \mid h(x) \neq 0\} \subset \mathbf{P}(M^\vee).$$

X'_h is affine and the algebra $k[X'_h]$ coincides with the subalgebra $k[\frac{1}{h}M]$ of $k(G \times X)$. According to (i) the map μ factors through φ, inducing a rational map (again denoted by μ)

$$\mu : X \dashrightarrow X'$$

which is regular in a neighbourhood of Y. Now it follows from (ii) that μ induces an isomorphism of an open subset U containing Y with a locally closed subvariety of $\mathbf{P}(M^\vee)$. $\square$

3.3. Construction of M. To simplify notations we set $A := k[G] \otimes k(X)$; this is a factorial ring (see 3.5) whose field of fractions is $k(G \times X)$. Let $f \in k(X)$. We write $\varphi^*(f) = \frac{a}{b}$ where $a, b \in A$ are relatively prime. Since $\varphi^*(f) \in k(G \times X)^G$, we get

$$a^t = \gamma(t)a \quad \text{and} \quad b^t = \gamma(t)b \quad (t \in G)$$

where $a^t(s, x) := a(st^{-1}, tx)$ is the translate of a with respect to the right action of G and $\gamma : G \to k(X)^*$ is a cocycle with values in $k(X)^*$ by Lemma 3.6.

We choose a finite dimensional subspace N_1 of $\mathcal{O}_{X,Y}$ containing the constants such that $\mathcal{O}_{X,Y}$ is the localization of $k[N_1]$ at $k[N_1] \cap \mathbf{m}_{X,Y}$. It follows from what we have seen above that there are a finite dimensional subspace N of A, an element $h \in N$ and a cocycle $\gamma : G \to k(X)^*$ such that $\varphi^*(N_1) = \frac{1}{h}N$ and $a^t = \gamma(t)a$ for every $a \in N$ and $t \in G$. Of course, we can assume that the elements of N do not have a common divisor in A.

Claim. *For every $a \in N$ and $t \in G$ we have $\dfrac{{}^t a}{h} \in \varphi^*(\mathcal{O}_{X,Y})$.*

(The function ${}^t a$ is the translate of a with respect to the left action of the group G: ${}^t a(s, x) := a(t^{-1}s, x)$.)

It is clear now that the G-submodule M of A generated by N satisfies the conditions (i) and (ii) of 3.2. It remains to prove the claim above.

3.4. Proof of the Claim. Since the right and the left action of G commute and, in addition, the left action is trivial on $k(X)$, we obtain $({}^t a)^s = \gamma(s)({}^t a)$ ($s, t \in G$, $a \in N$). Therefore we have $\frac{{}^t a}{h} \in \varphi^*(k(X)) = k(G \times X)^G$.

Up to now we have not used the normality of X. This assumption implies that $\mathcal{O}_{X,Y}$ is a Krull-ring whose essential valuations ν_Z are those associated to the local rings $\mathcal{O}_{X,Z}$ where Z is an irreducible closed subvariety of codimension 1 containing Y.

Let Z_0 be such a subvariety. Then $\varphi^{-1}(Z_0)$ is an irreducible subvariety of $G \times X$ of codimension 1 and the corresponding valuation $\nu_{\varphi^{-1}(Z_0)}$ of $k(G \times X)$ extends ν_{Z_0}. (Recall that $k(X) = k(G \times X)^G \subset k(G \times X)$.) If Z_0 is G-invariant then $\nu_{\varphi^{-1}(Z_0)}$ is G-invariant, too, i.e., $\nu_{\varphi^{-1}(Z_0)}({}^t f) = \nu_{\varphi^{-1}(Z_0)}(f)$. If Z_0 is not G-invariant then $\nu_{\varphi^{-1}(Z_0)}$ is improper on the subfield $k(X)$ of $k(G \times X)$ and is positive on $k[G]$. It follows that $\nu_{\varphi^{-1}(Z_0)}$ is an essential valuation of the factorial $k(X)$-algebra (hence Krull-algebra) $A = k[G] \otimes k(X)$.

Now let ν_Z be any essential valuation of $\varphi^*(\mathcal{O}_{X,Y})$, $f \in N$ and $t \in G$. We have to show that $\nu_Z(\frac{{}^t f}{h}) \geq 0$. If Z is G-stable we find

$$
\begin{aligned}
\nu_Z\left(\frac{{}^t f}{h}\right) &= \nu_{\varphi^{-1}(Z)}\left(\frac{{}^t f}{h}\right) = \nu_{\varphi^{-1}(Z)}({}^t f) - \nu_{\varphi^{-1}(Z)}(h) \\
&= \nu_{\varphi^{-1}(Z)}(f) - \nu_{\varphi^{-1}(Z)}(h) = \nu_{\varphi^{-1}(Z)}\left(\frac{f}{h}\right) \\
&= \nu_Z\left(\frac{f}{h}\right) \geq 0.
\end{aligned}
$$

If Z is not G-stable we have $\nu_{\varphi^{-1}(Z)}(f') \geq 0$ for all $f' \in N$ because $N \subset A$ and $\nu_{\varphi^{-1}(Z)}$ is essential for this algebra. Also,

$$
\nu_Z\left(\frac{f'}{h}\right) = \nu_{\varphi^{-1}(Z)}(f') - \nu_{\varphi^{-1}(Z)}(h) \geq 0.
$$

By assumption, the elements of N do not have a common divisor and so $\nu_{\varphi^{-1}(Z)}(h) = 0$. Hence

$$
\nu_Z\left(\frac{{}^t f}{h}\right) = \nu_{\varphi^{-1}(Z)}({}^t f) \geq 0,
$$

since ${}^t f \in A$. This finishes the proof of the theorem. □

3.5. In 3.3 we have used the result that for an algebraic group G and a field extension K/k the K-algebra $k[G] \otimes K$ is factorial in case $k[G]$ is factorial. This follows from the lemma below and the fact that G is a rational variety (see 4.1).

Lemma. *Let Y be an affine rational variety. If $k[Y]$ is factorial then for every field extension K/k the algebra $k[Y] \otimes_k K$ is also factorial.*

PROOF: Since Y is rational there is an $f \in k[Y]$ such that the localisation $k[Y]_f$ is isomorphic to $k[x_1, x_2, \ldots, x_n]_h$ for a suitable $h \in k[x_1, x_2, \ldots, x_n]$, $n = \dim Y$. Clearly, $K[x_1, x_2, \ldots, x_n]_h$ is factorial, and so $K[Y]_{f \otimes 1}$ is factorial, too. (We put $K[Y] := k[Y] \otimes_k K$.) Consider a primary decomposition $f = \prod f_i$. Since

$$K[Y]/(f_i \otimes 1)K[Y] \simeq (k[Y]/f_i k[Y]) \otimes_k K$$

is an integral domain (k is algebraically closed), the ideal of $K[Y]$ generated by $f_i \otimes 1$ is prime. This implies that $K[Y]$ is factorial ([BAC7, §3, n°4, proposition 3]).   □

3.6. Finally we prove the second result used in 3.3.

Lemma. *Every cocycle of G with values in the group A^* of units of $A = k[G] \otimes k(X)$ takes its values in $k(X)^*$.*

PROOF: Let U be an open subvariety of X. By results of ROSENLICHT ([Pic, 1.1, 1.2]) the group $(k[G] \otimes k[U])^*$ is generated by $k[G]^*$ and $k[U]^*$, and $k[G]^* = k^* \times \mathcal{X}(G)$ where $\mathcal{X}(G)$ denotes the character group of G. From this we obtain

$$A^* = \left(\bigcup_{U \text{ open in } X} k[G] \otimes k[U] \right)^* = \bigcup_{U \subset X} (k[G] \otimes k[U])^*$$

$$= \bigcup_{U \subset X} \mathcal{X}(G) \times k[U]^* \simeq \mathcal{X}(G) \times k(X)^*.$$

Now consider an element a of A^* and write a in the form $a = \chi p$ with $\chi \in \mathcal{X}(G)$ and $p \in k(X)^*$. One easily sees that

$$a^t = \chi(\chi(t)^{-1}p^t) \quad (t \in G).$$

Let γ be a cocycle with values in A^* and decompose $\gamma(s)$ in the form $\gamma(s) = \chi_s p_s$ with $\chi_s \in \mathcal{X}(G)$ and $p_s \in k(X)^*$. Then the cocycle condition $\gamma(st) = \gamma(s)^t \gamma(t)$ becomes

$$\chi_{st} p_{st} = (\chi_s p_s)^t \chi_t p_t$$
$$= (\chi_s \chi_t)(\chi_s(t)^{-1} p_s^t p_t).$$

In particular one sees that the map $s \mapsto \chi_s$ is a group homomorphism $G \to \mathcal{X}(G)$. But every such homomorphism is trivial: We can clearly assume that G is commutative which implies that G is divisible (being a product of additive and multiplicative groups), whereas $\mathcal{X}(G)$ is a finitely generated abelian group. Hence we obtain $\gamma(G) \subset k(X)^*$.   □

§4   Picard Group of a Linear Algebraic Group

Let G be a connected linear algebraic group. In this paragraph we explain some classical results about the Picard group $\operatorname{Pic} G$ (cf. [FI74], [Po74], [Iv76]). In particular, we give the proofs of several results which have been used in the previous paragraphs.

4.1. We start by recalling some well-known results about the structure of the underlying variety of a linear algebraic group G. If G is unipotent then G is isomorphic—as a variety—to k^n: This is clear for $\dim G = 1$ (see [Hu75, Theorem 20.5] or [Kr85, III.1.1 Beispiel 2]); the general case follows by induction using the fact that every principal k^+-bundle over an affine variety is trivial (cf. [Gr58, proposition 1]). If G is connected and solvable, then G is isomorphic—again as a variety—to $k^{*p} \times k^q$, because G is a semidirect product of a torus and a unipotent group ([Hu75, Theorem 19.3b]).

Now let G be a connected reductive group. Then G contains an affine open subset U, the *big cell*, which is isomorphic to $k^{*p} \times k^q$ ([Hu75, Proposition 28.5], Bruhat-decomposition). In general, a connected algebraic group G is isomorphic—as a variety—to $(G/G_u) \times G_u$ where G_u is the unipotent radical of G ([Gr58, loc. cit.]), hence also contains an affine open subvariety isomorphic to $k^{*p} \times k^q$.

4.2. Lemma. *Let X be a normal algebraic variety. For every line bundle L on $G \times X$ we have*

$$L \simeq p_G^*(L|_{G \times \{x_0\}}) \otimes p_X^*(L|_{\{e\} \times X}).$$

PROOF: (a) We first assume that X is smooth. Then the Picard group $\operatorname{Pic}(G \times X)$ can be identified with the group $\operatorname{Cl}(G \times X)$ of divisor classes on $G \times X$. By [Ha77, Chap. II, Proposition 6.6] the claim is true if we replace G by the variety k or k^* or more generally by $k^{*p} \times k^q$. We know that G contains an open subset U isomorphic to $k^{*p} \times k^q$ (4.1). Hence, the line bundle

$$M := L \otimes \left(p_G^*(L|_{G \times \{x_0\}}) \otimes p_X^*(L|_{\{e\} \times X})\right)^{-1}$$

is trivial on $U \times X$. Therefore, the corresponding divisor class can be represented by a divisor $D \subset (G \smallsetminus U) \times X$. It follows that $D = p_G^{-1}(\overline{D})$ with a divisor $\overline{D} \subset G$ and so

$$M \simeq p_G^*(M|_{G \times \{x_0\}}).$$

Since $M|_{G \times \{x_0\}}$ is trivial, M is trivial, too.

(b) For a normal variety X the open subset X_{reg} of regular points of X has a complement of codimension at least 2, and every function defined on X_{reg} extends to a regular function on X. We have just seen in (a) that $M|_{X_{\text{reg}}}$ is trivial. Hence M is trivial, too.   □

4.3. Lemma. *Let $L \in \operatorname{Pic} G$ and denote by L^* the complement of the zero section in L. Then L^* has the structure of a linear algebraic group such that the following holds:*

(a) *The projection $p : L \to G$ induces a group homomorphism $L^* \to G$ with central kernel isomorphic to k^*.*

(b) *The line bundle L is L^*-linearizable.*

PROOF: We denote by $m : G \times G \to G$ the multiplication in G and by $p_1, p_2 :$ $G \times G \to G$ the two projections. By 4.2 the two line bundles $m^*(L)$ and $p_1^*(L) \otimes p_2^*(L)$ are isomorphic. Choosing such an isomorphism ψ we obtain a "bilinear" morphism $\mu : L \times L \to L$ via the following commutative diagram:

$$
\begin{array}{ccccccc}
L \times L & \longrightarrow & p_1^*(L) \otimes p_2^*(L) & \longrightarrow & m^*(L) & \longrightarrow & L \\
\downarrow{\scriptstyle p \times p} & & \downarrow & & \downarrow & & \downarrow{\scriptstyle p} \\
G \times G & = & G \times G & = & G \times G & \xrightarrow{m} & G
\end{array}
$$

We want to modify ψ in such a way that μ defines a product on L^*. First we fix an identification of k with the fiber L_e of L over the unit element e of G; we denote by $1 \in L_e$ the multiplicative unit of $L_e = k$. Now consider the composition:

$$
\begin{array}{ccccc}
L & \longrightarrow & L \times \{1\} & \xrightarrow{\mu} & L \\
\downarrow & & \downarrow & & \downarrow \\
G & \longrightarrow & G \times \{e\} & \longrightarrow & G
\end{array}
$$

It is an isomorphism of L over G, inducing the identity on G, hence given by a invertible function $r \in k[G]^*$:

$$\mu(u,1) = r(p(u))u, \quad (u \in L).$$

Similarly, we see that there is a $s \in k[G]^*$ such that

$$\mu(1,v) = s(p(v))v, \quad (v \in L).$$

Replacing ψ by $\psi \circ (r^{-1} \otimes s^{-1})$ the element $1 \in L$ becomes a left and right unit for μ. We claim that μ is associative. In fact, $\mu(\operatorname{id} \times \mu)$ and $\mu(\mu \times \operatorname{id})$ are two "trilinear" morphisms $L \times L \times L \longrightarrow L$ over the same map $G \times G \times G \longrightarrow G$. Hence there is an $t \in k[G \times G \times G]^*$ such that

$$\mu(\operatorname{id} \times \mu)(u,v,w) = t(p(u), p(v), p(w))\mu(\mu \times \operatorname{id})(u,v,w),$$

$(u, v, w \in L)$. There are invertible functions $t_i \in k[G]^*$, $i = 1, 2, 3$, such that

$$t(g, h, l) = t_1(g)t_2(h)t_3(l), \quad (g, h, l \in G)$$

(see [Pic, 1.1]). Since $t(e, e, e) = 1$ we may assume that $t_i(e) = 1$ $(i = 1, 2, 3)$. It follows that

$$1 = t(g, e, e) = t_1(g)t_2(e)t_3(e) = t_1(g) \quad \text{for all } g \in G,$$

because $1 \in L$ is a unit for μ. Similarly, we get $t_2 = t_3 = 1$, i.e., μ is associative.

Since L^* is the subset of "invertible" elements of L with respect to μ, the first assertion (a) follows. Furthermore, the restriction of μ to $L^* \times L$ defines a L^*-linearization of L, hence (b).   □

4.4. Lemma. *Let* $L \in \operatorname{Pic} G$. *There is a finite covering* $\pi : G' \to G$ *of algebraic groups such that* L *is* G'-*linearizable and* $\pi^*(L) = 0$.

PROOF: Consider the exact sequence

$$1 \longrightarrow T \longrightarrow L^* \xrightarrow{\ p\ } G \longrightarrow 1$$

where L^* is as in Lemma 4.3, and $T := \ker p$ is isomorphic to k^*. Let $\rho : L^* \longrightarrow \operatorname{GL}(V)$ be a finite dimensional rational representation such that $\rho(T) \neq \{\mathrm{id}\}$. Replacing V by a suitable submodule on which T acts by scalar multiplication, we may assume that $\rho(T) \not\subseteq \operatorname{SL}(V)$. Denote by G' the identity component of $\rho^{-1}(\operatorname{SL}(V))$. Then the restriction π of p to G' is a finite covering of G. Since L is L^*-linearizable (4.3b) it is also G'-linearizable. Finally, the line bundle $L' := \pi^*(L)$ on G' is G'-linearizable, hence trivial (see Example 2.1).   □

4.5. Proposition. $\operatorname{Pic} G$ *is a finite group.*

PROOF: Let $L \in \operatorname{Pic} G$ and $\pi : G' \to G$ as in the previous Lemma 4.4. The (finite) kernel H of π acts on the fibers of L, hence acts trivially on $L^{\otimes d}$ where d is the order of H. As a consequence, $L^{\otimes d}$ is G-linearizable, hence trivial (Example 2.1). This shows that $\operatorname{Pic} G$ is a torsion group.

On the other hand, $\operatorname{Pic} G$ is finitely generated. In fact, G contains an affine open subset U whose coordinate ring is factorial (see 4.1). It follows that the divisor class group $\operatorname{Cl} G$ is generated by the irreducible components of $G \smallsetminus U$ ([Ha77, Chap. II, 6.5]). This implies the claim because $\operatorname{Pic} G$ coincides with $\operatorname{Cl} G$.   □

4.6. Proposition. *There exists a finite covering* $\tilde{G} \to G$ *of algebraic groups such that* $\operatorname{Pic} \tilde{G} = 0$.

PROOF: By Lemma 4.4 and Proposition 4.5 it suffices to show that for every finite covering $\alpha : G_1 \to G$ the induced map $\alpha^* : \operatorname{Pic} G \to \operatorname{Pic} G_1$ is surjective.

Let $L_1 \in \operatorname{Pic} G_1$, and let $\pi : G' \to G_1$ be a finite covering such that L_1 is G'-linearizable as in Lemma 4.4. Then $G_1 = G'/H_1$ where H_1 is the kernel of π, and $L_1 = E_{\chi_1}$ with a suitable character χ_1 of H_1 (Example 2.1). Let $H := \ker(\alpha \circ \pi) \supset H_1$. Since H is (finite and) commutative there is a character χ of H extending χ_1. Now it follows that L_1 is the pull back of the line bundle $L := E_\chi$ on G.   □

References

[BAC7]   Bourbaki, N.: *Algèbre commutative, chap. 7.* Hermann, Paris 1965

[FI74]   Fossum, R., Iversen, B.: *On Picard groups of algebraic fibre spaces.* J. Pure Appl. Algebra **3** (1974), 269–280

[Gr58]   Grothendieck, A.: *Torsion homologique et sections rationelles.* In: Anneaux de Chow et application, exposé 5. Séminaire C. Chevalley, E. N. S., 1958

[Ha77]   Hartshorne, R.: *Algebraic Geometry.* Graduate Texts in Math. **52**. Springer-Verlag, 1977

[Hu75]   Humphreys, J. E.: *Linear algebraic groups.* Graduate Texts in Math. **21**. Springer-Verlag, 1975

[Is74]   Ischebeck, F.: *Zur Picard-Gruppe eines Produktes.* Math. Z. **139** (1974), 141–157

[Iv76]   Iversen, B.: *The geometry of algebraic groups.* Adv. in Math. **20** (1976), 57–85

[Pic]   Knop, F.; Kraft, H.; Vust, Th.: *The Picard group of a G-variety.* In these DMV Seminar Notes

[Kr85]   Kraft, H.: *Geometrische Methoden in der Invariantentheorie.* Aspekte der Mathematik **D1**. Vieweg Verlag, Braunschweig/Wiesbaden 1985

[Kr89a]   Kraft, H.: *Algebraic automorphisms of affine space.* In: Topological methods in algebraic transformation groups. Progress in Math. **80**, 81–106. Birkhäuser Verlag, Boston Basel 1989

[Kr89b]   Kraft, H.: *G-vector bundles and the linearization problem.* Proceedings of a Conference on "Group Actions and Invariant Theory," Montreal, 1988. To appear in Contemp. Math.

[LV83]   Luna, D., Vust, Th.: *Plongements d'espaces homogènes.* Comment. Math. Helv. **58** (1983), 186–245

[MF82]   Mumford, D., Fogarty, J.: *Geometric Invariant Theory.* Ergeb. Math. Grenzgeb. **34**. Springer-Verlag, 1982

[Od78]   Oda, T.: *Torus embeddings and applications.* Tata Lectures on Mathematics **57**, Tata Institute of Fundamental Research Bombay. Springer-Verlag, 1978

[Po74]   Popov, V. L.: *Picard groups of homogeneous spaces of linear algebraic groups and one dimensional homogeneous vector bundles.* Math. USSR Izv. **8** (1974), 301–327

[Su74]   Sumihiro, H.: *Equivariant completion.* J. Math. Kyoto Univ. **14** (1974), 1–28

[Su75]   Sumihiro, H.: *Equivariant completion, II.* J. Math. Kyoto Univ. **15** (1975), 573–605

THE PICARD GROUP OF A G-VARIETY

Friedrich Knop   **Hanspeter Kraft**   **Thierry Vust**

Table of Contents

Introduction 77
§ 1   Two Results of ROSENLICHT 78
§ 2 G-Linearization of the Trivial Bundle 79
§ 3   Picard Group of Homogeneous Spaces 81
§ 4   Picard Group of Quotients 83
§ 5   Résumé and Applications 85
References 86

Introduction

Let G be a reductive algebraic group and X an algebraic G-variety which admits a quotient $\pi : X \to X /\!\!/ G$. In this article we describe several results concerning the Picard group $\operatorname{Pic}(X /\!\!/ G)$ of the quotient and the group $\operatorname{Pic}_G(X)$ of G-line bundles on X. For some further development of the subject we refer to the survey articles [Kr89a], [Kr89b].

We also give the proofs of some results which have been used in our first article *"Local Properties of Algebraic Group Actions"* in this volume; it will be quoted by [LP].

§1   Two Results of ROSENLICHT

We first describe two results about the group of invertible functions on an irreducible algebraic variety which are due to ROSENLICHT [Ro61, Theorems 1, 2, and 3]. They hold for an algebraically closed field k of arbitrary characteristic.

1.1. Let X be an irreducible algebraic variety. We denote by $\mathcal{O}(X)^*$ the group of *invertible regular functions* on X, i.e., morphisms $X \to k^*$.

Proposition (cf. [FI74, Lemma 2.1]. *Let X, Y be two irreducible algebraic varieties. Then the canonical map*

$$\mathcal{O}(X)^* \times \mathcal{O}(Y)^* \longrightarrow \mathcal{O}(X \times Y)^*$$

is surjective.

PROOF: We choose normal points $x_0 \in X$ and $y_0 \in Y$. Let $f \in \mathcal{O}(X \times Y)^*$, and consider the function

$$F : X \times Y \longrightarrow k^*, \quad F(x, y) := f(x_0, y_0)^{-1} f(x, y_0) f(x_0, y).$$

We have to show that $F = f$. For this it is sufficient to prove that these two functions coincide in a neighborhood of (x_0, y_0) of the form $U \times V$, where $U \subset X, V \subset Y$ are open subsets. Hence we can assume that X and Y are both affine and normal.

Let $\overline{X}, \overline{Y}$ be normal projective varieties which contain X and Y as open subsets, and consider f and F as rational functions on $\overline{X} \times \overline{Y}$. By construction, the divisor $\left(\frac{f}{F}\right)$ of the rational function $\frac{f}{F} \in k(\overline{X} \times \overline{Y})$ has a support contained in $((\overline{X} \smallsetminus X) \times \overline{Y}) \cup (\overline{X} \times (\overline{Y} \smallsetminus Y))$. Hence, it is a sum of divisors of the form $D \times \overline{Y}$ and $\overline{X} \times E$ where D and E are irreducible components of $\overline{X} \smallsetminus X$ and $\overline{Y} \smallsetminus Y$ (of codimension 1), respectively. If $\frac{f}{F}$ has a zero of order $d > 0$ along $D \times \overline{Y}$, then $\frac{f}{F}$ is regular on an open set U which meets $D \times \{y_0\}$, and vanishes on $U \cap (D \times \{y_0\})$. But $f(x, y_0) = F(x, y_0)$ for all $x \in X$ which leads to a contradiction. Similarly, we see that $\frac{f}{F}$ cannot have poles on $D \times \overline{Y}$. Interchanging the roles of $\overline{X}$ and $\overline{Y}$ it follows that the divisor of $\frac{f}{F}$ is zero, i.e., $\frac{f}{F} = 1$. □

1.2. Proposition (cf. [FI74, Corollary 2.2]). *Let G be a connected algebraic group. Then every regular function $f : G \to k^*$ whose value at the unit element $e \in G$ is 1, is a character.*

PROOF: It follows from the proposition above that there exist functions $r_1, r_2 \in \mathcal{O}(G)^*$ such that $f(g_1 g_2) = r_1(g_1) r_2(g_2)$ for all $g_1, g_2 \in G$. Multiplying r_1 and r_2 by a scalar we may assume that $r_1(e) = r_2(e) = 1$. But this implies that $f = r_i$ ($i = 1, 2$) and the claim follows. □

1.3. For an irreducible variety X we denote by $E(X)$ the quotient $\mathcal{O}(X)^*/k^*$.

Proposition. (i) *The group $E(X)$ is free abelian and finitely generated.*

(ii) *If X is a G-variety where G is connected linear algebraic group, then the canonical action of G on $E(X)$ is trivial.*

PROOF: (i) If X' is a nonempty quasi-projective open subset of X consisting of normal points, then $\mathcal{O}(X)^*$ is a subgroup of $\mathcal{O}(X')^*$. Hence we may assume that X is normal and quasi-projective: $X \subset \mathbf{P}^n$. Let $\overline{X}$ denote the normalisation of the closure of X in $\mathbf{P}^n$.

If $D \subset \overline{X}$ is a closed irreducible subvariety of codimension 1, i.e., an irreducible divisor, then the local ring $\mathcal{O}_{D,\overline{X}}$ is the valuation ring of a discrete normalized valuation ν_D of the field $k(\overline{X})$ of rational functions on $\overline{X}$. (Here we use the normality of $\overline{X}$, [BAC7].) Denote by $D_1, D_2, \ldots, D_m$ the irreducible components of $\overline{X} \setminus X$ which are of codimension 1 in $\overline{X}$.

Let $f \in \mathcal{O}(X)^*$. If $\nu_{D_i}(f) \geq 0$ for $i = 1, 2, \ldots, m$, then $\nu_D(f) \geq 0$ for every irreducible divisor D, and so f is a regular function on $\overline{X}$, hence a constant. This shows that the homomorphism

$$\operatorname{div} : \dot{\mathcal{O}}(X)^* \longrightarrow \bigoplus_{i=1}^{m} \mathbf{Z}\, D_i, \quad f \mapsto \textstyle\sum_i \nu_{D_i}(f) D_i,$$

induces an injection of $E(X)$ into a finitely generated free abelian group. This implies the first claim.

(ii) Let $f \in \mathcal{O}(X)^*$ and consider the morphism

$$G \times X \longrightarrow k^*, \quad (g, x) \mapsto f(g^{-1}x).$$

By Proposition 1.1 there exist $p \in \mathcal{O}(G)^*$ and $q \in \mathcal{O}(X)^*$ such that

$$
\begin{aligned}
f(g^{-1}x) &= p(g)q(x), \quad (g \in G, x \in X) \\
p(e) &= 1.
\end{aligned}
$$

Putting $g = e$ we obtain $f = q$. Hence, f is invariant modulo the constant functions.   □

§ 2   G-Linearization of the Trivial Bundle

From now on we assume that the base field k is algebraically closed and of characteristic zero. Nevertheless, the results of the next two paragraphs hold in arbitrary characteristic and most of the proofs can be carried over to the general case.

2.1. Let G be a linear algebraic group and X an irreducible G-variety. Recall that a G-linearization of a line bundle L on X is a lifting of the G-action to L

which is linear on the fibers; see our first article *"Local Properties of Algebraic Group Actions"* [LP]. A line bundle L on X together with a G-linearization is called a *G-line bundle*; we denote by $\mathrm{Pic}_G(X)$ *the set of isomorphism classes of G-line bundles on X.* It has a group structure given by the tensor product. Forgetting the G-linearization we obtain a canonical homomorphism

$$\nu : \mathrm{Pic}_G(X) \to \mathrm{Pic}(X)$$

whose kernel consists of the G-linearizations of the trivial bundle on X (up to isomorphism). Such an action is given by a morphism

$$c : G \times X \longrightarrow k^* = \mathrm{GL}(1,k)$$

satisfying

$$c(gh, x) = c(g, hx)\, c(h, x), \quad g, h \in G, x \in X. \tag{1}$$

Define

$$\gamma : G \to \mathcal{O}(X)^* \quad \text{by} \quad \gamma(g)(x) := c(g^{-1}, x).$$

Then the equality (1) becomes the usual cocycle condition:

$$\gamma(gh) = ({}^g\gamma(h))\gamma(g), \quad g, h \in G, \tag{2}$$

where the action of G on the functions $\mathcal{O}(X)$ is defined by $({}^g u)(x) := u(g^{-1}x)$ $(g \in G, u \in \mathcal{O}(X), x \in X)$. Changing the trivialization by an isomorphism

$$X \times k \xrightarrow{\sim} X \times k, \quad (x, \lambda) \mapsto (x, u(x)\lambda)$$

where $u \in \mathcal{O}(X)^*$, transforms $c(g, x)$ into $c(g, x)u(gx)u(x)^{-1}$. Hence, γ is transformed into an equivalent cocycle $g \mapsto c(g)\, {}^g u\, u^{-1}$ in the usual sense. It follows that $\ker \nu$ is given by the group $\mathrm{H}^1_{\mathrm{alg}}(G, \mathcal{O}(X)^*)$ *of classes of algebraic cocycles.* (By definition, a map $c : G \to \mathcal{O}(X)^*$ is algebraic, if the corresponding map $G \times X \to k^*$, $(g, x) \mapsto c(g)(x)$ is a morphism.)

2.2. Lemma. *There is an exact sequence*

$$0 \to \mathrm{H}^1_{\mathrm{alg}}(G, \mathcal{O}(X)^*) \to \mathrm{Pic}_G(X) \xrightarrow{\nu} \mathrm{Pic}(X).$$

If X is normal it has an extension by the homomorphism $\mathrm{Pic}(X) \xrightarrow{\rho} \mathrm{Pic}(G)$, *defined by*

$$\rho(L) := (\varphi^*(L) \otimes p_X^*(L)^{-1})|_{G \times \{x_0\}}$$

where $\varphi : G \times X \to X$ is the G-action, $p_X : G \times X \to X$ the projection and $x_0 \in X$ an arbitrary point.

PROOF: The first part is clear from what we said above. Also, by definition, the image of the map ν are the G-linearizable line bundles on X. If X is normal it follows from [LP, Lemma 2.3 and Lemma 4.1] that the kernel of ρ is the subgroup of G-linearizable bundles, too. □

2.3. Proposition. *There is a long exact sequence*

$$1 \to k^* \quad \to \quad (\mathcal{O}(X)^*)^G \to E(X)^G \to \mathcal{X}(G) \to$$
$$\to \quad \mathrm{H}^1_{\mathrm{alg}}(G, \mathcal{O}(X)^*) \to \mathrm{H}^1(G/G^0, E(X)) \qquad (3)$$

where $\mathcal{X}(G)$ is the character group of G and G^0 the connected component of the unit element of G.

PROOF: We start with the short exact sequence

$$1 \to k^* \to \mathcal{O}(X)^* \to E(X) \to 1 \qquad (4)$$

of G-modules, and show that (3) is the "algebraic part" of the long exact cohomology sequence of (4). Consider first the homomorphism

$$\delta : E(X)^G \to \mathrm{H}^1(G, k^*)$$

which associates to $\bar{p} \in E(X)^G$ the class of the cocycle $\delta(\bar{p}) : g \mapsto {}^g p\, p^{-1}$, where $p \in \mathcal{O}(X)^*$ is a representative of $\bar{p}$. It is clear that $\delta(\bar{p})$ belongs to $\mathcal{O}(G)^*$. Hence $\delta(\bar{p})$ is a character of G, because G acts trivially on k^*. It is also obvious that the inclusion $k^* \hookrightarrow \mathcal{O}(X)^*$ induces a homomorphism $\mathcal{X}(G) \to \mathrm{H}^1_{\mathrm{alg}}(G, \mathcal{O}(X))$.

Finally, let $\gamma : G \to \mathcal{O}(X)^*$ be an algebraic cocycle, and denote by $\bar{\gamma} : G \to E(X)$ the composition of γ with the projection $\mathcal{O}(X)^* \to E(X)$. By Proposition 1.1 there exist $\varphi \in \mathcal{O}(G^0)^*$ and $u \in \mathcal{O}(X)^*$ such that $\gamma(g) = \varphi(g)u$ for all $g \in G^0$. It is easy to see from the cocycle condition (2) for γ that u is constant, i.e., $\bar{\gamma}|_{G^0} = 1$. In addition, since G^0 acts trivially on $E(X)$ (Proposition 1.3ii), the cocycle condition $\bar{\gamma}(gh) = {}^g\bar{\gamma}(h)\,\bar{\gamma}(g)$ implies $\bar{c}(G^0 h) = \bar{c}(h)$. Hence, the projection $\mathcal{O}(X)^* \to E(X)$ induces a homomorphism $\mathrm{H}^1_{\mathrm{alg}}(G, \mathcal{O}(X)^*) \to \mathrm{H}^1(G/G^0, E(X))$.

Thus we have established the existence of the sequence (3); it remains to prove the exactness. Since the image of δ is contained in $\mathcal{X}(G)$ it is clearly exact at $\mathcal{X}(G)$. For the exactness at $\mathrm{H}^1_{\mathrm{alg}}$ we remark that every $d \in \mathrm{H}^1(G, k^*)$ whose image is in $\mathrm{H}^1_{\mathrm{alg}}$, belongs to $\mathcal{X}(G)$. □

§ 3   Picard Group of Homogeneous Spaces

3.1. In this paragraph the group G is assumed to be connected. Let H be a closed subgroup of G. Recall that we have a canonical homomorphism

$$\mathcal{E} : \mathcal{X}(H) \longrightarrow \mathrm{Pic}\, G/H, \quad \chi \mapsto E_\chi$$

whose image is the set of G-linearizable bundles on G/H (see [LP, Example 2.1]). In fact, $E_\chi := (G \times k)/H$ is a G-line bundle on G/H and $\mathcal{X}(H) \overset{\sim}{\to} \mathrm{Pic}_G(G/H)$.

3.2. Proposition. (i) *The sequence*

$$\mathcal{X}(G) \overset{\mathrm{res}}{\longrightarrow} \mathcal{X}(H) \overset{\mathcal{E}}{\longrightarrow} \mathrm{Pic}(G/H) \overset{\pi^*}{\longrightarrow} \mathrm{Pic}(G)$$

is exact.

(ii) *If H is solvable and connected then π^* is surjective.*

PROOF: (i) We show the exactness at $\mathrm{Pic}(G/H)$ and leave the rest to the reader (cf. [Po74, p. 316], [FI74, Proposition 3.1]). Let $L \in \mathrm{Pic}(G/H)$ and denote by $\varphi : G \times G/H \to G/H$ the action of G on G/H. By [LP, Lemma 4.2] we know that

$$\varphi^*(L) \simeq p_G^*(M) \otimes p_{G/H}^*(N)$$

where

$$M := \varphi^*(L)|_{G \times \{eH\}} \simeq \pi^*(L)$$
$$N := \varphi^*(L)|_{\{e\} \times G/H} \simeq L.$$

Hence

$$\pi^*(L) = 0 \iff \varphi^*(L) \simeq p_{G/H}^*(L)$$
$$\iff L \text{ is } G\text{-linearizable}$$
$$\iff L \text{ belongs to the image of } \mathcal{E}$$

by what we said above.

(ii) If H is connected and solvable then $\pi : G \to G/H$ is locally trivial in the Zariski-topology ([Se58, 4.4 proposition 14]): There is an affine open subset U of G/H such that $\pi^{-1}(U) \simeq U \times H$. Let us denote by $D_1, \ldots, D_n$ the irreducible components of the complement of U in G/H. Then we obtain the following commutative diagram with exact rows (see [Ha77, Chap. II, Proposition 6.5]):

$$
\begin{array}{ccccccc}
\bigoplus \mathbf{Z}\, D_i & \to & \mathrm{Cl}(G/H) & \to & \mathrm{Cl}(U) & \to & 0 \\
\downarrow{\simeq} & & \downarrow{\pi^*} & & \downarrow{\pi_U^*} & & \\
\bigoplus \mathbf{Z}\, \pi^{-1}(D_i) & \to & \mathrm{Cl}(G) & \to & \mathrm{Cl}(\pi^{-1}(U)) & \to & 0
\end{array}
$$

Since H, as a variety, is isomorphic to $k^{*p} \times k^q$ (see [LP, 4.1]) it follows from [Ha77, Chap. II, Proposition 6.6] that π_U^* is an isomorphism, and so π^* is surjective. $\qquad\square$

3.3. A connected algebraic group G is called *simply connected* if every finite covering of G is trivial. It follows that every line bundle on G/H is linearizable where H is any closed subgroup of G.

Corollary. *Let G be semisimple and simply connected and let $B \subset G$ be a Borel subgroup. Then $\mathcal{E} : \mathcal{X}(B) \xrightarrow{\sim} \mathrm{Pic}(G/B)$ is an isomorphism.*

PROOF: In fact, if G is semisimple then $\mathcal{X}(G) = 1$, and G simply connected implies that $\mathrm{Pic}\, G = 0$ by [LP, Proposition 4.6]. Now the claim follows. $\qquad\square$

§ 4   Picard Group of Quotients

4.1. Let G be a *reductive* algebraic group and X an irreducible G-variety. Recall that a morphism $\pi : X \to Y$ is a *quotient of X by G* if

(a) π is constant on the G-orbits and

(b) for every affine open $U \subset Y$ the inverse image $\pi^{-1}(U)$ is affine and $\mathcal{O}_Y(U) \overset{\sim}{\to} \mathcal{O}_X(\pi^{-1}(U))^G$.

Whenever such a quotient exists it is unique and will be denoted by

$$\pi : X \to X /\!/ G.$$

Let $M \in \mathrm{Pic}(X /\!/ G)$; then $\pi^* M$ is obviously a G-line bundle on X. The following proposition describes the G-line bundles which arise in this way (cf. [Ma80, Proposition 5]).

4.2. Proposition. *The homomorphism*

$$\pi^* : \mathrm{Pic}(X /\!/ G) \to \mathrm{Pic}_G(X)$$

is injective, and for every $M \in \mathrm{Pic}(X /\!/ G)$ we have $\pi^* M /\!/ G \simeq M$ in a canonical way. The image of π^* consists of those G-line bundles L on X which satisfy the following condition:

(PB) *For every $x \in X$ whose G-orbit is closed, the isotropy group G_x acts trivially on the fiber L_x of L.*

((PB) stands for "pull back".)

4.3. Remark. It follows from the description of Pic_G of a homogeneous space in 3.1 that the condition (PB) is equivalent to

(PB') *For every closed orbit O of G in X the restriction of L to O is a trivial G-line bundle.*

PROOF OF PROPOSITION 4.2: Obviously we have $\pi^* M /\!/ G \simeq M$; in particular, π^* is injective. It is also clear that the condition (PB) holds for every G-line bundle L in the image of π^*.

Conversely, let $L \in \mathrm{Pic}_G(X)$ and assume that L satisfies the condition (PB). We will show that for an affine variety X the bundle L is a pull-back of a line bundle on $X /\!/ G$. Then the general case follows immediately from the properties of π and the injectivity of π^*.

To simplify notations, let $A := \mathcal{O}(X)$ and denote by P the A-module of global section of L and by $P(x) := P/\boldsymbol{m}_x P$ the fiber of L, where $\boldsymbol{m}_x$ is the maximal ideal of $x \in X$. Clearly, P is a projective G-A-module of finite type.

We first show that P^G generates the A-module P. Let $x \in X$ be a point whose orbit Gx is closed, and denote by $I = I(x)$ the ideal of Gx. By assumption, we have $P/IP \simeq A/I$. Consider the commutative diagram

$$
\begin{array}{ccccccc}
P & \longrightarrow\!\!\!\!\!\rightarrow & P/IP & \simeq & A/I & \longrightarrow\!\!\!\!\!\rightarrow & P(x) \\
\cup & & \cup & & & & \\
P^G & \longrightarrow\!\!\!\!\!\rightarrow & (P/IP)^G & \simeq & (A/I)^G & &
\end{array}
$$

which consists of surjective homomorphisms (since G is reductive); it is obtained by factorizing the canonical homomorphism $\varepsilon : P \to P(x)$. It follows that $\varepsilon(P^G) = P(x)$, i.e.,

$$ P = Q + \boldsymbol{m}_x P $$

where $Q := AP^G$. Hence $P_{\boldsymbol{m}_x} = Q_{\boldsymbol{m}_x}$ by Nakayama's Lemma. On the other hand, the support S of the A-module P/Q is a G-stable closed subset of X. But we have just seen that S does not contain any closed orbit. Hence S is empty and therefore $P = Q$ as required.

Next we observe that multiplication with elements of A induces a surjective G-equivariant homomorphism

$$ I \otimes_k P^G \to IP. $$

Since G is reductive this implies that $(IP)^G = I^G P^G = \boldsymbol{m}_{\pi(x)} P^G$ for every $x \in X$ with a closed orbit. It follows that $P^G / \boldsymbol{m}_{\pi(x)} P^G$ is isomorphic to $(P/IP)^G$. But $(P/IP)^G \simeq k$ by assumption, and so P^G is a projective A^G-module of rank 1. Now it is easy to see that $A \otimes_{A^G} P^G \xrightarrow{\sim} P$, and the claim follows.   □

4.4. Remark. The above proposition holds for G-vector bundles (with the same proof, see [Kr89b, §3]).

4.5. Remark. We denote by $S_1, S_2, \ldots, S_r \subseteq X /\!/ G$ the closed (connected) Luna strata ([Lu73]; see [Kr89a, §7]). We claim that condition (PB) is equivalent to

(PB″) *For $i = 1, 2, \ldots, r$ there exists $x_i \in X$ such that the orbit $G x_i$ is closed, $\pi(x_i) \in S_i$ and such that the isotropy group G_{x_i} acts trivially on the fiber L_{x_i}.*

In order to prove this assertion, we denote by U the image in $X /\!/ G$ of the set of all elements $x \in X$ such that Gx is closed and the isotropy group G_x acts trivially on L_x; condition (PB) is equivalent to $U = X /\!/ G$. It follows from the proof of Proposition 4.2 that U is open in $X /\!/ G$. This implies that U meets every stratum of the Luna stratification. Therefore, it remains to show that U contains the whole stratum whenever it contains one point of it. Hence, we are reduced to the case where $X /\!/ G$ is one stratum and every orbit in X is closed. Choose a point $x \in X$ and denote by Y the fixed point set of G_x in X. Then the restriction of L to Y is a (connected) "algebraic family" of representations of the reductive group G_x, and, if one member is trivial, then all others are trivial, too (see [Kr89b, 2.1]). Since $\pi(Y) = X /\!/ G$ and $U \neq \emptyset$ the claim follows.

§ 5   Résumé and Applications

5.1. Collecting our results from the previous paragraphs we obtain the following proposition:

Proposition. *Let G be a reductive algebraic group and X an irreducible G-variety which admits a quotient $\pi : X \to X /\!/ G$. Then we have the following commutative diagram with an exact line and exact columns:*

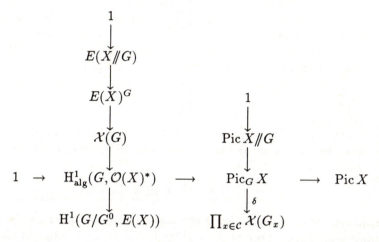

In the product $\prod_{x \in \mathcal{C}} \mathcal{X}(G_x)$ the index set $\mathcal{C} \subset X$ is a set of representatives of the closed orbits in X, and the map δ is obtained by associating to a line bundle L the characters of the isotropy groups G_x on the fibers L_x, $x \in \mathcal{C}$. More precisely, by Remark 4.5, one can take for $\mathcal{C}$ the finite set of points x_i of condition (PB'').

5.2. Example. Let M be a connected linear algebraic group and $G \subset M$ a closed subgroup. We assume that G is reductive (although the following is true in general). We know that $E(M) \simeq \mathcal{X}(M)$ (Proposition 1.2) and that the action of M (and hence also of G) on $E(M)$ is trivial (Proposition 1.3ii). From the diagram of Proposition 5.1 we obtain the following exact sequence (cf. [Po74])

$$1 \to E(M/G) \longrightarrow \mathcal{X}(M) \longrightarrow \mathcal{X}(G) \longrightarrow$$
$$\longrightarrow \operatorname{Pic}(M/G) \longrightarrow \operatorname{Pic}(M) \longrightarrow \operatorname{Pic}(G)$$

where the last map is the restriction from M to G (cf. Lemma 2.2). In particular, if $\operatorname{Pic} M = 0$ then $\operatorname{Pic}(M/G) \simeq \mathcal{X}(G)/\operatorname{Im}(\mathcal{X}(M))$.

PROOF OF EXACTNESS AT $\operatorname{Pic}(M)$: Let $L \in \operatorname{Pic}(M)$ such that $L|_G$ is trivial. Recall that $L^* := L \smallsetminus \{\text{zero section}\}$ has the structure of a linear algebraic group such that the projection $p : L^* \to G$ is a group homomorphism with central kernel, isomorphic to k^* (see [LP, Lemma 4.3]). Our assumption implies that the group $p^{-1}(G) \subseteq L^*$ is isomorphic to $G \times k^*$, i.e., G can be considered as a subgroup of L^*. It follows that L admits a G-linearization. But clearly, every G-linearizable bundle on M is a pullback of a line bundle on M/G (Proposition 4.2). $\square$

5.3. Corollary. *Assume that* $\mathcal{O}(X)^* = k^*$ *and that* $X^G \neq \varnothing$. *Then, in the following diagram*

$$
\begin{array}{ccccccc}
 & & & & 1 & & \\
 & & & & \downarrow & & \\
 & & & & \mathrm{Pic}\,X/\!\!/G & & \\
 & & & & \downarrow{\scriptstyle\gamma} & & \\
1 & \to & \mathcal{X}(G) & \overset{\alpha}{\longrightarrow} & \mathrm{Pic}_G\,X & \overset{\beta}{\longrightarrow} & \mathrm{Pic}\,X \\
 & & & & \downarrow{\scriptstyle\delta} & & \\
 & & & & \prod_{x\in C}\mathcal{X}(G_x) & &
\end{array}
$$

the row and the column are both exact, and the two compositions $\delta \circ \alpha$ *and* $\beta \circ \gamma$ *are injective. In particular, if* $\mathrm{Pic}\,X = 0$, *then* $\mathrm{Pic}(X/\!\!/G) = 0$ *and* $\mathcal{X}(G) \overset{\sim}{\to} \mathrm{Pic}_G\,X$.

(It clearly suffices to assume that the isotropy groups G_x generate G.)

PROOF: In view of the proposition it remains to prove the assertions concerning the compositions $\delta' := \delta \circ \alpha$ and $\beta' := \beta \circ \gamma$. But δ' is the product of the restrictions of the characters to the subgroups G_x, and the claim follows since there are fixed points by assumption. Now the injectivity of β' follows immediately.
                                                                                              $\square$

5.4. Example. For every G-action on an affine space k^n with a fixed point (e.g., for a representation of G) we have $\mathrm{Pic}(k^n/\!\!/G) = 0$ and $\mathrm{Pic}_G(k^n) \simeq \mathcal{X}(G)$.

References

[BAC7] Bourbaki, N.: *Algèbre commutative, chap. 7.* Hermann, Paris 1965

[FI74] Fossum, R., Iversen, B.: *On Picard groups of algebraic fibre spaces.* J. Pure Appl. Algebra **3** (1974), 269–280

[Ha77] Hartshorne, R.: *Algebraic Geometry.* Graduate Texts in Math. **52**. Springer-Verlag, Berlin Heidelberg New York 1977

[LP]   Knop, F.; Kraft, H.; Luna, D.; Vust, Th.: *Local properties of algebraic group actions.* In these DMV Seminar Notes

[Kr85] Kraft, H.: *Geometrische Methoden in der Invariantentheorie.* Aspekte der Mathematik **D1**. Vieweg Verlag, Braunschweig/Wiesbaden 1985

[Kr89a] Kraft, H.: *Algebraic automorphisms of affine space.* In: Topological methods in algebraic transformation groups. Progress in Math. **80**, 81–106. Birkhäuser Verlag, Boston Basel 1989

[Kr89b] Kraft, H.: *G-vector bundles and the linearization problem.* Proceedings of a Conference on "Group Actions and Invariant Theory," Montreal, 1988. To appear in Contemp. Math.

[Lu73] Luna, D.: *Slices étales.* Bull. Soc. Math. France, Mémoire **33** (1973), 81–105

[Ma80] Magid, A. R.: *Picard groups of rings of invariants.* J. Pure Appl. Algebra **17** (1980), 305–311

[MF82] Mumford, D., Fogarty, J.: *Geometric Invariant Theory.* Ergeb. Math. Grenzgeb. **34**. Springer-Verlag, Berlin Heidelberg New York 1982

[Po74] Popov, V. L.: *Picard groups of homogeneous spaces of linear algebraic groups and one dimensional homogeneous vector bundles.* Math. USSR Izv. **8** (1974) 301–327

[Ro61] Rosenlicht, M.: *Toroidal algebraic groups.* Proc. Amer. Math. Soc. **12** (1961), 984–988

[Se58] Serre, J.-P.: *Espaces fibrés algébriques.* In: Anneaux de Chow et applications, exposé 1. Séminaire C. Chevalley, E. N. S., Paris 1958

[Sp81] Springer, T. A.: *Linear algebraic groups.* Progress in Mathematics **9**, Birkhäuser Verlag, Boston Basel 1981

DER SCHEIBENSATZ FÜR ALGEBRAISCHE TRANSFORMATIONSGRUPPEN

Peter Slodowy

Inhaltsverzeichnis

Einführung 89
§ 1   Etale Morphismen und Umgebungen 90
§ 2   Assoziierte Faserbündel 92
§ 3   Zwei Beispiele 94
§ 4   Der etale Scheibensatz von Luna 96
§ 5   Anwendungen des Scheibensatzes 99
§ 6   Beispiele und Exkursionen 103
Literaturverzeichnis 108
ANHANG (Friedrich Knop): Beweis des Scheibensatzes 110

Einführung

Es sei G eine reduktive algebraische Gruppe über einem algebraisch abgeschlossenen Grundkörper k der Charakteristik 0 und $G \times X \to X$ eine algebraische Aktion von G auf einer affinen k-Varietät X. Wir bezeichnen den zugehörigen kategoriellen Quotienten mit $Q : X \to X /\!/ G$.

Sei $x \in X$ und $G.x$ der Orbit von x (es wird sich später als notwendig erweisen, den Orbit als abgeschlossen in X vorauszusetzen). Ziel des Scheibensatzes ist es, die lokale Struktur der G-Aktion in einer Umgebung von $G.x$ und die Struktur des Morphismus Q über einer Umgebung von $Q(x) \in X /\!/ G$ zu beschreiben, d.h. auf Aussagen über die Aktion des Stabilisators $G_x = \{g \in G \mid g.x = x\}$ auf einer „normalen" Scheibe an $G.x$ in x zu reduzieren.

Bevor wir den Scheibensatz korrekt formulieren können, haben wir zunächst zwei technische Begriffe zu erklären. Wir werden ebenfalls den Fall endlicher Gruppen und den Fall differenzierbarer Aktionen kompakter Liegruppen als Modellfälle voranstellen.

§1   Etale Morphismen und Umgebungen

Im Falle des Grundkörpers $k = \mathbf{C}$ tragen alle k-Varietäten X neben der Zariski-topologie noch die viel feinere metrische Topologie, die auf X durch (lokale) Einbettung in einen $\mathbf{C}^n$ induziert wird (lokal, falls X nicht affin ist).

Beispiel. Betrachten wir $X = \mathbf{A}^2(\mathbf{C}) := \mathbf{C}^2$ und $x = 0$ den Nullpunkt von $\mathbf{C}^2$. Eine Basis von offenen Umgebungen von x in der metrischen Topologie ist dann etwa durch die Familie aller

$$U(\varepsilon) = \{y \in \mathbf{C}^2 \mid |y| < \varepsilon\}, \qquad \varepsilon \in \mathbf{R}, \ \varepsilon > 0,$$

gegeben:

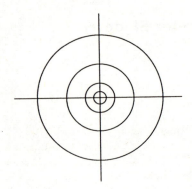

Eine Basis der offenen Umgebungen von x in der Zariskitopologie ist z.B. die Familie aller

$$U(f) = \{y \in \mathbf{C}^2 \mid f(y) \neq 0\}, \quad f \in \mathbf{C}[\mathbf{A}^2], \ f(0) \neq 0,$$

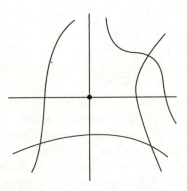

deren jedes Mitglied dicht in $\mathbf{C}^2$ ist.

Eine nachteilige Konsequenz der Grobheit der Zariski-Topologie ist das Versagen des Satzes über implizite Funktionen und inverse Abbildungen.

Seien etwa X und Y der Einfachheit halber singularitätenfreie **C**-Varietäten, $\varphi : X \to Y$ ein Morphismus und $x \in X$ ein Punkt so, daß das Differential

$$d_x\varphi : T_x X \to T_{\varphi(x)} Y$$

ein Isomorphismus ist. Während wir dann eine Umgebung U von x in der metrischen Topologie von X finden können, so daß die Einschränkung

$$\varphi|_U : U \to \varphi(U) \subset Y$$

ein komplex-analytischer Isomorphismus von U auf eine Umgebung $\varphi(U)$ von $\varphi(x)$ ist, so läßt sich im allgemeinen keine Umgebung V von x in der Zariski-Topologie von X finden, für die

$$\varphi|_V : V \to \varphi(V)$$

ein Isomorphismus von Varietäten ist.

Beispiel. Seien $X = Y = \mathbf{C}^*$ und $\varphi : X \to Y$, $\varphi(x) = x^2$. Für alle Punkte $x \in X$ ist dann $d_x\varphi : T_x X \to T_{\varphi(x)} Y$ ein Isomorphismus. Es läßt sich jedoch keine Zariski-offene Teilmenge $V \subset X$ finden, die isomorph auf ihr Bild in Y abgebildet würde!

Morphismen, deren Differential überall nichtsingulär ist, bezeichnet man mit einem speziellen Namen.

Definition. Sei $\varphi : X \to Y$ ein Morphismus von k-Varietäten. Dann heißt φ etal, wenn eine der folgenden äquivalenten Bedingungen erfüllt ist:

(i) φ ist ein glatter Morphismus mit endlichen Fasern.

(ii) In jedem Punkt $x \in X$ induziert φ einen Isomorphismus der komplettierten lokalen Ringe

$$\varphi_x^* : \hat{\mathcal{O}}_{Y,\varphi(x)} \xrightarrow{\sim} \hat{\mathcal{O}}_{X,x}.$$

Sind X und Y glatt, so sind diese Bedingungen äquivalent zu

(iii) In jedem Punkt $x \in X$ induziert das Differential von φ einen Isomorphismus der Tangentialräume

$$d_x\varphi : T_x X \xrightarrow{\sim} T_{\varphi(x)} Y.$$

Jede unverzweigte Überlagerung liefert ein Beispiel für einen etalen Morphismus. Andererseits sind nicht alle etalen Morphismen Überlagerungen, sie brauchen weder surjektiv zu sein noch lokal konstante Faserkardinalität zu besitzen. Als glatte Abbildungen sind etale Morphismen offen.

Definition. Sei X eine k-Varietät und $Y \subset X$ eine abgeschlossene Untervarietät. Eine etale Umgebung von Y in X besteht dann aus einem etalen

Morphismus $\varphi : U \to X$ und einem Schnitt $s : Y \hookrightarrow U$ von φ über Y:

$$
\begin{array}{ccccc}
 & & U & & \\
 & \overset{s}{\nearrow} & \downarrow & \overset{\varphi}{\searrow} & \\
Y & \hookrightarrow & \varphi(U) & \hookrightarrow & X.
\end{array}
$$

Besteht Y nur aus einem Punkt $Y = \{y\}$, so wird also eine etale Umgebung von y gegeben durch einen etalen Morphismus $\varphi : U \to X$ zusammen mit einem Punkt $y' \in U$, der auf y abgebildet wird, $\varphi(y') = y$.

Auf diesem Begriff einer Umgebung läßt sich eine Topologie im Sinne Grothendiecks aufbauen. Der „Durchschnitt" zweier Umgebungen $U \to X$, $U' \to X$ wird dann durch das Faserprodukt $U \times_X U'$ geliefert. Man schränkt einen Morphismus $\varphi : X \to Y$ ein auf $U \to X$ durch Komposition $U \to X \to Y$.

Eine fast triviale Konsequenz des Begriffs der etalen Umgebung ist die Gültigkeit des Satzes von der inversen Abbildung in der „etalen Topologie":

Sei $\varphi : X \to Y$ ein Morphismus von glatten Varietäten, $x \in X$ ein Punkt, und $d_x\varphi : T_xX \to T_{\varphi(x)}Y$ sei ein Isomorphismus. Dann gibt es etale Umgebungen U von x in X und V von $\varphi(x)$ in Y, so daß φ einen Isomorphismus

$$\varphi|_U : U \to V$$

induziert. Der einzige hier erwähnenswerte Punkt ist die Tatsache, daß es eine Zariski-Umgebung U von x in X gibt, auf der φ etal ist. Dann setze man $V = U$, um den obigen Satz zu erhalten.

Literatur. [AK], [Ha, III.10], [Mi, I]

§2   Assoziierte Faserbündel

Es sei G eine algebraische Gruppe und $H \subset G$ eine abgeschlossene Untergruppe. Die Quotientenabbildung $\pi : G \to G/H$ ist dann ein Rechts-H-Prinzipalfaserbündel über der Varietät G/H. Dieses Bündel wird im allgemeinen nicht lokal trivial bezüglich der Zariski-Topologie, sondern nur lokal trivial bezüglich der etalen Topologie sein (z.B. falls $G = \mathbf{C}^*$, $H = \mu_n = \{z \in \mathbf{C}^* \mid z^n = 1\}$, $n \neq 1$). Sei nun F eine k-Varietät, auf der H algebraisch operiere. Dann operiert H auch auf dem Produkt $G \times F$

$$
\begin{array}{ccc}
H \times G \times F & \longrightarrow & G \times F \\
(h, g, f) & \longmapsto & (gh^{-1}, hf).
\end{array}
$$

Durch eine (bezüglich G/H) lokale Untersuchung läßt sich erkennen, daß in dieser Situation ein geometrischer Quotient nach H existiert, der mit $G \times^H F$ bezeichnet wird. Den H-Orbit eines Elementes $(g, f) \in G \times F$ bezeichnen wir mit $g * f \in G \times^H F$.

Da die Linkstranslation von G auf $G \times F$, $(g, g', f) \mapsto (gg', f)$, mit H kommutiert, erhalten wir eine G-Aktion auf $G \times^H F$. Die erste Projektion

$pr_1 : G \times F \to G$ induziert dann einen G-äquivarianten Morphismus $G \times^H F \to G/H$, $g * f \mapsto gH$, der $G \times^H F$ zu einem G-Faserbündel über G/H mit Faser F macht. Daher heißt $G \times^H F$ das zur Prinzipalfaserung $G \to G/H$ und zur Aktion $H \times F \to F$ *assoziierte Bündel*.

Nehmen wir an, daß ein kategorieller Quotient $q : F \to F/\!\!/H$ existiert (z.B. falls F affin und H reduktiv ist), so realisiert der von der zweiten Projektion $pr_2 : G \times F \to F$ induzierte Morphismus $G \times^H F \to F/\!\!/H$ einen kategoriellen Quotienten

$$Q : G \times^H F \to (G \times^H F)/\!\!/G \cong F/\!\!/H.$$

Hier sind nun einige weitere Eigenschaften:

(i) Sei $\varphi : E \to F$ ein H-äquivarianter Morphismus von H-Varietäten. Dann induziert $\mathrm{id} \times \varphi : G \times E \to G \times F$ einen G-äquivarianten Morphismus

$$G \times^H \varphi : G \times^H E \to G \times^H F.$$

Mit anderen Worten erhalten wir einen Funktor $G \times^H ?$ von der Kategorie der H-Varietäten in die Kategorie der G-Varietäten.

(ii) Sei X eine G-Varietät und $\tau : X \to G/H$ ein G-äquivarianter Morphismus, $F := \tau^{-1}(eH)$. Dann operiert H auf F, und die Abbildung $G \times^H F \to X$, $g * f \mapsto g \cdot f$, ist ein Isomorphismus von G-Varietäten.

(iii) Der Quotient $q : F \to F/\!\!/H$ existiere. Sei $\overline{f} \in F/\!\!/H$ und $Q : G \times^H F \to F/\!\!/H$ der Quotient nach G. Dann ist $Q^{-1}(\overline{f})$ G-isomorph zu $G \times^H q^{-1}(\overline{f})$.

Die Konstruktion assoziierter Faserbündel ist von grundlegender Bedeutung in der Theorie der Transformationsgruppen. Etwas allgemeiner läßt sie sich für beliebige H-Prinzipalbündel durchführen. Analoge Konstruktionen gibt es auch für Aktionen differenzierbarer oder komplex-analytischer Liegruppen auf differenzierbaren Mannigfaltigkeiten oder komplex-analytischen Räumen. Man überlegt sich leicht, daß der Funktor $G \times^H ?$ linksadjungiert zum Funktor Res_H^G von der Kategorie der G-Varietäten in die Kategorie der H-Varietäten ist (natürliche Einschränkung). Insofern bildet er das Analogon zur Bildung der induzierten Darstellung in der Darstellungstheorie (endlicher) Gruppen.

Hier sind abschließend zwei illustrative Beispiele in der reell-differenzierbaren Kategorie. Es sei

$$\begin{aligned}
G &:= S^1 = \{z \in \mathbf{C} \mid |z| = 1\}, \\
H &:= \{\pm 1\} \subset G, \\
F &:= \mathbf{R}.
\end{aligned}$$

Dann ist G/H wiederum isomorph zu S^1, und die Abbildung $G \to G/H$ ist die zweifache Überlagerung $S^1 \to S^1$, $z \mapsto z^2$. Wir haben zwei verschiedene lineare Aktionen von H auf $\mathbf{R}$:

(1) H operiert trivial auf $\mathbf{R}$. In diesem Fall ist $G \times^H F \cong G/H \times F = S^1 \times \mathbf{R}$ ein Zylinder.

(2) H operiert nichttrivial, d.h. -1 operiert durch Multiplikation mit -1 auf $\mathbf{R}$. In diesem Fall ist $G \times^H F = (S^1 \times \mathbf{R})/\{\pm 1\}$ ein Möbiusband.

Literatur. [Br], [DG, III § 4], [Se]

§ 3   Zwei Beispiele

3.1. Der Fall endlicher Gruppen (komplex-analytisch)

Als ein motivierendes Beispiel für den Scheibensatz wollen wir uns zuerst den Fall einer endlichen Gruppe ansehen, die auf einem komplexen Vektorraum $V \cong \mathbf{C}^n$ linear operiert. Wir können die Quotientenvarietät $V/\!/G$, die jetzt genau die G-Orbiten parametrisiert, in natürlicher Weise als komplex-analytischen Raum auffassen. Als solcher stimmt er mit dem komplex-analytischen Quotienten von V nach G überein, der folgendermaßen definiert ist. Zunächst versieht man die Menge V/G der G-Orbiten mit der Quotiententopologie bezüglich der natürlichen Abbildung $Q : V \to V/G$, d.h. $U \subset V/G$ ist offen genau dann, wenn das Urbild $Q^{-1}(U) \subset V$ offen (in der metrischen Topologie) ist. Die Strukturgarbe $\mathcal{O}_{V/G}$ der holomorphen Funktionen auf V/G ist dann durch die Vorschrift

$$\mathcal{O}_{V/G}(U) = \{ f : U \to \mathbf{C} \mid f \text{ ist stetig und } f \circ Q \text{ ist holomorph } \}$$

oder, in äquivalenter Weise,

$$\mathcal{O}_{V/G}(U) = \mathcal{O}_V \big(Q^{-1}(U)\big)^G$$

auf offenen Mengen $U \subset V/G$ bestimmt.

Im folgenden sei $< \, , \, >$ ein G-invariantes hermitesches Skalarprodukt auf V mit zugehöriger Norm $\| \; \| : V \to \mathbf{R}$. Sei $v \in V$ und $H = \{ g \in G \mid gv = v \}$ der Stabilisator. Wir setzen

$$\delta = \frac{1}{3} \min \{ \|gv - v\| \mid g \in G, g \notin H \}$$

und

$$S = \{ w \in V \mid \|w - v\| < \delta \} \qquad (S \text{ für „Scheibe“}).$$

Dann ist S stabil unter H, und $U' = \bigcup_{g \in G} g.S$ bildet eine G-stabile offene Umgebung des Orbits $G.v$ mit $|G.v| = |G/H|$ vielen Zusammenhangskomponenten. Die G-äquivariante Zuordnung $U' \to G.v$, die $w \in U'$ auf den (eindeutig bestimmten) nächstgelegenen Punkt des Orbits $G.v$ abbildet, identifiziert U' mit dem assoziierten Bündel $G \times^H S$.

Sei $U = Q(U') \subset V/G$ das Bild von U' in V/G. Dann gilt $Q^{-1}(U) = U'$, insbesondere ist U eine offene Umgebung von $Q(v)$. Als komplex-analytischer Raum identifiziert sie sich mit $U'/G \cong (G \times^H S)/G \cong S/H$. Wir erhalten also ein cartesisches Diagramm

$$
\begin{array}{ccccc}
G \times^H S & \simeq & U' & \hookrightarrow & V \\
\downarrow & & \downarrow & & \downarrow Q \\
S/H & \simeq & U & \hookrightarrow & V/G
\end{array}
$$

Zur Erinnerung. Ein kommutatives Diagramm von Morphismen zwischen algebraischen Varietäten, komplex-analytischen oder topologischen Räumen

$$
\begin{array}{ccc}
X & \xrightarrow{\beta} & Z \\
\downarrow \alpha & & \downarrow \psi \\
Y & \xrightarrow{\varphi} & T
\end{array}
$$

heißt *cartesisch*, falls X in diesem Diagramm isomorph zum Faserprodukt

$$
Y \times_T Z = \{(y,z) \in Y \times Z \mid \varphi(y) = \psi(z)\}
$$

ist, d.h. wenn es ein kommutatives Diagramm folgender Art gibt:

$$
\begin{array}{ccccc}
Y \times_T Z & \xrightarrow{\ \sim\ }{}_{\delta} & X & \xrightarrow{\beta} & Z \\
& & \downarrow \alpha & & \downarrow \psi \\
& & Y & \xrightarrow{\varphi} & T
\end{array}
$$

wobei die Kompositionen $\alpha \circ \delta$ und $\beta \circ \delta$ gerade die Projektionen sind. Es gilt dann für alle $y \in Y$, $z \in Z$:

$$
\alpha^{-1}(y) \xrightarrow[\beta]{\sim} \psi^{-1}\big(\varphi(y)\big), \qquad \beta^{-1}(z) \xrightarrow[\alpha]{\sim} \varphi^{-1}\big(\psi(z)\big).
$$

Literatur. [Ca]

3.2. Der Fall kompakter Gruppen (differenzierbar)

Sei jetzt G eine kompakte Liegruppe, die auf einer (kompakten) differenzierbaren Mannigfaltigkeit X differenzierbar operiere. Wir können dann (gegebenenfalls nach einer Mittelung über G) annehmen, daß X eine G-invariante Riemannsche Metrik besitzt. Sei $x \in X$ und $H = \{g \in G \mid gx = x\}$ der Stabilisator von x in G. Der Tangentialraum $T_x X$ im Punkte x spaltet in H-stabiler Weise

$$
T_x X = T_x(G.x) \oplus N_x,
$$

wobei N_x das orthogonale Komplement in $T_x X$ zum Tangentialraum $T_x(G.x)$ an den Orbit von x ist. Das Normalenbündel $\nu : N \to G.x$ von $G.x$ in X identifiziert sich dann mit dem assoziierten Bündel $G \times^H N_x$. Zu jedem Element $n \in N$ gibt es eine Geodätische $\gamma_n : \mathbf{R} \to X$ mit Anfangspunkt $\gamma_n(0) = \nu(n)$ und Richtung $\dot{\gamma}_n(0) = n$. Wir erhalten eine G-äquivariante „Exponentialabbildung"

$$
\exp : N \to X
$$

durch $\exp(n) := \gamma_n(1)$. Sei $\varepsilon > 0$ und S_x die „Scheibe" $\{n \in N_x \mid \|n\| < \varepsilon\}$. Dann ist $G \times^H S_x$ eine G-stabile Umgebung des Nullschnittes in $N = G \times^H N_x$.

Es läßt sich leicht zeigen, daß die Einschränkung

$$\exp : G \times^H S_\varepsilon \to X$$

für ein genügend kleines ε einen Isomorphismus auf eine G-stabile „Tubenumgebung" U' von $G.x$ liefert. Dieses ist der Inhalt des „differenzierbaren Scheibensatzes".

Obwohl der Quotient X/G im allgemeinen nicht als differenzierbare Mannigfaltigkeit existiert, können wir ihn als topologischen Raum auffassen, d.h. X/G ist die Menge der G-Orbiten, versehen mit der Quotiententopologie bezüglich der natürlichen Abbildung $Q : X \to X/G$. Wir erhalten dann wiederum ein cartesisches Diagramm von topologischen Räumen

$$
\begin{array}{ccccc}
G \times^H S_x & \simeq & U' & \hookrightarrow & X \\
\downarrow & & \downarrow & & \downarrow Q \\
S_x/H & \simeq & U'/G & \hookrightarrow & X/G
\end{array}
$$

Da H auf S_x linear operiert, trägt der Raum S_x/H zusätzlich die Struktur einer reell semialgebraischen Menge (als Bild der semialgebraischen Varietät $S_x \subset N_x$ in der rellen Quotientenvarietät $N_x /\!/ H$!). Insofern liefert der Scheibensatz die Aussage, daß der topologische Raum X/G lokal die Struktur einer semialgebraischen Varietät besitzt.

Literatur. [Br], [Jä], [Kosz]

§ 4   Der etale Scheibensatz von Luna

Sei nun G reduktiv und $G \times X \to X$ eine algebraische Operation von G auf einer affinen k-Varietät X. Sei $x \in X$ und H der Stabilisator von x in G. Als Idealziel würden wir gerne wieder eine G-Umgebung der Bahn $G.x$ mittels eines geeigneten assoziierten Bündels $G \times^H S$ beschreiben. Dem stehen nun einige Schwierigkeiten entgegen. So kann die Struktur von H sehr kompliziert sein. Insbesondere braucht H nicht reduktiv zu sein, so daß man im allgemeinen den (Zariski-) Tangentialraum $T_x X$ im Punkte x als H-Modul nicht mehr in die direkte Summe des Untermoduls $T_x(G.x)$ und eines geeigneten H-stabilen Supplementes N_x zerlegen kann. Da der Satz über implizite Funktionen nicht zur Verfügung steht, wird man zudem mit etalen Umgebungen arbeiten müssen. Diese sollten über dem Grundkörper der komplexen Zahlen durch Umgebungen in der metrischen Topologie ersetzbar sein. Aber selbst über den komplexen Zahlen, bei reduktiver Standgruppe H, kann es vorkommen, daß es kein „Scheibenbündel" $G \times^H S$ gibt, das zu einer metrischen Umgebung von $G.x$ isomorph wäre (vgl. das Beispiel weiter unten). In seiner grundlegenden Arbeit [Lu] hat D. Luna gezeigt, daß die Orbiten, für die ein „korrekter" Scheibensatz gilt, genau die abgeschlossenen Orbiten sind. Als abgeschlossene Untervarietäten der offenen Varietät X sind solche Orbiten wiederum affin. Das folgende Resultat enthebt uns zumindest der Sorgen über die Struktur des

Stabilisators H.

Satz (Matsushima 1960, Białynicki-Birula 1963). *Sei G eine reduktive algebraische Gruppe und $H \subset G$ eine abgeschlossene Untergruppe. Ist dann G/H affin, so ist H ebenfalls reduktiv.*

Man beachte, daß hier natürlich auch die Umkehrung gilt. Ist H reduktiv, so ist die Quotientenvarietät $G/H = G/\!\!/ H$ nach unseren allgemeinen invariantentheoretischen Sätzen wieder affin. Allerdings braucht ein Orbit mit reduktivem Stabilisator nicht abgeschlossen zu sein.

Wir können nun Lunas Scheibensatz formulieren.

Satz (Luna 1973). *Sei G eine reduktive algebraische Gruppe, die auf der affinen k-Varietät X algebraisch operiere. Sei $Q : X \to X/\!\!/ G$ der zugehörige Quotient und $x \in X$ ein Punkt mit abgeschlossenem Orbit $G.x$ und (daher) reduktivem Stabilisator H. Dann gibt es eine lokal abgeschlossene affine Untervarietät $S \subset X$ mit den folgenden Eigenschaften:*

   (i) $x \in S$

  (ii) *S ist stabil unter H*

 (iii) *Die Abbildung $G \times S \to X$, $(g,s) \mapsto g.s$, induziert einen etalen G-Morphismus*
$$\psi : G \times^H S \to X$$
   mit affinem Bild.

 (iv) *Der von ψ induzierte Morphismus*
$$\psi /\!\!/ G : (G \times^H S)/\!\!/ G = S/\!\!/ H \to X/\!\!/ G$$
   ist etal.

  (v) *Das folgende Diagramm ist cartesisch:*
$$\begin{array}{ccc} G \times^H S & \xrightarrow{\psi} & X \\ \downarrow & & \downarrow Q \\ S/\!\!/ H & \xrightarrow{\psi /\!\!/ G} & X/\!\!/ G \end{array}$$

Ist die Varietät X zudem glatt in x, so kann man das obige S so wählen, daß auch die folgenden zusätzlichen Eigenschaften erfüllt sind:

  (vi) *S ist glatt.*

 (vii) *Es gibt einen etalen H-äquivarianten Morphismus $\varphi : S \to N_x = T_x S$ mit $\varphi(x) = 0$ und affinem Bild $\varphi(S) \subset N_x$.*

(viii) *Der von φ induzierte Morphismus $\varphi /\!\!/ H : S/\!\!/ H \to N_x /\!\!/ H$ ist etal.*

 (ix) *Das folgende Diagramm ist cartesisch*
$$\begin{array}{ccc} G \times^H S & \xrightarrow{G \times^H \varphi} & G \times^H N_x \\ \downarrow & & \downarrow \\ S/\!\!/ H & \xrightarrow{\varphi /\!\!/ H} & N_x /\!\!/ H \end{array}$$

Ein Beweis dieses Satzes findet sich im Anhang von F. Knop. Er gestaltet sich bedeutend aufwendiger als der seines Analogons für kompakte Liegruppen. Wir begnügen uns hier mit einigen Anmerkungen.

Die Konstruktion der Scheibe S ist ziemlich offensichtlich. Zunächst reduziert man sich mittels einer G-äquivarianten Einbettung leicht auf den Fall einer G-Darstellung auf einen Vektorraum X. Aufgrund der Reduktivität von H kann man ein H-stabiles Supplement N_x zu $T_x(G.x)$ in T_xX finden. Die Scheibe S ist dann eine offene H-stabile Umgebung von x in dem affinen Raum $x+N_x$. Ist S genügend klein, so induziert die Abbildung $G \times S \to X, (g,s) \mapsto g.s$ einen etalen Morphismus $\psi : G \times^H S \to X$. Bis auf die Affinität von Bild(ψ) liefert dies die Punkte (i), (ii), (iii). Die restlichen Aussagen deduziert Luna aus seinem „Fundamentallemma", das sich auf eine etwas allgemeinere Situation bezieht: Seien X und Y affine G-Varietäten, $q_X : X \to X /\!\!/ G$, $q_Y : Y \to Y /\!\!/ G$ die zugehörigen Quotienten, $\psi : Y \to X$ ein G-äquivarianter Morphismus und $\psi /\!\!/ G : Y /\!\!/ G \to X /\!\!/ G$ der induzierte Morphismus.

Fundamentallemma (Luna 1973). *Sei $y \in Y$, $x = \psi(y)$ und ψ etal in y. Die Orbiten $G.x$ und $G.y$ seien abgeschlossen, und die Einschränkung von ψ auf $G.y$ sei injektiv. Dann gibt es eine affine offene Teilmenge $U \subset Y$ mit den folgenden Eigenschaften:*

(i) $y \in U$.

(ii) $U = q_Y^{-1}(q_Y(U))$ *und* $q_Y(U) = U /\!\!/ G$.

(iii) *Die Einschränkung ψ' von ψ auf U ist etal mit affinem Bild.*

(iv) *Der von ψ' induzierte Morphismus*
$$\psi' /\!\!/ G = (\psi /\!\!/ G)\big|_{U /\!\!/ G} : U /\!\!/ G \to X /\!\!/ G$$
ist etal.

(v) *Das folgende Diagramm ist cartesisch:*

$$
\begin{array}{ccc}
U & \xrightarrow{\psi'} & X \\
\downarrow & & \downarrow \\
U /\!\!/ G & \xrightarrow{\psi' /\!\!/ G} & X /\!\!/ G
\end{array}
$$

Ein Beweis dieses Lemmas findet sich ebenfalls im Anhang von F. Knop. Grob formuliert geht es darum, die Überlagerungen von G-Orbiten, die in ψ' stecken, auf die „Mehrblättrigkeit" von $\psi' /\!\!/ G$ zu reduzieren. Dabei geht die Voraussetzung der Abgeschlossenheit von $G.x$ entscheidend ein. Dies zeigt das folgende, auf Richardson zurückgehende Beispiel für das Versagen des Scheibensatzes (vgl. [Lu, III.1 Remarque 4]).

Beispiel. Es sei $X = \mathbf{S}^3(\mathbf{C}^2)$ der Raum der binären kubischen Formen, auf dem die Gruppe $G = \mathbf{SL}_2(\mathbf{C})$ natürlich operiert. Die Bahn von x^2y ist dann nicht abgeschlossen (x^3 und 0 liegen im Abschluß). Der Stabilisator H von x^2y ist trivial und somit reduktiv. Eine transversale Scheibe an den Orbit von x^2y

erhalten wir etwa mit

$$S = \{x^2 y - \lambda y^3 \mid \lambda \in \mathbf{C}\}.$$

Die Abbildung $\psi : G \times^H S = G \times S \to X$ ist dann etal. Ihr Bild ist Zariski-dicht in X (aber nicht affin). Alle Punkte $x^2 y - \lambda y^3$ aus S mit $\lambda \neq 0$ haben eine Standgruppe isomorph zu $\mathbf{Z}/3\mathbf{Z}$, die jeweils von der Matrix

$$\begin{pmatrix} -\frac{1}{2} & \frac{3\mu}{2} \\ -\frac{1}{2\mu} & -\frac{1}{2} \end{pmatrix} \text{ mit } \mu^2 = \lambda$$

erzeugt wird. Somit induziert ψ über allen Nachbarorbiten von $G.x$ in Bild ψ eine Überlagerung vom Grad 3. Insbesondere kann es selbst keine metrischen Umgebungen S' von $x^2 y$ in S geben, für die die Einschränkung $\psi|_{G \times S'}$ eine Einbettung würde.

Merken wir schließlich noch an, daß über dem komplexen Grundkörper der etale Morphismus $\psi/\!/G$ in Lunas Scheibensatz ein lokaler analytischer Isomorphismus ist. Bei genügender metrischer Verkleinerung S' von S erhält man daher einen analytischen G-Isomorphismus $G \times^H S' \xrightarrow{\sim} U \subset X$ auf eine metrische Umgebung U von $G.x$.

Literatur. [BR], [Lu]

§ 5   Anwendungen des Scheibensatzes

Im folgenden sei X immer eine affine Varietät, auf der eine reduktive Gruppe G algebraisch operiere. Wir bezeichnen den zugehörigen Quotienten mit $Q : X \to X/\!/G$.

Korollar 1 (Luna). *Der Quotient Q ist ein G-Prinzipalbündel genau dann, wenn die Standgruppen $G_x = \{g \in G \mid gx = x\}$ für alle $x \in X$ trivial sind.*

BEWEIS: Sei $\overline{x} \in X/\!/G$ und $x \in X$ so, daß $Q(x) = \overline{x}$. Dann ist die Bahn von x abgeschlossen. Sei S eine Scheibe in x wie im Scheibensatz. Wir haben dann ein cartesisches Diagramm

$$\begin{array}{ccc} G \times S & \xrightarrow{\psi} & X \\ \downarrow{\mathrm{pr}_2} & & \downarrow{Q} \\ S & \xrightarrow{\psi/\!/G} & X/\!/G \end{array}$$

in dem ψ und $\psi/\!/G$ etal sind. Also ist $\psi/\!/G : S \to X/\!/G$ eine etale Umgebung von $\overline{x}$, über der Q trivialisiert wird. Da dies für jeden Punkt $\overline{x} \in X/\!/G$ gilt, ist Q ein lokal-triviales Bündel (im Sinne der etalen Topologie).   □

Korollar 2 (Luna). *Sei $X/\!/G$ nulldimensional und zusammenhängend. Dann gibt es eine reduktive Untergruppe $H \subset G$ und eine H-stabile affine Untervarietät $S \subset X$ mit den folgenden Eigenschaften:*

(i) H *hat einen Fixpunkt* $x \in S$.

(ii) x *liegt im Abschluß eines jeden H-Orbits in* S.

(iii) X *ist G-isomorph zu* $G \times^H S$.

BEWEIS: Sei x ein Punkt des einzigen abgeschlossenen G-Orbits in X mit reduktivem Stabilisator $H = G_x$, und sei $S \subset X$ eine H-stabile Scheibe in x an den Orbit von x. Wir haben dann ein cartesisches Diagramm

$$
\begin{array}{ccc}
G \times^H S & \xrightarrow{\psi} & X \\
\downarrow & & \downarrow{\scriptstyle Q} \\
S /\!\!/ H & \xrightarrow{\psi /\!\!/ G} & X /\!\!/ G
\end{array}
$$

Da $\psi /\!\!/ G$ etal und $(X /\!\!/ G)$ ein Punkt ist, können wir nach Verkleinerung von S annehmen, daß $\psi /\!\!/ G$ ein Isomorphismus ist. Dann ist aber auch ψ ein Isomorphismus. Es folgt auch, daß $S \subset X$ abgeschlossen ist. $\qquad\square$

Korollar 3 (Luna). *In der Situation von Korollar 2 sei zudem X glatt in einem (und damit jedem) Punkt des abgeschlossenen Orbits. Dann ist S isomorph zu einem Vektorraum, auf dem H linear operiert, und X ist G-isomorph zum Vektorraumbündel $G \times^H S$.*

BEWEIS: Wir wählen x, H und S wie im Beweis von Korollar 2. Zudem sei jetzt N_x ein H-stabiles Supplement zu $T_x(G.x)$ in $T_x X$. Wir erhalten dann ein weiteres cartesisches Diagramm

$$
\begin{array}{ccc}
G \times^H S & \xrightarrow{G \times^H \varphi} & G \times^H N_x \\
\downarrow & & \downarrow \\
S /\!\!/ H & \xrightarrow{\varphi /\!\!/ H} & N_x /\!\!/ H
\end{array}
$$

Da $\varphi /\!\!/ H$ etal und $N_x /\!\!/ H$ reduziert ist, sowie $(S /\!\!/ H)$ nur aus einem Punkt besteht, ergibt sich, daß $\varphi /\!\!/ H$ ein Isomorphismus zweier reduzierter Punkte ist. Dann sind aber auch $G \times^H \varphi$ und $\varphi : S \to N_x$ Isomorphismen. Da H linear auf N_x operiert, folgt die Behauptung. $\qquad\square$

Korollar 4 (Luna). *In der Situation von Korollar 3 habe G einen Fixpunkt in X. Dann ist die G-Aktion auf X isomorph zu einer Darstellung von G auf einem Vektorraum.*

BEWEIS: In der Situation von Korollar 3 können wir $H = G$ wählen. $\qquad\square$

Korollar 5. *In der Situation von Korollar 3 und $k = \mathbf{C}$ sei X azyklisch bezüglich der singulären Homologie (d.h. $H_0(X, \mathbf{Z}) = \mathbf{Z}$ und $H_i(X, \mathbf{Z}) = 0$ für $i > 0$). Dann ist die G-Aktion auf X isomorph zu einer Darstellung von G auf einem $\mathbf{C}$-Vektorraum.*

BEWEIS: Nach Korollar 3 ist X G-isomorph zu einem G-Vektorraumbündel $G \times^H S$. Es genügt also $H = G$ zu zeigen. Da $G \times^H S$ homotopieäquivalent zur Basis G/H ist, ergibt sich dies aus dem folgenden Lemma.   □

Lemma. *Sei $H \subset G$ eine abgeschlossene Untergruppe. Dann ist G/H azyklisch genau dann, wenn $H = G$.*

BEWEISSKIZZE: Wir können (bzgl. der metrischen Topologie) maximale kompakte Untergruppen $K \subset G$ und $L \subset H$ mit $L \subset K$ wählen. Dann erweist sich G/H als homotopieäquivalent zu der kompakten Mannigfaltigkeit K/L, die azyklisch nur dann ist, wenn sie aus einem Punkt besteht, d.h. wenn $K = L$ gilt. Da G reduktiv ist, folgt dann auch $G = H$.   □

Neben diesen unmittelbaren Anwendungen erweist sich der Scheibensatz als ein nützliches Hilfsmittel bei der Analyse der Fasern eines Quotienten $Q : X \to X /\!\!/ G$ und der Singularitäten des Raumes $X /\!\!/ G$. Der Einfachheit halber setzen wir ab jetzt X als glatt voraus, obwohl ein Teil der Ausführungen auch für singuläre Varietäten sinnvoll ist.

Sei $\overline{x} \in X /\!\!/ G$, $x \in X$ ein Punkt des eindeutig bestimmten abgeschlossenen Orbits in $Q^{-1}(\overline{x})$ mit reduktivem Stabilisator G_x, $T_x X = T_x(G.x) \oplus N_x$ eine G_x-stabile Zerlegung und $S_x \subset X$, $x \in S_x$, eine Scheibe in x mit G_x-äquivarianter, etaler Projektion $\varphi : S_x \to N_x$, $\varphi(x) = 0$. Wir nennen die Darstellung $\varrho_x : G_x \to \mathbf{GL}(N_x)$ die *Scheibendarstellung* in x und den Quotienten $q_x : N_x \to N_x /\!\!/ G_x$ den *Scheibenquotienten* in x.

Nach dem Scheibensatz erhalten wir ein cartesisches Diagramm

$$
\begin{array}{ccccc}
G \times^{G_x} N_x & \longleftarrow & G \times^{G_x} S_x & \longrightarrow & X \\
\downarrow{Q_x} & & \downarrow{\tilde{Q}} & & \downarrow{Q} \\
N_x /\!\!/ G_x & \xleftarrow{\varphi /\!\!/ G_x} & S_x /\!\!/ G_x & \xrightarrow{\psi /\!\!/ G} & X /\!\!/ G
\end{array}
$$

in dem die waagerechten Pfeile etal und die senkrechten Pfeile Quotienten nach G sind. Es bezeichne $\tilde{x}$ das Bild von x in $S_x /\!\!/ G_x$ und $\overline{0}$ das Bild von 0 in $N_x /\!\!/ G_x$. Dann erhalten wir G-Isomorphismen

$$
Q_x^{-1}(\overline{0}) \xleftarrow{\sim} \tilde{Q}^{-1}(\tilde{x}) \xrightarrow{\sim} Q^{-1}(\overline{x}),
$$

wegen $Q_x^{-1}(\overline{0}) \cong G \times^{G_x} \left(q_x^{-1}(\overline{0}) \right)$ also

$$
Q^{-1}(\overline{x}) \cong G \times^{G_x} \left(q_x^{-1}(\overline{0}) \right).
$$

Damit ist die Struktur der Faser $Q^{-1}(\overline{x})$ vollständig reduziert auf die Struktur der Nullfaser $q_x^{-1}(\overline{0}) = q_x^{-1}(q_x(0))$ des „kleinen" Scheibenquotienten $q_x : N_x \to N_x /\!\!/ G_x$. Insbesondere „kennt" man die Struktur aller Fasern von Quotienten $X \to X /\!\!/ G$ glatter Varietäten X, wenn man die Nullfasern $q^{-1}(q(0))$ von Quotienten linearer Darstellungen $q : N \to N /\!\!/ H$ von reduktiven Gruppen H „kennt".

Im Hinblick auf die lokale Struktur des Raumes $X /\!\!/ G$ in $\bar{x}$ erhalten wir einen Isomorphismus der Raumkeime

$$(X /\!\!/ G, \tilde{x}) \cong (N_x /\!\!/ G_x, \overline{0})$$

in der etalen Topologie, d.h. einen Isomorphismus der Henselisierungen (und damit der formalen oder, falls $k = \mathbf{C}$, analytischen Komplettierungen) der lokalen Ringe von $X /\!\!/ G$ in $\bar{x}$ und $N_x /\!\!/ G_x$ in $\overline{0}$.

Bevor wir etwas ausführlicher auf zwei Beispiele eingehen, wollen wir noch eine Endlichkeitsaussage und einige ihrer Konsequenzen anfügen. Seien $x, y \in X$ Punkte aus abgeschlossenen Orbiten von G und $G_x \times N_x \to N_x$ bzw. $G_y \times N_y \to N_y$ ihre Scheibendarstellungen. Wir nennen x und y vom *gleichen Scheibentyp*, wenn es ein $g \in G$ und einen linearen Isomorphismus $\alpha : N_x \to N_y$ gibt, so daß $\mathrm{Int}(g)(G_x) = g G_x g^{-1} = G_y$ gilt und das Diagramm

$$
\begin{array}{ccc}
G_x \times N_x & \longrightarrow & N_x \\
\downarrow \mathrm{Int}(g) \times \alpha & & \downarrow \alpha \\
G_y \times N_y & \longrightarrow & N_y
\end{array}
$$

kommutiert. Sind x, y Elemente des gleichen Orbits, so haben sie offensichtlich den gleichen Scheibentyp. Der Scheibentyp induziert daher eine Zerlegung der Quotientenvarietät

$$X /\!\!/ G = \dot{\bigcup_\sigma} (X /\!\!/ G)_\sigma$$

in Äquivalenzklassen $(X /\!\!/ G)_\sigma$.

Proposition (Luna). *Sei X glatt.*

(i) *Die obige Zerlegung ist endlich.*

(ii) *Jede Klasse $(X /\!\!/ G)_\sigma$ ist lokal abgeschlossen in $X /\!\!/ G$ und glatt.*

Ist X irreduzibel, so auch $X /\!\!/ G$. Daher gibt es in diesem Fall eine Klasse $(X /\!\!/ G)_\sigma$, die offen und dicht in $X /\!\!/ G$ ist. Der entsprechende Scheibentyp heißt der *Hauptscheibentyp*, die abgeschlossenen Orbiten in den entsprechenden Fasern heißen die *abgeschlossenen Hauptorbiten*. Es gilt nun das folgende nützliche Resultat.

Satz (Luna-Richardson). *Sei X normal und irreduzibel und H die Standgruppe eines abgeschlossenen Hauptorbits. Sei $Y := \{x \in X \mid H.x = x\} = X^H$ die Fixpunktvarietät von H und $N_G(H) := \{g \in G \mid g H g^{-1} \subset H\}$ der Normalisator von H in G. Dann ist $N_G(H)$ reduktiv, und der reduktive Quotient $W = N_G(H)/H$ operiert in natürlicher Weise auf Y. Ist $Y /\!\!/ W$ irreduzibel, so induziert die Inklusion $Y \subset X$ einen Isomorphismus $Y /\!\!/ W \xrightarrow{\sim} X /\!\!/ G$.*

Bemerkungen. (1) Ist X ein k-Vektorraum und die Aktion von G linear, so ist Y ebenfalls ein Vektorraum. Insbesondere ist dann $Y /\!\!/ W$ immer reduzibel.

(2) Während die Berechnung der vollen Gruppe H sehr schwierig sein kann, gelingt es leichter, die Liealgebra von H und damit die Komponente der Eins H^0 zu bestimmen. Luna und Richardson beweisen eine Verallgemeinerung ihres obigen Satzes, in dem H durch H^0 ersetzt wird.

Literatur. [Lu], [LuR]

§ 6   Beispiele und Exkursionen

6.1. Die dreidimensionale Ikosaedervarietät

Sei $I \subset \mathbf{R}^3$ ein reguläres Ikosaeder mit 20 regelmäßigen Dreiecken als Seitenflächen, 30 Kanten und 12 Ecken. Der Schwerpunkt von I liege im Ursprung $O \in \mathbf{R}^3$. Sei $G \subset \mathbf{SO}_3(\mathbf{R})$ die Gruppe aller Rotationen, die I in sich überführen. Dann hat G 60 Elemente und ist isomorph zur alternierenden Gruppe $\mathcal{A}_5$ von 5 Objekten. Wir komplexifizieren die natürliche reelle Darstellung auf dem $\mathbf{R}^3$ zu

$$G \longrightarrow \mathbf{GL}_3(\mathbf{C})$$

und betrachten die dreidimensionale Quotientenvarietät $V = \mathbf{C}^3 /\!\!/ G = \mathbf{C}^3/G$. Wir wollen soweit wie möglich den Scheibensatz benutzen, um die Singularitäten von V zu bestimmen. Im Prinzip ließe sich das auch mittels der expliziten Beschreibung von V durchführen, die F. Klein [Kl] im vorigen Jahrhundert gegeben hat. Demnach wird der Ring der G-invarianten Polynome auf $\mathbf{C}^3$ von 4 Invarianten A, B, C, D der Grade 2, 6, 10, 15 erzeugt, die eine einzige Relation erfüllen

$$D^2 = 1728\, B^5 + C^3 - 720\, ACB^3 + 80\, A^2C^2B + 64\, A^3(5\, B^2 - AC)^2;$$

insbesondere läßt sich V im $\mathbf{C}^4$ als die Hyperfläche der Punkte (A, B, C, D) realisieren, die die obige Gleichung erfüllen.

Bestimmen wir zunächst die auftretenden Isotropiegruppen und ihre Scheibendarstellungen. Da sämtliche Transformationen in G reell sind, müssen auch alle Fixräume von Teilmengen von G reell definiert sein. Somit genügt es, die Isotropiegruppen von G auf $\mathbf{R}^3$ zu bestimmen. Diese lassen sich aber leicht mit Hilfe der Geometrie des Ikosaeders ermitteln. Zunächst ist der Nullpunkt der einzige Punkt, der die volle Gruppe G als Isotropie hat. Alle Punkte $\neq 0$ auf den Geraden, die antipodale Eck- bzw. Kantenmittel- bzw. Seitenmittelpunkte verbinden, haben eine Standgruppe, die isomorph ist zu $\mathbf{Z}/5\mathbf{Z}$ bzw. $\mathbf{Z}/2\mathbf{Z}$ bzw. $\mathbf{Z}/3\mathbf{Z}$. Jede dieser drei Klassen von Standgruppen und Fixgeraden bildet auch eine Klasse bezüglich Konjugation in G. Schließlich haben alle restlichen Punkte triviale Isotropie. Da die Orbiten alle nulldimensional sind, identifiziert sich jeder der Normalräume N_x mit $T_x\mathbf{C}^3 \cong \mathbf{C}^3$ und jede Scheibendarstellung mit der Einschränkung auf G_x der ursprünglichen Darstellung von G

$$G_x \hookrightarrow G \to \mathbf{GL}_3(\mathbf{C}).$$

Identifizieren wir die nichttrivialen Gruppen G_x mit Gruppen von Einheitswurzeln

$$G_x = \mu_p = \{\xi \in \mathbf{C} \mid \xi^p = 1\} \quad (p = 2, 3, 5),$$

so operieren diese durch Matrizen ähnlich zu

$$\begin{pmatrix} \xi & & \\ & \xi^{-1} & \\ & & 1 \end{pmatrix}$$

(Wir haben einen 1-dimensionalen Fixraum, die „Rotationsachse"; die $\mathbf{C}$-Darstellung zerfällt in 1-dimensionale Darstellungen, und die Determinante ist 1. Oder: Dies ist die Komplexifizierung der reellen „Rotationsdarstellung" um eine Fixachse!) Somit hat die Scheibenquotientenvarietät N_x/G_x die Form

$$\mathbf{C} \times \mathbf{C}^2/\mu_p \quad p = 2, 3, 5 \,,$$

wobei μ_p auf $\mathbf{C}^2$ durch $(\xi, (u, v)) \mapsto (\xi u, \xi^{-1} v)$ operiert. Den letzten Quotienten bestimmen wir leicht als Hyperfläche

$$\{(a, b, c) \in \mathbf{C}^3 \mid ab = c^p\},$$

denn $\mathbf{C}[u, v]^{\mu_p} = \mathbf{C}[u^p, v^p, uv] = \mathbf{C}[a, b, c]/ < ab - c^p >$. Eine solche singuläre Fläche heißt vom Typ A_{p-1}, da sich ihr einziger singulärer Punkt in ein System von $p - 1$ projektiven Geraden mit folgendem Schnittverhalten auflösen läßt:

dessen dualer Graph (Kurven $\leftrightarrow$ Ecken, Schnitte $\leftrightarrow$ Kanten) ein Coxeter-Dynkin-Diagramm vom Typ A_{p-1} ist:

Wir erhalten also das folgende Bild: Sei $\overline{x} \in V$ und $x \in \mathbf{C}^3$, so daß $Q(x) = \overline{x}$. Dann ist $\overline{x}$ ein glatter Punkt von V genau dann, wenn $G_x = \{1\}$ (dies ist der generische Fall). Ist $G_x \cong \mu_p$, $p = 2, 3, 5$, so ist $(V, \overline{x})$ lokal isomorph zu $\mathbf{C} \times \mathbf{C}^2/\mu_p$. Für jedes $p \in \{2, 3, 5\}$ bilden alle $\overline{x}$ mit diesem Verhalten eine lokal abgeschlossene Untervarietät $V_p \subset V$, die isomorph zu $\mathbf{C}^*$ ist, und deren Abschluß $\overline{0}$ enthält: $\overline{V}_p = V_p \cup \{\overline{0}\}$. Schließlich liegt in $\overline{0} \in V$ eine komplizierte Singularität vor, bei deren Analyse der Scheibensatz keine weitere Hilfe ($G_0 = G$) leisten kann. Schneidet man diese etwa mit der Hyperfläche $A = 0$, so erhält man $D^2 = 1728\,B^5 + C^3$. Dies ist eine Flächensingularität vom Typ E_8 (so genannt aus ähnlichen Gründen wie im Fall A_{p-1}), die sich sowohl als Quotient der im urspünglichen $\mathbf{C}^3$ durch A definierten Quadrik nach der eingeschränkten Aktion von G als auch als Quotient von $\mathbf{C}^2$ nach der Aktion der binären Ikosaedergruppe $\tilde{G}$ (der doppelten Spinüberlagerung von G) beschreiben läßt. Die Familie der Schnitte von V mit den Hyperebenen $\{A = t\} \subset \mathbf{C}^4$ liefert eine Deformation der E_8-Singularität $\{A = 0\} \cap V$, deren allgemeine Fasern gerade drei Singularitäten der Typen A_1, A_2, A_4 besitzen. Man beachte, daß sich die Vereinigung der Diagramme $A_1 \cup A_2 \cup A_4$ aus dem E_8-Diagramm durch Entfernen des Verzweigungspunktes ergibt:

Diese Beziehungen zwischen Quotientensingularitäten, Diagrammen und Deformationen lassen sich besser verstehen, wenn man die zugehörigen Liealgebren und Gruppen mit ins Spiel bringt. Darauf können wir hier nicht mehr eingehen. Es sei nur gesagt, daß auch die im folgenden studierten Beispiele dabei eine Rolle spielen.

Literatur. [Kl], [Sl2]

6.2. Adjungierte Quotienten

Sei G wieder eine reduktive Gruppe über einem algebraisch abgeschlossenem Körper k der Charakteristik 0. Dann operiert G auf sich selbst durch Konjugation

$$G \times G \longrightarrow G, \quad (g,x) \mapsto gxg^{-1}.$$

Diese Aktion fixiert das neutrale Element und induziert daher eine Aktion auf der Liealgebra $\mathbf{g}$ von G, die wir mit $T_e G$ identifiziert haben

$$G \times \mathbf{g} \longrightarrow \mathbf{g}, \quad (g,x) \mapsto \mathrm{Ad}(g)x.$$

Die zugehörige Darstellung

$$\mathrm{Ad} : G \to \mathbf{GL}(\mathbf{g})$$

heißt die *adjungierte Darstellung*, und wir nennen den Quotienten

$$Q : \mathbf{g} \to \mathbf{g} /\!/ G$$

den *adjungierten Quotienten* von $\mathbf{g}$.

Ist $G = \mathbf{GL}_n(k)$, so besteht $\mathbf{g}$ aus allen Matrizen $\mathbf{g} = M_n(k)$, und die Aktion $G \times \mathbf{g} \to \mathbf{g}$ ist weiterhin durch Konjugation $(g,x) \mapsto gxg^{-1}$ gegeben. Im allgemeinen können wir G mit einer abgeschlossenen Untergruppe von $\mathbf{GL}_n(k)$,

n geeignet, und $\mathbf{g}$ mit einer Unteralgebra von $M_n(k)$ identifizieren. In diesem Fall operiert G wiederum durch Konjugation auf $\mathbf{g} \subset M_n(k)$.

Nach der Strukturtheorie reduktiver Gruppen und Liealgebren zerlegt sich die Liealgebra $\mathbf{g}$ als direkte Summe

$$\mathbf{g} = \mathbf{z} \oplus [\mathbf{g}, \mathbf{g}]$$

ihres Zentrums $\mathbf{z}$ und ihrer Kommutatorunteralgebra $[\mathbf{g}, \mathbf{g}]$. Letztere ist halbeinfach und zerlegt sich noch einmal in eine direkte Summe

$$[\mathbf{g}, \mathbf{g}] = \mathbf{g}_1 \oplus \cdots \oplus \mathbf{g}_m$$

von einfachen Liealgebren $\mathbf{g}_i$, die ihrerseits bis auf Isomorphie durch ihr zugeordnetes, zusammenhängendes Dynkindiagramm (vom Typ $A_\ell, B_\ell, C_\ell, D_\ell, E_6, E_7, E_8, F_4, G_2$) vollständig bestimmt sind.

Der Quotient $\mathbf{g} \to \mathbf{g}/\!/G$ wurde zuerst von Kostant [Kost] untersucht. Wir wollen einige seiner Resultate im Lichte unserer bisherigen Ausführungen präsentieren. Da die Punkte des Quotienten $\mathbf{g}/\!/G$ bijektiv den abgeschlossenen Bahnen in $\mathbf{g}$ entsprechen, interessieren wir uns zunächst für diese.

Satz 1. *Sei $x \in \mathbf{g}$, dann sind die folgenden Bedingungen äquivalent:*

(i) *Die Bahn $\mathrm{Ad}(G).x$ ist abgeschlossen.*

(ii) *$\mathrm{ad}x : \mathbf{g} \to \mathbf{g}$, $y \mapsto [x, y]$ ist ein halbeinfacher Endomorphismus.*

(iii) *Für jede algebraische Darstellung $\varrho : G \to \mathbf{GL}_m(k)$ mit Differential $d\varrho : \mathbf{g} \to M_n(k)$ ist $d\varrho(x)$ eine halbeinfache Matrix.*

(iv) *$Z_G(x) = \{g \in G \mid \mathrm{Ad}(g)x = x\}$ ist eine reduktive Gruppe.*

Ist eine dieser (äquivalenten) Bedingungen erfüllt, so heißt x *halbeinfach.*

Wir erhalten auch eine Charakterisierung der Nullfaser $Q^{-1}(Q(0))$ mit ähnlichen Begriffen.

Satz 2. *Sei $x \in \mathbf{g}$, dann sind die folgenden Bedingungen äquivalent:*

(i) *0 liegt im Abschluß der Bahn $\mathrm{Ad}(G).x$ von x.*

(ii) *$x \in [\mathbf{g}, \mathbf{g}]$, und $\mathrm{ad}x : \mathbf{g} \to \mathbf{g}$ ist ein nilpotenter Endomorphismus.*

(iii) *$x \in [\mathbf{g}, \mathbf{g}]$, und für jede Darstellung $d\varrho : \mathbf{g} \to M_n(k)$ ist $d\varrho(x)$ eine nilpotente Matrix.*

Ist eine dieser (äquivalenten) Bedingungen erfüllt, so heißt x *nilpotent.* Aufgrund der obigen Charakterisierung nennen wir auch $Q^{-1}(Q(0)) = \{x \in \mathbf{g} \mid 0 \in \overline{\mathrm{Ad}(g).x}\}$ die *nilpotente Varietät* $\mathrm{Nil}(\mathbf{g})$ von $\mathbf{g}$.

Wir nennen ein Element $x \in \mathbf{g}$ *regulär*, wenn seine Orbitdimension maximal unter allen Orbiten in $\mathbf{g}$ ist. Wir erinnern daran, daß der *reduktive Rang r* von G oder $\mathbf{g}$ gleich der Dimension eines maximalen Torus $T \subset G$ oder einer Cartanunteralgebra $\mathbf{h} \subset \mathbf{g}$ ist. Alle maximalen Tori und Cartanunteralgebren sind unter G konjugiert, und die Liealgebra eines maximalen Torus ist eine Cartanunteralgebra.

Satz 3. *Sei $x \in \mathbf{g}$ regulär. Dann gilt $\dim Z_G(x) = r$. Ist zudem x halbeinfach, so ist $Z_G(x)$ ein maximaler Torus. Reguläre halbeinfache und nilpotente Elemente existieren.*

Seien nun $T \subset G$ ein maximaler Torus und $Y = \mathbf{g}^{\mathrm{Ad}(T)}$ die Fixpunkte unter T. Es gilt dann $Y = \mathbf{h}$, wobei $\mathbf{h}$ die Liealgebra von T ist. Sei $N_G(T)$ der Normalisator von T in G. Dann ist $W = N_G(T)/T$ die sogenannte Weylgruppe, die auf $\mathbf{h}$ als endliche Spiegelungsgruppe operiert. Da T nach den Sätzen 1 und 3 „die" generische Isotropiegruppe für abgeschlossene Orbiten ist, können wir den Satz von Luna-Richardson anwenden, um ein Resultat von Chevalley zu erhalten.

Satz 4. *Die Inklusion $\mathbf{h} \subset \mathbf{g}$ induziert einen Isomorphismus der Quotientenvarietäten*

$$\mathbf{h} /\!\!/ W \xrightarrow{\sim} \mathbf{g} /\!\!/ G \quad.$$

Nach einem weiteren Satz von Chevalley [Ch] ist der Invariantenring $k[\mathbf{h}]^W$ ein Polynomring $k[q_1, \dots, q_r]$.

Betrachten wir den Fall $G = \mathbf{GL}_n(k)$ etwas ausführlicher. Dann können wir für T die Gruppe aller Diagonalmatrizen in G wählen, $\mathbf{h}$ ist dann der Vektorraum k^n aller Diagonalmatrizen in $M_n(k)$. Die Gruppe $N_G(T)$ besteht aus allen monomialen Matrizen in G (ein $\neq 0$ Eingang pro Zeile und Spalte) und $W = N_G(T)/T$ identifiziert sich mit der symmetrischen Gruppe $\mathbf{S}_n$, die auf $\mathbf{h} = k^n$ als Gruppe der Koordinatenpermutationen operiert. Daher wird $k[\mathbf{h}]^W = k[k^n]^{\mathbf{S}_n}$ von den elementar-symmetrischen Funktionen $\sigma_1, \dots, \sigma_n$ erzeugt, die algebraisch unabhängig sind. Die Liftungen χ_i der σ_i zu $\mathrm{Ad}(G)$-invarianten Polynomen auf $\mathbf{g} = M_n(k)$ wird durch die Koeffizienten des charakteristischen Polynoms bewerkstelligt:

$$\det(\lambda \cdot \mathrm{id} - x) = \lambda^m - \chi_1(x)\lambda^{n-1} + \cdots + (-1)^n \chi_n(x).$$

Schließlich wollen wir den Scheibensatz benutzen, um die Struktur beliebiger Fasern von Q zu beschreiben. Ein jedes halbeinfaches Element $x \in \mathbf{g}$ läßt sich nach $\mathbf{h}$ konjugieren. Es genügt daher, die Fasern der Gestalt $Q^{-1}(Q(x))$, $x \in \mathbf{h}$, zu studieren. Der Stabilisator $Z_G(x)$ ist reduktiv mit der Liealgebra $\mathbf{z}_\mathbf{g}(x) = \{y \in \mathbf{g} \mid [x, y] = 0\}$. Zur Konstruktion einer Scheibe S an den Orbit von x haben wir nun den Tangentialraum $T_x\mathbf{g} = \mathbf{g}$ in eine $Z_G(x)$-stabile direkte Summe $T_x(G.x) \oplus N_x$ zu zerlegen. Der Tangentialraum $T_x(G.x)$ identifiziert sich mit $\{\mathrm{ad}(y)(x) \mid y \in \mathbf{g}\}$, also auch mit dem Bild $\mathrm{ad}(x)(\mathbf{g})$ von $\mathrm{ad}(x)$. Da $\mathrm{ad}(x)$ halbeinfach ist, gilt (sogar als $Z_G(x)$-Moduln)

$$\mathbf{g} = \mathrm{Bild}(\mathrm{ad}(x)) \oplus \mathrm{Ker}(\mathrm{ad}(x)).$$

Aber $\mathrm{Ker}(\mathrm{ad}(x)) = \mathbf{z_g}(x)$. Somit erhalten wir als Normalraum $N_x = \mathbf{z_g}(x)$, und die Scheibendarstellung

$$Z_G(x) \to \mathbf{GL}(N_x)$$

identifiziert sich mit der adjungierten Darstellung von $Z_G(x)$, entsprechend der Scheibenquotient $q_x : N_x \to N_x /\!\!/ Z_G(x)$ mit dem adjungierten Quotienten $\mathbf{z_g}(x) \to \mathbf{z_g}(x) /\!\!/ Z_G(x)$ von $\mathbf{z_g}(x)$. Als Korollar des Scheibensatzes folgt also

$$Q^{-1}\big(Q(x)\big) \underset{G}{\cong} G \times^{Z_G(x)} \mathrm{Nil}\big(\mathbf{z_g}(x)\big).$$

Insofern genügt es, die nilpotenten Varietäten aller „kleineren" reduktiven Algebren $\mathbf{z_g}(x)$ zu kennen, um die Fasern von Q zu kennen. Den obigen Isomorphismus können wir auch explizit beschreiben. Sei $g \in G$ und $y \in \mathrm{Nil}\big(\mathbf{z_g}(x)\big)$. Dann definiert die Vorschrift $g * y \mapsto \mathrm{Ad}(g)(x + y)$ einen G-äquivarianten Isomorphismus

$$G \times^{Z_G(x)} \mathrm{Nil}\big(\mathbf{z_g}(x)\big) \overset{\sim}{\to} Q^{-1}\big(Q(x)\big).$$

Sei $s = \mathrm{Ad}(g)(x)$ und $n = \mathrm{Ad}(g)(y)$. Wegen $[x, y] = 0$ gilt dann auch $[s, n] = 0$. Ferner ist s halbeinfach und n nilpotent. Mit anderen Worten ist die Zerlegung

$$\mathrm{Ad}(g)(x + y) = s + n$$

die Jordan-Chevalley-Zerlegung dieses Elementes.

Statt des Scheibensatzes hätte man auch diese Analyse der Zerlegung von Q voranstellen können, um die gleichen Resultate zu erhalten. Dies ist der von Kostant ursprünglich begangene Weg. Während die Jordan-Chevalley-Zerlegung jedoch auf die adjungierte Darstellung beschränkt ist, steht der Scheibensatz für alle Aktionen reduktiver Gruppen auf affinen Varietäten zu Verfügung. Im Hinblick auf die Orbitklassifikation und Faseranalyse leistet er im allgemeinen Fall das, was die Jordan-Chevalley-Zerlegung im Spezialfall erbringt.

Literatur. [Bo], [Hu], [Kost], [Sp], [Sl1], [Sl2], [St]

Literaturverzeichnis

[AK]   A. Altman; S. Kleiman: *Introduction to Grothendieck duality theory*. Lecture Notes in Math. **146**, Springer-Verlag, Heidelberg 1970

[BR]   P. Bardsley; R.W. Richardson: *Etale slices for algebraic transformation groups in characteristic p*. Proc. London Math. Soc. **51** (1985), 295–317

[Bo]   A. Borel: *Linear algebraic groups*. Benjamin, New York 1969

[Br]   G.E. Bredon: *Introduction to compact transformation groups*. Academic Press, New York 1972

[Ca]   H. Cartan: *Quotient d'un espace analytique par un groupe d'automorphismes*. In: Algebraic Geometry and Topology, Symposium in honor of S. Lefschetz, Princeton Univ. Press, Princeton 1957

[Ch]   C. Chevalley: *Invariants of finite groups generated by reflections.* Amer. Journ. Math. **77** (1955), 778–782

[DG]   M. Demazure; P. Gabriel: *Groupes algébriques I.* Masson-North-Holland, Paris Amsterdam 1970

[Ha]   R. Hartshorne: *Algebraic geometry.* Graduate Texts in Math. **52**, Springer-Verlag New York Heidelberg Berlin 1977

[Hu]   J.E. Humphreys: *Linear algebraic groups.* Graduate Texts in Math. **21**, Springer-Verlag, New York Heidelberg Berlin 1975

[Jä]   K. Jänich: *Differenzierbare G-Mannigfaltigkeiten.* Lecture Notes in Math. **59**, Springer-Verlag, Heidelberg 1968

[Kl]   F. Klein: *Vorlesungen über das Ikosaeder und die Auflösungen der Gleichungen vom fünften Grade.* Teubner, Leipzig 1884

[Kost]   B. Kostant: *Lie group representations on polynomial rings.* Amer. Journ. Math. **85** (1963), 327–404

[Kosz]   J.L. Koszul: *Sur certains groupes de transformation de Lie.* Coll. Int. Centre Nat. Rech. Sci. **52**, Geometrie Differentielle (1953), 137–142

[Lu]   D. Luna: *Slices étales.* Bull. Soc. Math. France, Mémoire **33** (1973), 81–105

[LuR]   D. Luna; R.W. Richardson: *A generalization of the Chevalley restriction theorem.* Duke Math. Journ. **46** (1979), 487–496

[Mi]   J.S. Milne: *Étale Cohomology.* Princeton Univ. Press, Princeton 1980

[Se]   J.P. Serre: *Espaces fibrés algébriques.* In: Séminaire C. Chevalley: *Anneaux de Chow et applications.* Secrétariat mathématique, Paris 1958

[Sp]   T.A. Springer: *Linear algebraic groups.* Progress in Math. **9**, Birkhäuser Verlag, Boston Basel 1981

[Sl1]   P. Slodowy: *Simple Singularities and Simple Algebraic Groups.* Lecture Notes in Math. **815**, Springer-Verlag, Heidelberg 1980

[Sl2]   P. Slodowy: *Platonic solids, Kleinian singularities and Lie groups.* In: Algebraic Geometry, Proceed. Ann. Arbor 1981, edited by I. Dolgachev, Lecture Notes in Math. **1008**, 102–138, Springer-Verlag, Heidelberg 1983

[St]   R. Steinberg: *Conjugacy Classes in Algebraic Groups.* Lecture Notes in Math. **366**, Springer-Verlag, Heidelberg 1974

ANHANG

Beweis des Fundamentallemmas und des Scheibensatzes

Friedrich Knop

Im folgenden beweisen wir das Fundamentallemma und den Scheibensatz (§ 4). Der Beweis ist eine vereinfachte Version eines unveröffentlichten Beweises von Luna.

Sei eine Situation wie im Fundamentallemma gegeben, d.h. X, Y sind zwei affine G-Varietäten, $q_X : X \to X/\!\!/G$, $q_Y : Y \to Y/\!\!/G$ die zugehörigen Quotienten, $\psi : Y \to X$ ein G-äquivarianter Morphismus und $y \in Y$ ein Punkt, in dem ψ etal ist. Weiter nehmen wir an, daß die Bahnen von y und $x := \psi(y)$ abgeschlossen sind und daß die Standgruppen G_x und G_y gleich sind.

Wir übersetzen diese Daten zuerst in die Algebra: Sei $R := k[X]$, $S := k[Y]$, $\mathfrak{r}$ das Ideal von $G.x$, $\mathfrak{s}$ das Ideal von $G.y$, sowie $\widehat{R}$ (bzw. $\widehat{S}$) die $\mathfrak{r}$-adische (bzw. $\mathfrak{s}$-adische) Komplettierung von R (bzw. S). Der Morphismus ψ induziert einen Homomorphismus $\psi^* : R \to S$.

Lemma 1. *Für jedes $n > 0$ induziert ψ einen Isomorphismus $R/\mathfrak{r}^n \overset{\sim}{\to} S/\mathfrak{s}^n$. Insbesondere ist $\widehat{R} \overset{\sim}{\to} \widehat{S}$.*

BEWEIS: Sei $Y_0 \subseteq Y$ die Menge aller Punkte, in denen ψ nicht etal ist. Dies ist eine G-stabile abgeschlossene Menge, die $G.y$ nicht trifft. Also gibt es ein $f \in S^G$ mit $f|_{Y_0} = 0$ und $f(y) = 1$. Wir können S durch S_f ersetzen, und daher voraussetzen, daß ψ etal ist. Dann ist $Z := \psi^{-1}(G.x) \to G.x$ ebenfalls etal. Da Z insbesondere glatt ist, ist $G.y$ die Vereinigung von Zusammenhangskomponenten von Z, und wir können Y weiter verkleinern, so daß $Z = G.y$ ist. Insbesondere ist dann $\mathfrak{s} = \psi^*(\mathfrak{r})S$. Wegen $G.y \overset{\sim}{\to} G.x$ ist die Behauptung für $n = 1$ richtig.

Weil ψ etal ist, ist es insbesondere flach. Es folgt $\mathfrak{r}^n \otimes_R S \overset{\sim}{\to} \mathfrak{s}^n$ sowie, daß

$$0 \to \mathfrak{r}^{n+1} \otimes_R S \to \mathfrak{r}^n \otimes_R S \to \mathfrak{r}^n/\mathfrak{r}^{n+1} \otimes_R S \to 0$$

exakt ist. Daraus erhalten wir die Isomorphismen

$$\mathfrak{r}^n/\mathfrak{r}^{n+1} = \mathfrak{r}^n/\mathfrak{r}^{n+1} \otimes_{R/\mathfrak{r}} S/\mathfrak{s} = \mathfrak{r}^n/\mathfrak{r}^{n+1} \otimes_R S \overset{\sim}{\to} \mathfrak{s}^n/\mathfrak{s}^{n+1}.$$

Die Behauptung folgt nun aus dem Diagramm

$$
\begin{array}{ccccccccc}
0 & \longrightarrow & \mathfrak{r}^n/\mathfrak{r}^{n+1} & \longrightarrow & R/\mathfrak{r}^{n+1} & \longrightarrow & R/\mathfrak{r}^n & \longrightarrow & 0 \\
& & \downarrow{\scriptstyle\sim} & & \downarrow & & \downarrow{\scriptstyle\sim} & & \\
0 & \longrightarrow & \mathfrak{s}^n/\mathfrak{s}^{n+1} & \longrightarrow & S/\mathfrak{s}^{n+1} & \longrightarrow & S/\mathfrak{s}^n & \longrightarrow & 0
\end{array}
$$

durch Induktion nach n. □

Jede rationale Darstellung V von G ist vollständig reduzibel und zerfällt daher eindeutig in $\bigoplus_M V(M)$, wobei M die Isomorphieklassen irreduzibler G-Moduln durchläuft, und $V(M)$ direkte Summe von zu M isomorphen Darstellungen ist. $V(M)$ heißt die M-isotypische Komponente von V. Sei θ der triviale eindimensionale Modul. Dann ist $V(\theta) = V^G$. Für eine endlich erzeugte G-Algebra A ist A^G endlich erzeugt, und $A(M)$ ist ein endlich erzeugter A^G-Modul (siehe [Spr, III.4]).

Lemma 2. *Sei M ein irreduzibler G-Modul. Dann gibt es natürliche Zahlen $m_0 \geq 1$ und $n_0 \geq 0$, so daß für alle $\nu \in \mathbb{N}$ gilt:*

$$\mathfrak{r}^{m_0\nu+n_0} \cap R(M) \subseteq (\mathfrak{r}^G)^\nu R(M) \subseteq \mathfrak{r}^\nu \cap R(M).$$

Dabei kann m_0 unabhängig von M gewählt werden.

BEWEIS: Die rechte Inklusion ist trivial; es genügt also die linke zu zeigen. Sei $A := \bigoplus_{i=0}^\infty \mathfrak{r}^n t^n \subseteq R[t]$. Dann ist A^G als k-Algebra und damit als $R^G = (\mathfrak{r}^0)^G$-Algebra endlich erzeugt. Seien $r_1 t^{m_1}, \ldots, r_a t^{m_a}$ Erzeuger, wobei alle m_i positiv seien. Dann ist $r_i \in (\mathfrak{r}^{m_i})^G \subseteq \mathfrak{r}^G$ für alle i. Setze $m_0 := \max_i m_i$.

Die M-isotypische Komponente $A(M)$ ist ein endlich erzeugter A^G-Modul. Sie sei von $s_1 t^{n_1}, \ldots, s_b t^{n_b}$ erzeugt. Dabei gilt $s_j \in R(M)$ für alle j. Setze $n_0 := \max_j n_j$.

Sei $r \in \mathfrak{r}^{m_0\nu+n_0} \cap R(M)$. Dann ist $rt^{m_0\nu+n_0} \in A(M)$ und läßt sich schreiben als

$$rt^{m_0\nu+n_0} = \sum_j p_j(r_1 t^{m_1}, \ldots, r_a t^{m_a}) s_j t^{n_j}.$$

Dabei ist p_j ein gewichtet homogenes Polynom vom Grade $m_0\nu+n_0-n_j \geq m_0\nu$. Also hat jedes in p_j vorkommende Monom mindestens den (gewöhnlichen) Grad $m_0\nu/m_0 = \nu$, und damit ist die rechte Seite in $(\mathfrak{r}^G)^\nu R(M) t^{m_0\nu+n_0}$. $\square$

Sei $\widehat{R^G}$ die Komplettierung des Invariantenringes R^G bezüglich $\mathfrak{r}^G = \mathfrak{r} \cap R^G$. Analog sei $\widehat{S^G}$ definiert.

Lemma 3. *ψ induziert einen Isomorphismus $R \otimes_{R^G} \widehat{R^G} \xrightarrow{\sim} S \otimes_{S^G} \widehat{S^G}$.*

BEWEIS: Sei M ein irreduzibler G-Modul. Wir setzen $\widehat{R(M)} := R(M) \otimes_{R^G} \widehat{R^G}$. Nach [Mat, (23.L) Thm. 55] ist dies die Komplettierung von $R(M)$ bezüglich der $\mathfrak{r}^G$-adischen Topologie. Weiterhin sei

$$\widehat{R}(M) := \varprojlim_\nu (R/\mathfrak{r}^\nu)(M) = \varprojlim_\nu R(M)/(\mathfrak{r}^\nu \cap R(M)).$$

Dies ist die Komplettierung von $R(M)$ bezüglich der induzierten $\mathfrak{r}$-adischen Topologie auf R. Nach Lemma 2 stimmen beide Topologien auf $R(M)$ überein, und wir erhalten

$$\widehat{R(M)} = \widehat{R}(M).$$

Analog seien $\widehat{S(M)}$ und $\widehat{S}(M)$ definiert; beide sind ebenfalls zueinander isomorph. Aus Lemma 1 folgt, daß ψ einen Isomorphismus

$$\widehat{R}(M) \xrightarrow{\sim} \widehat{S}(M)$$

induziert, woraus sich die Behauptung ergibt.   □

BEWEIS DES FUNDAMENTALLEMMAS: Geht man in Lemma 3 zu den G-Invarianten über, so erhält man $\overline{R}^G \xrightarrow{\sim} \overline{S}^G$, d.h. $\psi/\!/G$ ist etal in $q_Y(y)$. Da dies eine offene Eigenschaft ist, gibt es eine affine Umgebung V_0 von $q_Y(y)$, so daß $V_0 \to X/\!/G$ etal ist. Setze $\overline{R} := R \otimes_{R^G} S^G$. Nach Lemma 3 ist

$$\overline{R} \otimes_{S^G} \widehat{S^G} \xrightarrow{\sim} S \otimes_{S^G} \widehat{S^G}$$

ein Isomorphismus. Sei S^G_{lok} der lokale Ring von S^G in $\mathfrak{s}^G$. Weil $S^G_{\text{lok}} \to \widehat{S^G}$ treuflach ist ([Mat, (23.L) Cor. 1], haben wir einen Isomorphismus

$$\overline{R} \otimes_{S^G} S^G_{\text{lok}} \xrightarrow{\sim} S \otimes_{S^G} S^G_{\text{lok}},$$

d.h. es gibt ein $f \in S^G \smallsetminus \mathfrak{s}^G$ mit $\overline{R}_f \xrightarrow{\sim} S_f$. Setze $V_1 := \{v \in V_0 \mid f(v) \neq 0\}$ und $U_1 := q_Y^{-1}(V)$. Dieses U_1 erfüllt schon alle Bedingungen des Fundamentallemmas bis auf die Affinität des Bildes von ψ (Aussage (iii)).

Wegen der Etalität von $U_1 \to X$ ist das Bild offen. Wähle dann ein $f_1 \in R^G$, das auf dem Komplement des Bildes verschwindet und in x gleich eins ist. Setze nun $U := \{u \in U_1 \mid f_1(\psi(u)) \neq 0\}$.   □

Bemerkung. Im Beweis des Fundamentallemmas ging nur ein, daß R und S endlich erzeugte k-Algebren sind, d.h. sie brauchen insbesondere nicht normal oder reduziert zu sein.

BEWEIS DES SCHEIBENSATZES: Wir benützen wieder die Notationen aus §4. Wähle einen endlichdimensionalen G-stabilen Teilraum V von $k[X]$, der $k[X]$ als Algebra erzeugt. Dies liefert eine G-äquivariante, abgeschlossene Einbettung $\iota : X \hookrightarrow W := V^\vee$. Wähle im Vektorraum W ein H-stabiles Komplement S_0 zu $(\text{Lie } G)\iota(x) = T_{\iota(x)}G.\iota(x)$, und setze $S_1 := \iota(x) + S_0$. Schließlich sei $S_2 := \iota^{-1}(S_1)$. Das folgende Diagramm ist dann kartesisch:

$$
\begin{array}{ccc}
G \times^H S_2 & \hookrightarrow & G \times^H S_1 \\
\psi \downarrow & & \downarrow \psi_0 \\
X & \xhookrightarrow{\iota} & W
\end{array}
$$

Nach Konstruktion induziert ψ_0 einen Isomorphismus zwischen den Tangentialräumen in $1 * \iota(x) \in G \times^G S_0$ und $\iota(x) \in W$, d.h. ψ_0 ist etal in $1 * \iota(x)$. Es folgt, daß ψ etal in $1 * x$ ist. Damit erfüllen $\psi : Y := G \times^H S_2 \to X$ und $y := 1 * x$ alle Voraussetzungen des Fundamentallemmas. Die dort konstruierte Teilmenge U ist notwendig von der Form $U = G \times^H S$. Damit sind (i) bis (v) bewiesen.

Sei X jetzt glatt in x. Dann gilt $T_{\iota(x)}\iota(X) + S_0 = W$, d.h. S_1 ist transversal zu X in $\iota(x)$. Insbesondere ist S glatt in x. Wähle eine Funktion $f \in k[S]^H$ mit $f(x) = 1$, die auf den singulären Punkten von S verschwindet. Durch Ersetzen von S durch $\{s \in S \mid f(s) \neq 0\}$ erhalten wir zusätzlich (vi).

Sei $\mathfrak{m} \subseteq k[S]$ das maximale Ideal zu x. Dann gibt es eine kurze exakte Sequenz von H-Moduln

$$0 \longrightarrow \mathfrak{m}^2 \longrightarrow \mathfrak{m} \overset{\pi}{\longrightarrow} N_x^{\vee} \longrightarrow 0.$$

(N_x ist ein H-stabiles Supplement von $T_x G.x$ in $T_x X$.) Wähle einen H-äquivarianten Schnitt $\varphi^* : N_x^{\vee} \to \mathfrak{m} \subseteq k[S]$ von π. Dies liefert einen H-äquivarianten Morphismus $\varphi : S \to N_x$, der in x etal ist. Wenden wir das Fundamentallemma diesmal auf H und den Morphismus φ an, so erhalten wir (vii) bis (ix). $\quad\square$

Literatur

[Mat] Matsumura, H.; *Commutative algebra*, 2nd edition. Benjamin, Reading, Massachusetts, 1980

[Spr] Springer, T. A.; *Aktionen reduktiver Gruppen auf Varietäten*. In diesem Band

DIE THEORIE DER OPTIMALEN EINPARAMETERUNTERGRUPPEN FÜR INSTABILE VEKTOREN

Peter Slodowy

Inhaltsverzeichnis

Einführung 115
§ 1   Multiplikative Einparametergruppen 116
§ 2   Der Satz von Kempf-Rousseau 119
§ 3   Beispiele 123
§ 4   Anwendungen 127
Literaturverzeichnis 130

Einführung

Es sei k ein algebraisch abgeschlossener Körper, der jetzt von beliebiger Charakteristik sein darf. Wir betrachten eine lineare Aktion $G \times V \to V$ einer reduktiven k-Gruppe G auf einem endlich-dimensionalen k-Vektorraum V.

Sei $H \subset G$ eine abgeschlossene Untergruppe. Wir nennen $v \in V$ *instabil bezüglich H*, falls $0 \in V$ im Abschluß $\overline{H.v}$ der H-Bahn von v liegt. Ist H selbst reduktiv und $\pi_H : V \to V /\!\!/ H$ der kategorielle Quotient, so ist dies äquivalent dazu, daß v in der *Nullfaser* $\pi_H^{-1}(\pi_H(0)) = \{v \in V \mid \pi_H(v) = \pi_H(0)\}$ liegt. Das Hilbert-Mumford-Kriterium liefert eine Charakterisierung der Nullfaser (vgl. [Kr], [Mu1], [MF]):

Satz. *Ein Vektor* $v \in V$ *ist instabil bezüglich* G *genau dann, wenn es einen Homomorphismus* $\lambda : G_m \to G$ *gibt, so daß* v *instabil bezüglich* $\lambda(G_m)$ *ist.*

(Dabei ist $G_m := k \smallsetminus \{0\}$ die multiplikative Gruppe.) Indem wir gegebenenfalls λ durch die inverse Gruppe $\lambda^{-1} : t \mapsto (\lambda(t))^{-1}$ ersetzen, erhalten wir in der Situation dieses Satzes eine Fortsetzung des Morphismus $\psi_v : G_m \to V$, $\psi_v(t) = \lambda(t).v$, zu einem Morphismus $\widetilde{\psi}_v : \mathbf{A}^1 \to V$,

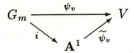

wobei i die Inklusion $G_m = k \smallsetminus \{0\} \hookrightarrow k = \mathbf{A}^1$ ist und dem Comorphismus $k[t] \hookrightarrow k[t, t^{-1}]$ entspricht, und $\tilde{\psi}_v(0) = 0$ gilt. Wir schreiben dann auch

$$\lim_{t \to 0} \lambda(t).v = 0.$$

Die Wahl des Homomorphismus λ im obigen Satz ist bei weitem nicht eindeutig. Zunächst läßt sich λ durch (positive) „Vielfache" λ^n ersetzen. Ist etwa v ein Eigenvektor eines maximalen Torus T von G zum Eigencharakter χ und faktorisiert λ über T, so kann man anstelle von λ auch jedes Produkt $\lambda.\mu$ von λ mit einem Homomorphismus $\mu : G_m \longrightarrow \ker \chi \subset T$ wählen. Schließlich läßt sich λ noch mittels der Elemente einer geeigneten parabolischen Untergruppe von G konjugieren (siehe weiter unten). Mit einigen nützlichen Anwendungen im Auge hat daher Mumford in der ersten Auflage seines Buches [Mu1] das Problem gestellt, eine möglichst „natürliche" Klasse Λ_v von Homomorphismen $\lambda : G_m \longrightarrow G$ auszuzeichnen, bezüglich denen v instabil wird. Dieses Problem wurde auf unabhängigem Wege von Kempf [Ke] und Rousseau [Rou] gelöst. Von Hesselink [He1], [He2] wurden Ergänzungen hinzugefügt. Implizit findet sich die Lösung auch in Bogomolovs Analyse der Nullfaser [Bog]. Im folgenden präsentieren wir die Argumente von Kempf. Dabei betonen wir etwas stärker als Kempf die elementargeometrische Interpretation seiner Konstruktionen.

§1   Multiplikative Einparametergruppen

Von nun an nennen wir einen Homomorphismus $\lambda : G_m \longrightarrow G$ abkürzend eine *Einparameteruntergruppe*. Für eine beliebige algebraische Gruppe H bezeichnen wir mit

$$X_*(H) = \mathrm{Hom}(G_m, H)$$

die Menge aller Einparameteruntergruppen und mit

$$X^*(H) = \mathrm{Hom}(H, G_m)$$

die Gruppe aller multiplikativen Charaktere. Ist T ein Torus, $T \cong (G_m)^r$, so gilt $X_*(T) \cong \mathbf{Z}^r \cong X^*(T)$. Entsprechend benutzen wir die additive Schreibweise für die Multiplikation in $X_*(T)$ und $X^*(T)$. Beide Gruppen stehen in perfekter Dualität:

$$X_*(T) \times X^*(T) \longrightarrow \mathbf{Z}, \quad (\lambda, \omega) \mapsto \langle \lambda, \omega \rangle$$

wobei $(\omega \circ \lambda)(t) = t^{\langle \lambda, \omega \rangle}$ für alle $t \in G_m$ gilt. Die Menge $X_*(G)$ ist die Vereinigung aller $X_*(T)$, wobei T über alle maximale Tori von G läuft. Sei nun T ein solcher und $N_G(T)$ der Normalisator von T in G. Dann ist $W = N_G(T)/T$ eine endliche Gruppe, die Weyl-Gruppe. Sie operiert auf $X_*(T)$ und $X^*(T)$.

Zwei Elemente $\lambda, \mu \in X_*(T)$ sind konjugiert unter G genau dann, wenn sie konjugiert unter W sind. Wir können auch ein W-invariantes, ganzzahliges, positiv definites Skalarprodukt

$$X_*(T) \times X_*(T) \longrightarrow \mathbf{Z}$$

auf $X_*(T)$ wählen. Ist G einfach, so ist dieses bis auf positive Homothetien eindeutig bestimmt. Mit seiner Hilfe identifizieren wir die dualen Vektorräume

$$X_{\mathbf{Q}} := X_*(T) \otimes_{\mathbf{Z}} \mathbf{Q} \quad \text{und} \quad X^{\mathbf{Q}} = X^*(T) \otimes_{\mathbf{Z}} \mathbf{Q},$$

und entsprechend $X_{\mathbf{R}} = X_{\mathbf{Q}} \otimes_{\mathbf{Q}} \mathbf{R}$ und $X^{\mathbf{R}} = X^{\mathbf{Q}} \otimes_{\mathbf{Q}} \mathbf{R}$. Der Einfachheit halber bezeichnen wir dieses Skalarprodukt auf $X_*(T) \subset X_{\mathbf{Q}} \subset X_{\mathbf{R}}$ ebenfalls mit $\langle\,,\,\rangle$. Sei

$$\|\,\| : X_{\mathbf{R}} \longrightarrow \mathbf{R}$$

die zugehörige Norm $\|\lambda\| = \sqrt{\langle \lambda, \lambda \rangle}$. Wegen $X_*(G) = \bigcup_{g \in G} X_*(gTg^{-1})$ und der W-Invarianz dieser Norm können wir sie in eindeutiger Weise von $X_*(T)$ auf ganz $X_*(G)$ ausdehnen: Ist $\lambda \in X_*(G)$ und $g \in G$ so, daß $\mathrm{Int}(g) \circ \lambda$ in $X_*(T)$ liegt, so setze man

$$\|\lambda\| := \|\mathrm{Int}(g) \circ \lambda\|.$$

Jeder Einparametergruppe $\lambda \in X_*(G)$ ist in natürlicher Weise eine parabolische Untergruppe $P(\lambda) \subset G$ assoziiert, nämlich

$$P(\lambda) := \{g \in G \mid \lim_{t \to 0} \lambda(t)\, g\, \lambda(t)^{-1} \text{ existiert in } G\}.$$

Diese Gruppe ist das semidirekte Produkt

$$P(\lambda) = U(\lambda) \rtimes Z(\lambda)$$

des unipotenten Radikals

$$U(\lambda) := \{g \in G \mid \lim_{t \to 0} \lambda(t)\, g\, \lambda(t)^{-1} = e\}$$

und des reduktiven Zentralisators

$$Z(\lambda) := \{g \in G \mid \lim_{t \to 0} \lambda(t)\, g\, \lambda(t)^{-1} = g \text{ für alle } t \in G_m\}.$$

Liegt λ in $X_*(T)$ und ist

$$\mathbf{g} = \mathbf{h} \oplus \bigoplus_{\alpha \in \Phi} \mathbf{g}_\alpha$$

die Wurzelraumzerlegung der Liealgebra $\mathbf{g}$ von G bezüglich T, so gilt für die Liealgebren

$$\mathrm{Lie}\, Z(\lambda) = \mathbf{h} \oplus \bigoplus_{\substack{\alpha \in \Phi \\ \langle \lambda, \alpha \rangle = 0}} \mathbf{g}_\alpha \quad \text{und} \quad \mathrm{Lie}\, U(\lambda) = \bigoplus_{\substack{\alpha \in \Phi \\ \langle \lambda, \alpha \rangle > 0}} \mathbf{g}_\alpha.$$

Sei jetzt $\lambda \in X_*(G)$ und $\varrho : G \longrightarrow \mathbf{GL}(V)$ eine Darstellung von G. Bezüglich der G_m-Darstellung $\varrho \circ \lambda : G_m \longrightarrow \mathbf{GL}(V)$ zerfällt dann V in die direkte Summe seiner Gewichtsräume $V = \bigoplus_{i \in \mathbf{Z}} V_i$, wobei

$$V_i = \{v \in V \mid \varrho(\lambda(t))(v) = t^i.v \quad \text{für alle } t \in G_m\}.$$

Liegt λ in $X_*(T)$, und ist $V = \bigoplus_{\chi \in X^*(T)} V_\chi$ die Eigenraumzerlegung bezüglich T, so gilt

$$V_i = \bigoplus_{\substack{\chi \in X^*(T) \\ \langle \lambda, \chi \rangle = i}} V_\chi.$$

Da die Gruppe $Z(\lambda)$ mit $\lambda(G_m)$ kommutiert, stabilisiert sie jeden Summanden V_i. Andererseits folgt aus der wurzeltheoretischen Beschreibung von Lie $U(\lambda)$, daß $U(\lambda)$ die Filtration

$$\cdots \supset V_{(-1)} \supset V_{(0)} \supset V_{(1)} \supset \cdots \quad \text{mit } V_{(i)} = \bigoplus_{j \geq i} V_j \quad (i \in \mathbf{Z})$$

erhält. Genauer gilt

$$(u - e)v \in V_{(i+1)} \quad \text{für alle } v \in V_{(i)}, u \in U(\lambda).$$

Insgesamt stabilisiert also $P(\lambda)$ ebenfalls jedes $V_{(i)}$ $(i \in \mathbf{Z})$.

Sei jetzt $v \in V$ und $v = \sum_{i \in \mathbf{Z}} v_i$ die Zerlegung von v mit den $v_i \in V_i$. Wir setzen

$$m(v, \lambda) := \min\{i \in \mathbf{Z} \mid v_i \neq 0\} = \max\{i \in \mathbf{Z} \mid v \in V_{(i)}\}.$$

Aus unseren bisherigen Ausführungen ergibt sich dann:

$$(1) \quad m(v, \lambda) \begin{cases} > 0 \\ = 0 \\ < 0 \end{cases} \iff \lim_{t \to 0} \lambda(t)\, v \begin{cases} = 0 \\ = v_0 \\ \text{existiert nicht} \end{cases}$$

(2) $m(v, \lambda) = m(g.v, \mathrm{Int}(g) \circ \lambda)$ *für alle* $g \in G$.

(3) $m(v, \lambda) = m(p.v, \lambda)$ *für alle* $p \in P(\lambda)$.

(4) $m(v, c.\lambda) = c.m(v, \lambda)$ *für alle* $c \in \mathbf{Z}$.

Sei T wieder ein maximaler Torus und $V = \bigoplus_{\chi \in X^*(T)} V_\chi$ die Eigenraumzerlegung von V. Sei $v = \sum_{\chi \in X^*(T)} v_\chi$, $v_\chi \in V_\chi$, die entsprechende Zerlegung eines Vektors $v \in V$. Wir nennen

$$\mathrm{Tr}_T(v) := \{\chi \in X^*(T) \mid v_\chi \neq 0\}$$

den *Träger von v bezüglich T*. Für $\lambda \in X_*(T)$ erhalten wir dann

$$m(v, \lambda) = \min_{\chi \in \mathrm{Tr}(v)} \langle \lambda, \chi \rangle.$$

Diese Formel erlaubt es uns auch, $m(v, ?)$ zu einer linearen Funktion $X_{\mathbf{R}} \longrightarrow \mathbf{R}$ auszudehnen.

Zusätzliche Referenzen. [Bo1], [Hu], [Kr, Kap. III.2], [MF, Chap. 2], [Sp1]

§ 2   Der Satz von Kempf-Rousseau

Wir können die oben eingeführte Zahl $m(v, \lambda)$ als ein Maß für die Instabilität von v bezüglich λ auffassen. Allerdings läßt sich dann die Instabilität eines λ-instabilen Vektors $v \in V$ auf triviale Weise vergrößern, indem man λ durch ein Vielfaches $n.\lambda$, $n \in \mathbf{N}_{>1}$, ersetzt. Daher ist es sinnvoll, den von positiven Homothetien unabhängigen Quotienten

$$\frac{m(v, \lambda)}{\|\lambda\|}$$

zu betrachten. In der Folge von [He1] definieren wir nun:

Definitionen. Ein $\lambda \in X_*(G)$, $\lambda \neq 0$, heißt *optimal* für einen (instabilen) Vektor v, wenn für alle $\mu \in X_*(G)$, $\mu \neq 0$, die folgende Ungleichung gilt:

$$\frac{m(v, \lambda)}{\|\lambda\|} \geq \frac{m(v, \mu)}{\|\mu\|}.$$

Ein Element $\lambda \in X_*(G)$ heißt *primitiv*, wenn es kein $\mu \in X_*(G)$ und $n \in \mathbf{N}_{>1}$ gibt mit $\lambda = n\mu$.

Wir setzen

$$\Lambda_v := \{\lambda \in X_*(G) \mid \lambda \text{ ist primitiv und optimal für } v\},$$

und nennen Λ_v die *optimale Klasse für* v.

Satz (Kempf, Rousseau). *Sei* $v \in V$ *instabil bezüglich* G. *Dann gilt:*

(i) $\Lambda_v \neq \varnothing$.

(ii) *Es gibt eine parabolische Untergruppe* $P(v) \subset G$, *so daß* $P(v) = P(\lambda)$ *für alle* $\lambda \in \Lambda_v$.

(iii) *Sei* $\lambda \in \Lambda_v$, $\mu \in X_*(G)$. *Dann gilt* $\mu \in \Lambda_v$ *genau dann, wenn es ein* $g \in P(v)$ *gibt mit* $\mu = \text{Int}(g) \circ \lambda$.

Der Beweis erfolgt über mehrere Hilfssätze. Wir fixieren zunächst einen maximalen Torus T von G und versuchen für einen T-instabilen Vektor v ein nur in Bezug auf alle $\mu \in X_*(T)$ optimales $\lambda \in X_*(T)$ zu konstruieren.

Sei $v \in V$ und $\text{Tr}_T(v) = \{\omega \in X^*(T) \mid v_\omega \neq 0\}$ sein Träger. Wir bezeichnen mit $K_T(v)$ die konvexe Hülle von $\text{Tr}_T(v)$ in $X_{\mathbf{R}}$.

Lemma 1. *Die Einschränkung der Norm* $\| \ \|$ *auf* $K_T(v)$ *nimmt ihr absolutes Minimum in genau einem Punkt* $\mu_T(v) \in X_{\mathbf{Q}} \cap K_T(v)$ *an.*

BEWEIS: Die Existenz des absoluten Minimums folgt aus der Kompaktheit von $K_T(v)$ und der Stetigkeit von $\| \ \|$. Die Eindeutigkeit ist Konsequenz der

Konvexität von $K_T(v)$ und der strikten Konvexität von $\| \ \|$:

$$\|s\lambda + (1-s)\mu\| < s\|\lambda\| + (1-s)\|\mu\|$$

für alle $\lambda, \mu \in X_{\mathbf{R}}$, $s \in (0,1)$. Nun liegt das absolute Minimum $\mu_T(v)$ im relativen Inneren einer i-dimensionalen Seite ($i \geq 0$) des Polyeders $K_T(v)$. Alle diese Seiten werden durch rationale lineare Gleichungen und Ungleichungen beschrieben. Ebenso ist das Quadrat der Norm $\| \ \|$ eine rationale quadratische Form auf $X_{\mathbf{R}} \supset X_{\mathbf{Q}}$. Das differentielle Kriterium für einen Extremalpunkt von $\| \ \|^2$ im Inneren einer Seite liefert daher ein System rationaler linearer Gleichungen, das im Fall von $\mu_T(v)$ diesen Punkt als einzige und rationale Lösung festlegt. □

Im folgenden sei $\mu_T(v)$ immer der Punkt minimalen Abstandes zu 0 in $K_T(v)$. Wegen $\mu_T(v) \in X_{\mathbf{Q}}$ gibt es eine kleinste rationale Zahl $c > 0$, so daß $\lambda_T(v) = c.\mu_T(v)$ in $X_*(T)$ liegt. Dann ist $\lambda_T(v)$ primitiv und eindeutig durch v und T bestimmt.

Lemma 2. *Sei* $\mu = \mu_T(v) \neq 0$. *Dann gilt*

$$\|\mu\|^2 = \langle \mu, \mu \rangle = m(v, \mu).$$

BEWEIS: Wegen $\mu \in K_T(v)$ und $m(v, \mu) = \min\limits_{\omega \in K_T(v)} \langle \mu, \omega \rangle$ folgt $m(v, \mu) \leq \langle \mu, \mu \rangle$.

Gäbe es andererseits ein $\omega \in K_T(v)$ mit $\langle \mu, \omega \rangle < \langle \mu, \mu \rangle$, so gäbe es auf der Verbindungslinie von μ und ω ein μ' mit $\|\mu'\| < \|\mu\|$, was wegen $\mu' \in K_T(v)$ im Widerspruch zu Definition von μ stünde:

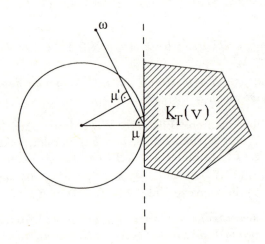

□

Folgerung. *Ein Vektor* $v \in V$ *ist instabil bezüglich* T *genau dann, wenn* $\mu_T(v) \neq 0$.

BEWEIS: Ist $\mu = \mu_T(v) \neq 0$, so folgt nach Lemma 2

$$m(v, \mu) = \langle \mu, \mu \rangle > 0.$$

Also ist v instabil bezüglich μ und T (und G). Ist andererseits v instabil bezüglich T, so gibt es nach dem Hilbert-Mumford-Kriterium ein $\lambda \in X_*(T)$ mit $m(v, \lambda) > 0$, d.h. $\langle \lambda, \omega \rangle > 0$ für alle $\omega \in \mathrm{Tr}_T(v)$. Insbesondere gilt $\langle \lambda, \omega \rangle > 0$ für alle $\omega \in K_T(v)$, und da $K_T(v)$ kompakt ist, gilt auch $\langle \lambda, \mu_T(v) \rangle > 0$. Also ist $\mu_T(v) \neq 0$. $\square$

Lemma 3. *Sei* v *instabil bezüglich* T, *also* $\mu_T(v) \neq 0$ *und* $\lambda_T(v) \neq 0$. *Dann sind* $\mu_T(v)$ *und* $\lambda_T(v)$ *optimal innerhalb* $X_\mathbf{R}$, *d.h.*

$$\frac{m(v, \lambda_T(v))}{\|\lambda_T(v)\|} = \frac{m(v, \mu_T(v))}{\|\mu_T(v)\|} \geq \frac{m(v, \nu)}{\|\nu\|}$$

für alle $\nu \in X_\mathbf{R} \smallsetminus \{0\}$. *Das Gleichheitszeichen gilt genau dann, wenn* ν *auf der Halbgeraden* $(\mathbf{R}_+).\mu_T(v)$ *liegt. Insbesondere ist* $\lambda_T(v)$ *das eindeutig bestimmte primitive Element von* $X_*(T)$, *das die obige Ungleichung erfüllt.*

BEWEIS: Für alle $\nu \in X_\mathbf{R} \smallsetminus (\mathbf{R}_+).\mu_T(v)$ ergibt sich unter Benutzung von obigem Lemma 2

$$\begin{aligned}
\frac{m(v, \nu)}{\|\nu\|} &= \min_{\omega \in K_T(v)} \langle \omega, \frac{\nu}{\|\nu\|} \rangle \leq \langle \mu_T(v), \frac{\nu}{\|\nu\|} \rangle \\
&< \langle \mu_T(v), \frac{\mu_T(v)}{\|\mu_T(v)\|} \rangle = \frac{m(v, \mu_T(v))}{\|\mu_T(v)\|}.
\end{aligned}$$

$\square$

Nachdem das obige Lemma das „Optimierungsproblem" innerhalb eines maximalen Torus löst, gilt es nun einen „optimalen" maximalen Torus zu finden. Da alle maximalen Tori von G konjugiert sind, fixieren wir jedoch weiterhin T und lassen stattdessen v in seiner Bahn $G.v$ variieren.

Lemma 4. *Sei* $v \in V$. *Es gibt ein* $g \in G$, *so daß*

$$\|\mu_T(gv)\| \geq \|\mu_T(hv)\|$$

für alle $h \in G$.

BEWEIS: Die Menge $\mathrm{Tr}_T(V) = \{\chi \in X^*(T) \mid V_\chi \neq 0\}$ aller Gewichte von V ist endlich. Also durchlaufen die Teilmengen $\mathrm{Tr}_T(gv) \subset \mathrm{Tr}_T(V)$ nur endlich viele Möglichkeiten. Daher können wir ein $g \in G$ finden, so daß $\|\mu_T(gv)\|$ maximal unter allen $\|\mu_T(hv)\|$, $h \in G$, ist. $\square$

Wir sind nun in der Lage, den Teil (i) des Satzes von Kempf-Rousseau zu beweisen: Sei also $v \in V$ instabil und $g \in G$ wie in Lemma 4. Sei $\lambda' = \lambda_T(gv)$

das primitive Element in $X_*(T) \cap (\mathbf{Q}_+ \cdot \mu_T(gv))$ und $\lambda = (\operatorname{Int} g^{-1}) \circ \lambda'$. Wir behaupten $\lambda \in \Lambda_v$. Dazu haben wir zu zeigen, daß

$$\frac{m(v, \lambda)}{\|\lambda\|} \geq \frac{m(v, \nu)}{\|\nu\|}$$

für alle $\nu \in X_*(G) \smallsetminus \{0\}$. Sei ein solches ν gegeben und $h \in G$, so daß $\nu' = (\operatorname{Int} h) \circ \nu$ in $X_*(T)$ liegt. Mit Lemma 2 und 3 erhalten wir

$$\frac{m(v, \nu)}{\|\nu\|} = \frac{m(hv, \nu')}{\|\nu'\|} \leq \frac{m(hv, \mu_T(hv))}{\|\mu_T(hv)\|} = \|\mu_T(hv)\|$$

und

$$\frac{m(v, \lambda)}{\|\lambda\|} = \frac{m(gv, \lambda')}{\|\lambda'\|} = \frac{m(gv, \mu_T(gv))}{\|\mu_T(gv)\|} = \|\mu_T(gv)\|.$$

Die Behauptung folgt somit aus Lemma 4. Der Beweis der Punkte (ii) und (iii) erfolgt mit Hilfe einiger weiterer Lemmata.

Lemma 5. *Sei $v \in V$ instabil, $\lambda \in \Lambda_v$ und $P(\lambda)$ die λ assoziierte parabolische Untergruppe von G. Für alle $p \in P(\lambda)$ ist dann $(\operatorname{Int} p) \circ \lambda \in \Lambda_v$.*

BEWEIS: Zunächst ist $\lambda' = (\operatorname{Int} p) \circ \lambda$ primitiv, da λ primitiv ist. Die Optimalität folgt aus der Gleichung (benutze Regel 3 für m)

$$\frac{m(v, \lambda')}{\|\lambda'\|} = \frac{m(p^{-1}v, \lambda)}{\|\lambda\|} = \frac{m(v, \lambda)}{\|\lambda\|}$$

und der Optimalität von λ. $\qquad \square$

Bemerkung. Man beachte

$$P((\operatorname{Int} p) \circ \lambda) = (\operatorname{Int} p)(P(\lambda)) = P(\lambda) \quad \text{für alle } p \in P(\lambda).$$

Lemma 6. *Sei v instabil, $\lambda \in \Lambda_v$ und T ein maximaler Torus von $P(\lambda)$. Dann besteht $X_*(T) \cap \Lambda_v$ aus genau einem Element $\lambda_T(v)$. Dieses ist zu λ unter $P(\lambda)$ konjugiert.*

BEWEIS: Alle maximalen Tori von $P(\lambda)$ sind auch maximal in G und zueinander konjugiert unter $P(\lambda)$. Sei $S \subset P(\lambda)$ ein maximaler Torus, der λ „enthält", d.h. $\lambda \in X_*(S)$. Dann gibt es ein $p \in P(\lambda)$, so daß $T = (\operatorname{Int} p)(S)$. Nach Lemma 5 liegt $(\operatorname{Int} p) \circ \lambda$ in $X_*(T) \cap \Lambda_v$, und nach Lemma 3 muß es mit $\lambda_T(v)$ übereinstimmen. $\qquad \square$

Lemma 7. *Seien P und P' parabolische Untergruppen von G. Dann gibt es einen maximalen Torus T von G, der in $P \cap P'$ liegt.*

BEWEIS: Dies ist eine einfache und wohlbekannte Konsequenz aus der Bruhatzerlegung für G. Der Beweis sei daher dem Leser als Übung empfohlen. $\qquad \square$

Das folgende Lemma beschließt nun den Beweis des Satzes von Kempf-Rousseau.

Lemma 8. *Sei v instabil, $\lambda, \mu \in \Lambda_v$. Dann gilt $P(\lambda) = P(\mu)$, und es gibt ein $p \in P(\lambda)$, so daß $\mu = (\operatorname{Int} p) \circ \lambda$.*

BEWEIS: Sei $T \subset P(\lambda) \cap P(\mu)$ ein maximaler Torus von G (Lemma 7) und $\nu = \lambda_T(v)$ das eindeutig bestimmte Element in $X_*(T) \cap \Lambda_v$. Nach Lemma 6 gibt es $a \in P(\lambda)$, $b \in P(\mu)$, so daß $(\operatorname{Int} a) \circ \lambda = \nu = (\operatorname{Int} b) \circ \mu$. Daher gilt $P(\nu) = (\operatorname{Int} a)(P(\lambda)) = P(\lambda)$ und ähnlich $P(\nu) = P(\mu)$. Also $P(\lambda) = P(\mu)$ und $\mu = (\operatorname{Int} p) \circ \lambda$ mit $p = b^{-1}a \in P(\lambda)$. $\square$

Bemerkung. Ist G einfach, so ist die Norm auf $X_*(G)$ bis auf positive Skalare eindeutig. Daraus ergibt sich ebenfalls die Eindeutigkeit der Punkte $\mu_T(v)$ und der Gruppe $P(v)$. Leider gilt dies nicht allgemein. Es lassen sich sehr leicht Beispiele konstruieren (z.B. für $\mathbf{GL}_3$ oder $(\mathbf{SL}_2)^3$, ...), in denen $\mu_T(v)$ und $P(v)$ von der Wahl der Norm abhängen. Hesselink [He1, § 7] diskutiert eine Bedingung an V, die zwar die Unabhängigkeit der Gruppe $P(v)$ von der Norm auf $X_*(G)$ garantiert, aber i.a. sehr selten erfüllt ist.

§ 3   Beispiele

Während es sehr einfach ist, zu einem T-instabilen Vektor $v \in V$ eine innerhalb T optimale Einparameteruntergruppe $\lambda_T(v)$ zu finden (Lemma 3), erscheint das Problem, ein optimales Element in $X_*(G)$ zu finden, als relativ unhandlich. Im folgenden wollen wir ein Optimalitätskriterium beweisen und es auf zwei Beispiele anwenden. Mehr oder weniger explizit findet sich dieses Kriterium schon in den Arbeiten von Kirwan [Ki, Remark 12.21], und Ness [Ne, Proof of Th. 9.2]. Wir werden einen direkten Beweis geben.

Wir fixieren einen maximalen Torus $T \subset G$ und ein primitives Element $\lambda \in X_*(T)$. Sei

$$V = \bigoplus_{i \in \mathbf{Z}} V_i$$

die Zerlegung von V in die Gewichtsräume bezüglich λ. Der Zentralisator $Z = Z(\lambda)$ von λ in G stabilisiert jeden dieser Gewichtsräume. Wir fixieren nun auch ein $n > 0$, $n \in \mathbf{N}$, und setzen

$$Z_n := \{g \in Z \mid \det(g|_{V_n}) = 1\}.$$

Dann ist $T_n := (T \cap Z_n)^0$ ein maximaler Torus von Z_n, und

$$X^*(T_n) = \{\mu \in X^*(T) \mid \langle \mu, \lambda \rangle = 0\}.$$

Jeder Vektor $v \in V_n$ ist instabil bezüglich G und Z, jedoch nicht unbedingt bezüglich Z_n. Wie üblich nennen wir einen Vektor *semistabil*, wenn er nicht instabil ist.

Proposition 1. *Sei* $v \in V_n$, $v \neq 0$. *Dann gilt* $\lambda \in \Lambda_v$ *genau dann, wenn* v *semistabil bezüglich der Aktion von* Z_n *ist.*

BEWEIS: Sei v instabil bezüglich Z_n. Da unsere Behauptung nur von der Z_n-Bahn von v abhängt (beachte $Z_n \subset P(\lambda)$), können wir ohne Einschränkung der Allgemeinheit

$$\mu_n := \mu_{T_n}(v) \neq 0$$

annehmen. Es gilt dann

$$\mu_T(v) = \mu + \mu_n,$$

wobei $\mu = \frac{n\lambda}{\langle \lambda, \lambda \rangle}$ auf der Hyperebene aller $\chi \in X_{\mathbf{R}}$ mit $\langle \chi, \lambda \rangle = n$ liegt. Nun kann λ nicht optimal sein, da dies $\mu_T(v) = \mu$ im Gegensatz zu $\mu_n \neq 0$ implizierte.

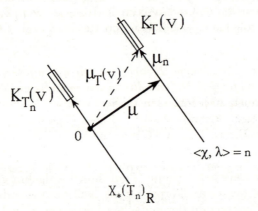

Ist $v \in V_n$ dagegen semistabil bezüglich Z_n, so gilt $\mu_{T_n}(gv) = 0$ für alle $g \in Z_n$. Dies impliziert die stärkere Aussage

$$\mu_T(pv) = \mu = \frac{n\lambda}{\langle \lambda, \lambda \rangle}$$

für alle $p \in P(\lambda)$. Sei nun $P(v)$ die v assoziierte parabolische Untergruppe und $T' \subset P(\lambda) \cap P(v)$ ein maximaler Torus von G (Lemma 7). Wegen Lemma 6 gilt $X_*(T') \cap \Lambda_v \neq \emptyset$, also $X_*(T) \cap \Lambda_{pv} \neq \emptyset$ für ein $p \in P(\lambda)$, da T und T' in $P(\lambda)$ konjugiert sind. Wegen $\mu_T(pv) = \mu$ folgt

$$X_*(T) \cap \Lambda_{pv} = \{\lambda\}.$$

Nun ist $p \in P(\lambda) = P(pv)$, also gilt auch

$$\text{Int}(p) \circ \lambda \in \Lambda_{pv},$$

also $\lambda \in \Lambda_v$.   □

In einer ersten Anwendung dieses Kriteriums untersuchen wir die Gewichtsvektoren von V. Dazu sei ein maximaler Torus $T \subset G$ fixiert. Wir zerlegen V in die Gewichtsräume bezüglich T:

$$V = \bigoplus_{\chi \in X^*(T)} V_\chi.$$

Jedem Gewicht $\chi \in X^*(T)$, $\chi \neq 0$, ordnen wir die eindeutig bestimmte primitive Einparametergruppe $\chi_* \in X_*(T) \subset X_{\mathbf{R}}$ zu, die auf dem von χ erzeugten positiven Halbstrahl in $X_{\mathbf{R}}$ liegt.

Proposition 2. *Sei* $\chi \in X^*(T)$, $\chi \neq 0$, $v \in V_\chi$, $v \neq 0$. *Dann gilt* $\chi_* \in \Lambda_v$.

BEWEIS: Setzen wir $\lambda = \chi_*$, $n = \langle \chi, \chi_* \rangle$, so gilt in der Notation von Proposition 1: $v \in V_n$. Wir haben also die Semistabilität von v bezüglich Z_n nachzuweisen. Dazu genügt es zu zeigen, daß die Z_n-Bahn von v abgeschlossen ist. Dieses ergibt sich aus der Tatsache, daß der maximale Torus T_n von Z_n den Punkt v fixiert, und aus dem folgenden wohlbekannten Resultat (vgl. z.B. [Kr, Kap. III, 2.5, Folgerung 3]).   □

Lemma 9. *Die algebraische Gruppe* H *operiere auf der affinen Varietät* X. *Der Stabilisator des Punktes* $x \in X$ *enthalte einen maximalen Torus von* H. *Dann ist die* H-*Bahn von* x *abgeschlossen in* X.

Als nächsten Fall betrachten wir die adjungierte Darstellung

$$G \longrightarrow \mathbf{GL}(\mathbf{g})$$

einer halbeinfachen algebraischen Gruppe G auf ihrer Liealgebra $\mathbf{g}$. Wir setzen jetzt die Charakteristik des Grundkörpers k als Null voraus (oder genügend groß im Vergleich zur Coxeterzahl der einfachen Ideale von $\mathbf{g}$, vgl. dazu [BC], [SpS, III.4]).

Sei $A \in \mathbf{g}$ instabil bezüglich G. Dies ist äquivalent dazu, daß A nilpotent ist (vgl. den Aufsatz über den Scheibensatz, Beispiele). Nach dem Satz von Jacobson-Morozov gibt es dann einen Homomorphismus von Liealgebren $\varphi : \mathbf{sl}_2 \to \mathbf{g}$ mit $\varphi \begin{pmatrix} 0 & 1 \\ 0 & 0 \end{pmatrix} = A$. Sei $\Phi : \mathbf{SL}_2 \to G$ der zugehörige Morphismus algebraischer Gruppen. Wir definieren $\widetilde{\lambda} \in X_*(G)$ durch die Komposition $\widetilde{\lambda} = \Phi \circ i$, wobei $i : G_m \hookrightarrow \mathbf{SL}_2$ durch $i(a) = \begin{pmatrix} a & 0 \\ 0 & a^{-1} \end{pmatrix}$ gegeben ist. Zerlegen wir $\mathbf{g}$ in die Gewichtsräume bezüglich $\widetilde{\lambda}$

$$\mathbf{g} = \bigoplus_{i \in \mathbf{Z}} \mathbf{g}(i),$$

so wird $\mathbf{g}$ damit zu einer $\mathbf{Z}$-graduierten Liealgebra, d.h. es gilt

$$[\mathbf{g}(i), \mathbf{g}(j)] \subset \mathbf{g}(i+j) \quad \text{für alle } i, j \in \mathbf{Z}.$$

Offenbar gilt $A \in \mathbf{g}(2)$. Die Darstellungstheorie der Liealgebra $\mathbf{sl}_2$ impliziert nun, daß die von $\mathrm{ad}(A)^i$ induzierte Abbildung

$$\mathrm{ad}(A)^i : \mathbf{g}(-i) \longrightarrow \mathbf{g}(i)$$

ein Isomorphismus für alle $i \in \mathbf{N}$ ist. Sei $\kappa : \mathbf{g} \times \mathbf{g} \longrightarrow k$ eine nichtentartete, G-invariante, symmetrische Bilinearform (Killingform). Diese induziert perfekte Dualitäten $\mathbf{g}(i) \times \mathbf{g}(-i) \longrightarrow k$, $(X, Y) \longmapsto \kappa(X, Y)$.

Sei nun wieder $Z_2 := \{g \in Z(\widetilde{\lambda}) \mid \det(g|_{\mathbf{g}(2)}) = 1\}$.

Lemma 10. $A \in \mathbf{g}(2)$ *ist semistabil bezüglich* Z_2.

BEWEIS: Wir werden ein Z_2-invariantes Polynom $f : \mathbf{g}(2) \longrightarrow k$ mit $f(A) \neq 0$ konstruieren. Dazu ordnen wir zunächst jedem $X \in \mathbf{g}(2)$ eine Bilinearform zu:

$$b_X : \mathbf{g}(-2) \times \mathbf{g}(-2) \longrightarrow k$$
$$b_X(Y, Y') := \kappa([X, Y], [X, Y']) = -\kappa(Y, \mathrm{ad}(X)^2 Y')$$

Diese Form ist nichtentartet genau dann, wenn $\mathrm{ad}(X)^2 : \mathbf{g}(-2) \to \mathbf{g}(2)$ ein Isomorphismus ist. Wir fixieren nun eine Basis von $\mathbf{g}(-2)$ und setzen relativ dieser Basis

$$f(X) := \det(b_X).$$

Wegen $b_{gX}(Y, Y') = b_X(g^{-1}Y, g^{-1}Y')$ folgt

$$f(gX) = \det(g|_{\mathbf{g}(-2)})^{-2} f(X) = \det(g|_{\mathbf{g}(2)})^2 f(X)$$

für alle $g \in Z(\widetilde{\lambda})$, $X \in \mathbf{g}(2)$. Also ist f invariant unter Z_2. Da $\mathrm{ad}(A)^2 : \mathbf{g}(-2) \to \mathbf{g}(2)$ ein Isomorphismus ist, folgt auch $f(A) \neq 0$, was zu zeigen war. $\square$

Bemerkung. Die Konstruktion der Funktion f im Beweis des obigen Lemmas ist inspiriert von den allgemeinen Entwicklungen in [Ka, § 1, insbesondere Lemma 1.4]. Im allgemeinen ist das oben definierte Element $\widetilde{\lambda} \in X_*(G)$ nicht unbedingt primitiv (z.B. falls G adjungiert und A „gerade" ist). Wir setzen daher

$$\lambda_A := \begin{cases} \widetilde{\lambda} & \text{falls } \lambda \text{ primitiv ist} \\ \widetilde{\lambda}/2 & \text{sonst} \end{cases} .$$

Dann ist λ_A primitiv. Proposition 1 und Lemma 10 implizieren nun

Proposition 3. *Sei* $A \in \mathbf{g}$ *nilpotent. Dann gilt* $\lambda_A \in \Lambda_A$.

Bemerkung. Proposition 3 wurde ursprünglich von H. Kraft ($\sim$1977) gefunden. Seine Argumente wurden von Hesselink aufgenommen und in [Hel, Theorem 11.3] publiziert. Durch die Benutzung von Proposition 1 erscheint der obige Beweis wesentlich direkter.

§ 4   Anwendungen

Eine von Mumford vorhergesehene Anwendung des Satzes von Kempf-Rousseau betrifft instabile Vektoren über algebraisch nicht abgeschlossenen Körpern. Sei k ein perfekter Körper mit algebraischem Abschluß $\overline{k}$ und Galoisgruppe $\Gamma = \mathrm{Gal}(\overline{k}/k)$. Die reduktive Gruppe G und die Darstellung $\varrho : G \longrightarrow \mathbf{GL}(V)$ seien über k definiert. Dann operiert Γ auf den k-rationalen Punkten jeder über k definierten Untergruppe von G. Wir erhalten somit Aktionen von Γ auf $X_*(G)$ und $X_*(T)$ für jeden über k definierten maximalen Torus T. Auf $X^*(T)$ operiert Γ nur mittels eines endlichen Quotienten, der W normalisiert. Daher läßt sich die Norm $\| \ \| : X_*(T) \longrightarrow \mathbf{R}$ invariant bezüglich Γ und W wählen. Man verifiziert leicht (vgl. z.B. [He1]), daß sich $\| \ \|$ auf eindeutige Weise zu einer Γ-invarianten Norm

$$\| \ \| : X_*(G) \longrightarrow \mathbf{R}$$

fortsetzen läßt. Bezüglich einer solchen Norm gilt dann das folgende Rationalitätsresultat.

Korollar 1 (Kempf, Rousseau, Hesselink). *Sei $v \in V(k)$ ein k-rationaler instabiler Vektor. Dann gilt:*

(i) *Λ_v ist stabil unter Γ.*

(ii) *$P(v)$ ist über k definiert.*

(iii) *Es gibt ein $\lambda \in \Lambda_v$, das über k definiert ist.*

(iv) *Alle über k definierten $\lambda \in \Lambda_v$ bilden eine Konjugationsklasse unter der Gruppe $P(v)(k)$ der k-rationalen Punkte von $P(v)$.*

Bemerkung. Die Aussagen (i), (ii), (iii) folgen mit Standardargumenten des Galoisabstiegs (Kempf, Rousseau), während (iv) die Rationalitätsresultate von [Bo2] erfordert (Hesselink). Hesselink zeigt auch, daß (i), (ii), (iv) ihre Gültigkeit über beliebigen Körpern behalten, und er gibt ein Gegenbeispiel zu (iii) über nicht perfekten Körpern an ([He1, 5.6]).

Wir kehren zurück zur Situation eines algebraisch abgeschlossenen Grundkörpers, $k = \overline{k}$. Sei $G_v = \{g \in G \mid g.v = v\}$ der Stabilisator eines Punktes $v \in V$.

Korollar 2. *Sei $v \in V$ instabil und $P(v)$ die assoziierte parabolische Untergruppe von G. Dann gilt für alle $g \in G$:*

(i) $\Lambda_{gv} = (\mathrm{Int}\,g)(\Lambda_v)$.

(ii) $P(gv) = (\mathrm{Int}\,g)(P(v))$.

(iii) $G_v \subset P(v)$.

BEWEIS: Man verifiziert mühelos (i). Daraus folgt (ii). Für (iii) benutze man, daß der Normalisator $N_G(P)$ einer parabolischen Untergruppe P gleich P ist.

□

Korollar 3. *Die Gruppe H sei halbeinfach und operiere auf der affinen Varietät X. Sei $x \in X$, und H_x sei in keiner echten parabolischen Untergruppe $P \subset H$, $P \neq H$ enthalten. Dann ist der Orbit $H.x$ abgeschlossen.*

BEWEIS: Kempf gibt einen direkten Beweis dieser Aussage in beliebiger Charakteristik. Wir wollen uns auf den Fall char$(k) = 0$ beschränken und die Anwendung von Lunas Scheibensatz üben. Ohne Beschränkung der Allgemeinheit können wir X als glatt, ja sogar als Vektorraum voraussetzen. Ist $H.x$ nicht abgeschlossen, so enthält der Abschluß genau einen abgeschlossenen Orbit $H.s$ für ein $s \in X$. Der Stabilisator $G = H_s$ ist reduktiv. Sei $V = T_x X / T_x H.s$ der Normalraum an $H.s$ in s und $G \longrightarrow \mathbf{GL}(V)$ die Scheibendarstellung. Sei Nil(V) die Nullfaser des Scheibenquotienten $V \to V /\!/ G$ und $q : X \to X /\!/ H$ der Quotient von X nach H. Der Scheibensatz liefert uns dann einen H-Isomorphismus

$$q^{-1}\left(q\left(x\right)\right) = q^{-1}\left(q\left(s\right)\right) \simeq H \times^G \mathrm{Nil}(V),$$

der $H.x$ auf einen Orbit $H \times^G (G.v)$ mit $v \in \mathrm{Nil}(V)$ abbildet. Es folgt, daß H_x und G_v zueinander konjugiert sind. Nach Korollar 2 ist G_v in der parabolischen Untergruppe $P(v)$ von G enthalten. Diese ist wiederum der Schnitt von G mit einer echten parabolischen Untergruppe Q von H (denn $P(v) = P(\lambda)$ für ein $\lambda \in X_*(G) \subset X_*(H)$; also kann man für Q die zu λ in H assoziierte parabolische Untergruppe nehmen; letztere ist echt, da die halbeinfache Gruppe H keine zentralen Einparameteruntergruppen besitzt). Damit ist H_x in einer echten parabolischen Untergruppe von H enthalten, im Widerspruch zur Voraussetzung.   □

Bei der Anwendung von Korollar 3 ist das folgende Kriterium hilfreich.

Lemma 11. *Seien $G \subset H$ Untergruppen von $\mathbf{GL}(V)$. Die Gruppe H sei algebraisch, und V sei ein irreduzibler G-Modul. Dann ist G in keiner echten parabolischen Untergruppe von H enthalten.*

BEWEIS: Sei $P \subset H$ eine echte parabolische Untergruppe und $U \subset P$ das nicht-triviale unipotente Radikal von P. Dann stabilisiert P den Raum V^U der U-Fixpunkte. Dieser Raum ist ein echter Teilraum, da $U \neq \{1\}$ auf V treu operiert. Er ist ebenfalls $\neq \{0\}$ nach dem Borel'schen Fixpunktsatz (vgl. [Bo1, §10.4]). Also kann G nicht in P enthalten sein.   □

Hier sind zwei solche Anwendungen aus dem Bereich der Moduli-Theorie, auf die Kempf von Mumford hingewiesen wurde ([Ke, §5]).

Korollar 4. *Sei Γ eine lineare algebraische Gruppe, X ein vollständiger homogener Raum von Γ, $\mathcal{L}$ ein sehr amples Geradenbündel über X und*

$$i_{\mathcal{L}} : X \hookrightarrow \mathbf{P}(H^0(X, \mathcal{L})^*)$$

die zugeordnete projektive Einbettung. Sei char$(k) = 0$. *Dann sind die Chow- und Hilbert-Punkte von $i_{\mathcal{L}}(X)$ stabil.*

Korollar 5. *Sei A eine abelsche Varietät, $\mathcal{L}$ ein sehr amples Geradenbündel über A und*

$$i_{\mathcal{L}} : A \to \mathbf{P}(H^0(A, \mathcal{L})^*)$$

die zugehörige projektive Einbettung. Sei $(\mathrm{char}(k), \dim(H^0(A, \mathcal{L}))) = 1$. Dann sind die Chow- und Hilbert-Punkte von $i_{\mathcal{L}}(A)$ eigentlich stabil, d.h. stabil mit endlichem Stabilisator in $\mathrm{PGL}(H^0(A, \mathcal{L}))$.

BEWEISSKIZZE (zu Korollar 4): Für die vorliegenden Zwecke kann man Γ als halbeinfach und einfach zusammenhängend voraussetzen. Dann operiert Γ linear auf $\mathcal{L}$ und irreduzibel auf $W = H^0(X, \mathcal{L})^*$ (Satz von Borel-Weil). Sei G das Bild von Γ in $H = \mathbf{SL}(W)$. Nach Lemma 11 ist dann G in keiner echten parabolischen Untergruppe von H enthalten. Wir erinnern nun an einige Tatsachen über Chow-Formen und Chow-Punkte (für Einzelheiten vgl. [MF, ch. 4, § 6], [Sch, ch. 1, § 5]). Jeder Untervarietät $Y \subset \mathbf{P}(W)$ der Dimension $r (= \dim X)$ und des Grades $d (= \deg i_{\mathcal{L}}(X))$ läßt sich eine bis auf Skalare eindeutig bestimmte multihomogene Form $F_Y \in \underbrace{S^d(W) \otimes \cdots \otimes S^d(W)}_{r+1}$ zuordnen,

die auf einem $(r + 1)$-Tupel von Linearformen $(\varphi_0, \ldots, \varphi_r) \in (W^*)^{r+1}$ genau dann verschwindet, wenn der Durchschnitt $Y \cap \bigcap_{i=0}^{r} \{w \in \mathbf{P}(W) \mid \varphi_i(w) = 0\}$ nicht leer ist. Diese Form bestimmt wiederum Y, d.h. die Zuordnung $Y \mapsto k.F_Y$ liefert eine injektive, $H = \mathbf{SL}(W)$-äquivariante Abbildung

$$\left\{ \begin{array}{c} \text{Untervarietäten } Y \text{ von } \mathbf{P}(W) \\ \text{mit } \dim Y = r, \ \deg Y = d \end{array} \right\} \longrightarrow \mathbf{P}\left(\bigotimes^{r+1} (S^d(W)) \right).$$

Der Chow-Punkt $k.F_X$ ist stabil genau dann, wenn der H-Orbit von F_X abgeschlossen ist. Nach den Ausführungen zu Anfang des Beweises ist dies nun eine Konsequenz von Korollar 3.   □

Den Beweis für die Hilbert-Punkte kann man genauso führen oder auch auf den für Chow-Punkte reduzieren (für die relevanten Definitionen und Eigenschaften vgl. [Gr], [MF, App. to Chap. 4, C], [Po, Lecture 7]).

BEWEISSKIZZE (zu Korollar 5): Der Beweis folgt ähnlichen Ideen. Die Rolle der Gruppe Γ wird hier von einer endlichen Heisenberggruppe (der Ordnung n^3, $n = \dim H^0(A, \mathcal{L})$) übernommen, die linear auf $\mathcal{L}$ und irreduzibel auf $H^0(A, \mathcal{L})$ operiert (vgl. dazu [Ke] und [Mu2]).   □

Neben diesen direkten Konsequenzen liefert die Theorie der optimalen Einparameteruntergruppen ein wichtiges Werkzeug zur Untersuchung der Geometrie der Nullfaser $\mathrm{Nil}(V)$ einer Darstellung $G \to \mathbf{GL}(V)$. So zerlegt Hesselink in [He2] die Nullfaser $\mathrm{Nil}(V)$ in endlich viele Strata, d.h. Äquivalenzklassen bezüglich folgender Äquivalenzrelation:

$$v \sim w \Leftrightarrow \text{es gibt ein } g \in G \text{ mit } \Lambda_v = \Lambda_{gw}.$$

In Verallgemeinerung von Springers Auflösung der nilpotenten Varietät einer halbeinfachen Liealgebra [Sp2] beschreibt er dann Auflösungen der Abschlüsse dieser Strata mittels geeigneter Vektorbündel über homogenen Räumen G/P. Dabei ist P die assoziierte parabolische Untergruppe $P = P(v)$ eines Punktes v des betreffenden Stratums.

Obwohl den instabilen Elementen in der Theorie der Modulräume im allgemeinen nur ausgrenzend Beachtung geschenkt wurde, erweist sich ihre präzise geometrische Beschreibung, z.B. in der Form von Hesselinks Stratifikation, als ein wichtiges Hilfsmittel zur Berechnung der Kohomologie von Modulräumen. Dieses ist vor allem in der Arbeit [Ki] von F. Kirwan herausgestellt worden, in der Hesselinks Stratifikation auch mit anderen Methoden, d.h. unter Benutzung einer sogenannten Impulsabbildung („moment map"), definiert wird. Unabhängig von F. Kirwan wurde dieses Ergebnis im wesentlichen auch von L. Ness [Ne] erhalten. Schließlich sei noch erwähnt, daß Bogomolovs Untersuchungen zur Stabilität von Vektorbündeln auf beliebigen algebraischen Mannigfaltigkeiten [Bog] auf seiner vorhergehenden Analyse der Geometrie der Nullfaser einer Darstellung beruht.

Literaturverzeichnis

[BC]   P. Bala, R.W. Carter: *Classes of unipotent elements in simple algebraic groups*. Math. Proc. Camb. Phil. Soc. **79** (1976), 401–425, und **80** (1976), 1–18

[Bog]   F.A. Bogomolov: *Holomorphic tensors and vector bundles on projective varieties*. Math. USSR-Izvestija **13** (1979), 499–555

[Bo1]   A. Borel: *Linear algebraic groups*. Benjamin, New York 1968

[Bo2]   A. Borel, J. Tits: *Groupes réductifs*. Publ. Math. I.H.E.S. **27** (1965), 55–150

[Gr]   A. Grothendieck: *Technique de descente et théorèmes d'existence en géométrie algébrique IV: Les schemas de Hilbert*. Séminaire Bourbaki t. **13** no. 221, 1960/61. In: Fondements de la Géometrie Algébrique, Secrétariat mathématique, Paris 1962

[He1]   W. Hesselink: *Uniform stability in reductive groups*. J. Reine Angew. Math. **303/304** (1978), 74–96

[He2]   W. Hesselink: *Desingularization of varieties of nullforms*. Invent. math. **55** (1979), 141–163

[Hu]   J.W. Humphreys: *Linear algebraic groups*. Graduate Texts in Math. **21**, Springer-Verlag, New York Heidelberg Berlin 1975

[Ka]   V.G. Kac: *Some remarks on nilpotent orbits*. J. Alg. **64** (1980), 190–213

[Ke]   G.R. Kempf: *Instability in invariant theory*. Ann. Math. **108** (1978), 299–316.

[Ki]   F.C. Kirwan: *Cohomology of quotients in symplectic and algebraic geometry*. Math. Notes **31**, Princeton Univ. Press, Princeton 1984

[Kr]   H. Kraft: *Geometrische Methoden in der Invariantentheorie*. Aspekte der Math. **D1**, Vieweg-Verlag, Braunschweig 1984.

[Mu1]   D. Mumford: *Geometric invariant theory*. Ergeb. Math. und Grenzgeb. Springer-Verlag, Heidelberg 1965.

[Mu2]   D. Mumford: *On the equations defining abelian varieties*. Invent. math. **1** (1966), 287–354

[MF]   D. Mumford, J. Fogarthy: *Geometric invariant theory*. Second Enlarged Edition. Ergeb. Math. und Grenzgeb. **34**, Springer-Verlag, Heidelberg 1982

[Ne]   L. Ness: *A stratification of the null-cone via the moment map*. Amer. J. Math. **106** (1984), 1281–1329

[Po]   H. Popp: *Moduli Theory and Classification Theory of Algebraic Varieties*. Lecture Notes in Math. **620**, Springer-Verlag, Heidelberg 1977

[Rou]   G. Rousseau: *Immeubles sphériques et théorie des invariants*. C. R. Acad. Sci. Paris **286** (1978), 247–250

[Sch]   I.R. Schafarevitsch: *Grundzüge der algebraischen Geometrie*. Vieweg-Verlag, Braunschweig 1972

[Sp1]   T.A. Springer: *Linear algebraic groups*. Progress in Math. **9**, Birkhäuser Verlag, Basel-Boston 1981

[Sp2]   T.A. Springer: *The unipotent variety of a semisimple group*. In: Proc. of the Bombay Colloq. on Alg. Geom. (1968), 373–391

[SpS]   T.A. Springer, R. Steinberg: *Conjugacy classes*. In: Seminar on Algebraic Groups and Related Finite Groups, Lect. Not. in Math. **131**, 167–266, Springer-Verlag, Heidelberg 1970

ZUR GEOMETRIE DER BAHNEN REELLER REDUKTIVER GRUPPEN

Peter Slodowy

Inhaltsverzeichnis

Einführung 133
§ 1   Struktur reeller reduktiver Gruppen 134
§ 2   Geometrie reeller Bahnen 136
§ 3   Zu den Anwendungen 142
Literaturverzeichnis 142

Einführung

Sei G eine über $\mathbf{R}$ definierte reduktive algebraische Gruppe und $G_{\mathbf{R}}$ die Gruppe ihrer reellen Punkte. In diesem Aufsatz betrachten wir einige geometrische Eigenschaften der Bahnen von $G_{\mathbf{R}}$ unter einer linearen algebraischen Darstellung $G_{\mathbf{R}} \rightarrow \mathbf{GL}(V)$ auf einem reellen Vektorraum V. Sei $K \subset G_{\mathbf{R}}$ eine maximal kompakte Untergruppe. Gegebenenfalls nach Mittelung über K können wir dann die Existenz eines K-invarianten Skalarproduktes $\langle \, , \, \rangle : V \times V \rightarrow \mathbf{R}$ auf V annehmen. Unser Hauptinteresse gilt dem Verhalten der Längenfunktion $v \mapsto \langle v, v \rangle = \|v\|^2$ bei Einschränkung auf eine $G_{\mathbf{R}}$-Bahn. Diese Situation wurde bereits von Kempf und Ness [KN], [Ne] in dem Fall untersucht, daß G eine komplexe reduktive Gruppe und $G_{\mathbf{C}} \rightarrow \mathbf{GL}(W)$ eine komplexe Darstellung ist. Dabei erhält man eine Längenfunktion $w \mapsto \langle w, w \rangle$ mittels eines K-invarianten hermiteschen Skalarproduktes auf W. Da nur der Realteil dieses Skalarproduktes in die Untersuchung eingeht, läßt sich dieser Fall unter die von uns anvisierte Situation subsummieren. Unser Hauptziel ist es, die Resultate von Kempf und Ness in unserer allgemeineren Situation herzuleiten. Dabei werden wir auch von den Vereinfachungen Gebrauch machen, die deren Theorie in den Arbeiten [DK] und [PS] erhalten hat.

§1   Struktur reeller reduktiver Gruppen

Im folgenden sei G eine über $\mathbf{R}$ definierte, nicht notwendig zusammenhängende, reduktive algebraische Gruppe. Wir interessieren uns hier für einige grundlegende Aussagen über die Gruppe $G_{\mathbf{R}}$ der reellen Punkte von G, die wir mit der Struktur einer reell-analytischen Liegruppe versehen. Für mehr Details und Beweise vergleiche man [BHC, §1], [Bo, §11.C], [He, chap. IX], oder [Sp].

Sei $K \subset G_{\mathbf{R}}$ eine maximal kompakte Untergruppe von $G_{\mathbf{R}}$ (alle solchen Untergruppen sind algebraisch, d.h. die reellen Punkte einer über $\mathbf{R}$ definierten algebraischen Untergruppe von G, und alle maximal kompakten Untergruppen sind zueinander konjugiert). Es gibt einen eindeutig bestimmten, involutiven Automorphismus $\theta : G_{\mathbf{R}} \to G_{\mathbf{R}}$ („Cartan-Involution"), der K als Fixpunktmenge besitzt: $K = \{g \in G \mid \theta(g) = g\}$. Mit θ bezeichnen wir ebenfalls die auf der Liealgebra $\mathbf{g}_{\mathbf{R}} = \operatorname{Lie} G_{\mathbf{R}}$ induzierte Involution. Dann zerlegt sich $\mathbf{g}_{\mathbf{R}}$ in die Eigenräume von θ:

$$\mathbf{g}_{\mathbf{R}} = \mathbf{k} \oplus \mathbf{p},$$

wobei $\mathbf{k} = \{X \in \mathbf{g}_{\mathbf{R}} \mid \theta(X) = X\}$ und $\mathbf{p} = \{X \in \mathbf{g}_{\mathbf{R}} \mid \theta(X) = -X\}$. Unter der Exponentialabbildung $\exp : \mathbf{g}_{\mathbf{R}} \to G_{\mathbf{R}}$ wird $\mathbf{p}$ isomorph (d.h. reell-analytisch) auf sein Bild $P = \exp(\mathbf{p})$ abgebildet, und die Multiplikationsabbildung

$$K \times P \longrightarrow G_{\mathbf{R}}, \quad (k,p) \mapsto k.p$$

induziert einen Isomorphismus von reell-analytischen Mannigfaltigkeiten („Cartan-Zerlegung").

Sei nun $\mathbf{a} \subset \mathbf{p}$ eine maximale Lieunteralgebra (die notwendigerweise abelsch ist). Die Exponentialabbildung induziert dann einen Isomorphismus analytischer Mannigfaltigkeiten $\exp : \mathbf{a} \xrightarrow{\sim} A = \exp(\mathbf{a}) \subset G_{\mathbf{R}}$, und es gibt einen maximal zerfallenden, über $\mathbf{R}$ definierten Torus S von G, so daß sich A mit der Komponente der Eins $(S_{\mathbf{R}})^{\circ}$ der reellen Punkte von S identifiziert. Man kann zeigen:

$$P = \bigcup_{g \in K} gAg^{-1},$$

woraus $G_{\mathbf{R}} = K.P = K.A.K$ folgt.

Neben der Cartan-Zerlegung spielt auch die Iwasawa-Zerlegung von $G_{\mathbf{R}}$ eine wichtige Rolle. Wir benötigen nur die folgende Konsequenz (vgl. [Bo, 11.19]. Sei $B \subset G$ irgendeine über $\mathbf{R}$ definierte parabolische Untergruppe und $B_{\mathbf{R}}$ die Gruppe der reellen Punkte von B. Dann gilt:

$$G_{\mathbf{R}} = K.B_{\mathbf{R}}.$$

Sei nun H eine reduktive, über $\mathbf{C}$ definierte algebraische Gruppe. Wir können die komplexwertigen Punkte $H_{\mathbf{C}}$ dieser Gruppe als die reellen Punkte $G_{\mathbf{R}}$ einer über $\mathbf{R}$ definierten reduktiven Gruppe $G = \Pi_{\mathbf{C}/\mathbf{R}} H$ auffassen („Weil'sche Restriktion der Skalaren"). Ist nun $K \subset G_{\mathbf{R}} = H_{\mathbf{C}}$ eine maximal kompakte Untergruppe, so ist K die Gruppe der rellen Punkte $\tilde{H}_{\mathbf{R}}$ einer reellen Form $\tilde{H}$ von H, d.h.

$$H = \tilde{H} \times_{\mathbf{R}} \mathbf{C}$$

oder, infinitesimal, $\mathbf{k} = \operatorname{Lie} \tilde{H}_{\mathbf{R}}$ und

$$\operatorname{Lie} H_{\mathbf{C}} = \mathbf{g}_{\mathbf{R}} = \mathbf{k} \oplus i\mathbf{k} \cong k \otimes_{\mathbf{R}} \mathbf{C}.$$

Die Cartan-Involution θ identifiziert sich dann mit der komplexen Konjugation (auf $G_{\mathbf{R}} = \tilde{H}_{\mathbf{C}} = H_{\mathbf{C}}$ und $\mathbf{g}_{\mathbf{R}} = \operatorname{Lie} \tilde{H}_{\mathbf{C}} = \operatorname{Lie} H_{\mathbf{C}}$). Insbesondere gilt $\mathbf{p} = i\mathbf{k}$, und jede maximale Unteralgebra $\mathbf{a}$ von $\mathbf{p}$ ist von der Form $\mathbf{a} = i\mathbf{t}$, wobei $\mathbf{t}$ die Liealgebra eines maximalen Torus $T_{\mathbf{R}}$ von $K = \tilde{H}_{\mathbf{R}}$ ist. Es ist dann $\mathbf{t} \oplus i\mathbf{t}$ die Liealgebra des maximalen Torus $T_{\mathbf{C}}$ von $\tilde{H}_{\mathbf{C}} = H_{\mathbf{C}}$.

Beispiele. (a) Sei G die über $\mathbf{R}$ definierte allgemeine lineare Gruppe $\mathbf{GL}_n$. Als maximal kompakte Untergruppe $K \subset G_{\mathbf{R}} = \mathbf{GL}_n(\mathbf{R})$ wählen wir hier die orthogonale Gruppe $\mathbf{O}_n(\mathbf{R})$ mit der zugehörigen Cartan-Involution $\theta(g) = {}^t g^{-1}$ ($g \in G$). Die Liealgebra $\mathbf{k} \subset \mathbf{g}_{\mathbf{R}} = \mathbf{M}_n(\mathbf{R})$ besteht aus allen antisymmetrischen, $\mathbf{p} \subset \mathbf{g}_{\mathbf{R}}$ aus allen symmetrischen, und $P \subset \mathbf{GL}_n(\mathbf{R})$ aus allen positiv definiten, symmetrischen Matrizen. Für $\mathbf{a}$ können wir die diagonalen Matrizen wählen. Die Gruppe A besteht dann aus den positiven Diagonalmatrizen:

$$A = \left\{ \begin{pmatrix} a_1 & & 0 \\ & \ddots & \\ 0 & & a_n \end{pmatrix} \middle| \, a_i > 0 \right\},$$

und $S_{\mathbf{R}} \subset \mathbf{GL}_n(\mathbf{R})$ ist der maximale Torus aller Diagonalmatrizen. Die Aussage $P = \bigcup_{g \in K} gAg^{-1}$ bedeutet in diesem Beispiel, daß sich alle (positiv definiten) symmetrischen Matrizen mittels orthogonalen Basiswechsels diagonalisieren lassen.

(b) Sei H die allgemeine lineare Gruppe $\mathbf{GL}_n$ über $\mathbf{C}$ und $G = \Pi_{\mathbf{C}/\mathbf{R}} H$, d.h. $G_{\mathbf{R}} = H_{\mathbf{C}} = \mathbf{GL}_n(\mathbf{C})$. Als maximal kompakte Untergruppe wählen wir hier die unitäre Gruppe $\mathbf{U}_n(\mathbf{C})$ mit der Cartan-Involution $\theta(g) = {}^t \bar{g}^{-1}$ ($\bar{g}$ = komplexkonjugiertes von g in $\mathbf{GL}_n(\mathbf{C})$). Somit besteht $\mathbf{k} \subset \mathbf{g}_{\mathbf{R}} = \mathbf{M}_n(\mathbf{C})$ aus allen antihermiteschen, $\mathbf{p} \subset \mathbf{g}_{\mathbf{R}}$ aus allen hermiteschen, und $P \subset \mathbf{GL}_n(\mathbf{C})$ aus allen positiv definiten hermiteschen Matrizen. Für a können wir die diagonalen Matrizen in $\mathbf{p}$ wählen. A besteht dann aus den positiven Diagonalmatrizen

$$A = \left\{ \begin{pmatrix} a_1 & & 0 \\ & \ddots & \\ 0 & & a_n \end{pmatrix} \middle| \, a_i \in \mathbf{R}, \, a_i > 0 \right\},$$

und $S_{\mathbf{R}} \subset G_{\mathbf{R}} = \mathbf{GL}_n(\mathbf{C})$ ist der maximal zerfallende Torus der rellen Diagonalmatrizen. Die Aussage $P = \bigcup_{g \in K} gAg^{-1}$ interpretiert sich ähnlich wie im Fall (a).

Sei G reduktiv, über $\mathbf{R}$ definiert, und $\varrho : G \to \mathbf{GL}_n$ ein über $\mathbf{R}$ definierter Morphismus algebraischer Gruppen. Dieser liefert eine reelle Darstellung

$$\varrho_{\mathbf{R}} : G_{\mathbf{R}} \to \mathbf{GL}_n(\mathbf{R}).$$

Sei $\mathbf{GL}_n(\mathbf{R}) = K_0 \cdot P_0$ die Cartan-Zerlegung von $\mathbf{GL}_n(\mathbf{R})$ wie in Beispiel (a) beschrieben. Nach Konjugation von ϱ mit einem Element aus $\mathbf{GL}_n(\mathbf{R})$ (Basiswechsel des $\mathbf{R}^n$) kann man dann eine Cartan-Zerlegung $G_{\mathbf{R}} = K.P$ von $G_{\mathbf{R}}$ finden mit

$$\varrho_{\mathbf{R}}(K) \subset K_0 \quad \text{und} \quad \varrho_{\mathbf{R}}(P) \subset P_0$$

(vgl. [Bo, 9.1-9.5, 11.25)]). Ist $S \subset G$ ein über $\mathbf{R}$ definierter, maximal zerfallender Torus mit $S_{\mathbf{R}}^{\circ} = A \subset P$, so ist die Eigenraumzerlegung von $V = \mathbf{R}^n$ bezüglich $S_{\mathbf{R}}$ und A orthogonal:

$$V = \bigoplus_{\chi \in X^*(S)} V_\chi, \quad \langle V_\chi, V_{\chi'} \rangle = \{0\} \quad \text{für } \chi \neq \chi',$$

$$V_\chi := \{v \in V \mid \varrho(s)(v) = \chi(s).v \text{ für alle } s \in S_{\mathbf{R}}\}$$

Analoge Aussagen lassen sich für komplexe Darstellungen

$$G_{\mathbf{R}} \longrightarrow \Pi_{\mathbf{C}/\mathbf{R}} \mathbf{GL}_n(\mathbf{R}) = \mathbf{GL}_n(\mathbf{C})$$

und die entsprechenden Cartan-Zerlegungen von $G_{\mathbf{R}}$ und $\mathbf{GL}_n(\mathbf{C})$ herleiten.

§2   Geometrie reeller Bahnen

Sei nun G eine über $\mathbf{R}$ definierte reduktive Gruppe und $\varrho : G \to \mathbf{GL}_n$ ein über $\mathbf{R}$ definierter Morphismus algebraischer Gruppen. Dieser induziert eine reelle

$$\varrho_{\mathbf{R}} : G_{\mathbf{R}} \longrightarrow \mathbf{GL}_n(\mathbf{R}),$$

und eine komplexe Darstellung

$$\varrho_{\mathbf{C}} : G_{\mathbf{C}} \longrightarrow \mathbf{GL}_n(\mathbf{C}).$$

Auf den Räumen $V = \mathbf{R}^n$ und $W = \mathbf{C}^n$ können wir sowohl die Hausdorff-Topologie als auch die Zariski-Topologie betrachten.

Satz 1. *Sei $v \in V \subset W$. Dann sind die folgenden drei Bedingungen äquivalent:*

  (i) *Die Bahn $G_{\mathbf{C}}.v$ ist Zariski-abgeschlossen in W.*

  (ii) *Die Bahn $G_{\mathbf{C}}.v$ ist Hausdorff-abgeschlossen in W.*

  (iii) *Die Bahn $G_{\mathbf{R}}.v$ ist Hausdorff-abgeschlossen in V.*

ANMERKUNGEN ZUM BEWEIS: Die Implikation (i) $\Rightarrow$ (ii) ist trivial, während (ii) $\Rightarrow$ (i) die Tatsache benutzt, daß Bahnen algebraischer Gruppen offen in

ihrem Zariski-Abschluß sind (vgl. z.B. [Kr, II 2.2 und AI 7.2]). Die Richtung (i) ⇒ (iii) ist ein Resultat von Borel und Harish-Chandra [BHC, Prop.
2.3] und benutzt die Tatsache, daß $(G_{\mathbf{C}}.v) \cap V$ nur endlich viele Hausdorff-
Zusammenhangskomponenten besitzt.

Die Herleitung der Implikation (iii) ⇒ (i) wurde von Birkes [Bi, 5.3]
gegeben. Sie erfordert eine Analyse der Stabilität und Instabilität von Vektoren
über den Grundkörper $\mathbf{R}$. Eine solche wurde von Birkes (loc. cit.), und später,
für beliebige Grundkörper, von Kempf, Rousseau und Hesselink durchgeführt
(vgl. dazu den Aufsatz „Die Theorie der optimalen Einparameteruntergruppen", Abschnitt 4).   □

Das folgende Lemma ist eine Verfeinerung von Birkes' zentralem Hilfsmittel. Wir fixieren eine Cartan-Zerlegung $G_{\mathbf{R}} = K.P$ und einen maximal zerfallenden Torus $S \subset G$ mit $S_{\mathbf{R}}^0 = A \subset P$.

Lemma 1. *Sei $v \in V \subset W$, und $G_{\mathbf{R}}.v$ sei nicht abgeschlossen in W. Dann
gibt es eine über $\mathbf{R}$ definierte Einparametergruppe $\lambda : G_m \longrightarrow G$ mit den
Eigenschaften:*

(1) *Der Limes* $\displaystyle\lim_{\substack{s \to 0 \\ s \in \mathbf{R}_{>0}}} \lambda(s)v = v_0$ *existiert in V und $v_0 \notin G_{\mathbf{R}}.v$.*

(2) *Die Gruppe λ liegt in $\bigcup_{k \in K} k X_*(S) k^{-1}$, insbesondere gilt*

$$\lambda(\mathbf{R}_{>0}) \subset \bigcup_{k \in K} k A k^{-1} = P.$$

BEWEIS: Die Aussage (1) ist das besagte Resultat von Birkes [Bi, Th. 5.2].
(Sie folgt übrigens auch aus Korollar 1, Abschnitt 4 des Aufsatzes „Die Theorie
der optimalen Einparameteruntergruppen", in Verbindung mit Lunas Scheibensatz.) Zum Beweis von (2) benutzen wir (1). Nach [BT, Th. 4.21] ist die Gruppe
λ mittels eines Elements $g^{-1} \in G_{\mathbf{R}}$ zu einer Einparametergruppe

$$\mu = \mathrm{Int}(g^{-1}) \circ \lambda : G_m \longrightarrow S$$

in den maximal zerfallenden Torus S konjugiert. Es gilt dann $\mu(\mathbf{R}_{>0}) \subset A$.
Sei nun $P(\mu)$ die zu μ assoziierte parabolische Untergruppe von G (vgl. den
Aufsatz „Die Theorie der optimalen Einparametergruppen"). Dann gilt

$$P(\mu)_{\mathbf{R}} = \{h \in G_{\mathbf{R}} \mid \lim_{\substack{s \to 0 \\ s \in \mathbf{R}_{>0}}} \mu(s)h\mu(s)^{-1} \text{ existiert in } G_{\mathbf{R}}\}$$

und $G_{\mathbf{R}} = K.P(\mu)_{\mathbf{R}}$.

Sei $g = k.p$, $k \in K$, $p \in P(\mu)_{\mathbf{R}}$, eine entsprechende Zerlegung von g
und $\bar{p} = \lim_{s \to 0} \mu(s)p\mu(s)^{-1} \in G_{\mathbf{R}}$. Wir erhalten dann

$$\lim_{s \to 0} k\mu(s)k^{-1}v = k.\lim_{s \to 0} \mu(s)pg^{-1}v$$

$$= k.\lim_{s \to 0} \mu(s)p\mu(s)^{-1}.g^{-1}\lambda(s)v$$

$$= k.\bar{p}.g^{-1}v_0 \notin G_{\mathbf{R}}.v.$$

Ersetzen wir also λ durch $\mathrm{Int}(k) \circ \mu$, so können wir die Bedingungen (1) und (2) gleichzeitig erfüllen. $\qquad\qquad\qquad\qquad\qquad\qquad\qquad\qquad\qquad$ $\square$

Wir fixieren im folgenden ein K-invariantes Skalarprodukt $\langle\ ,\ \rangle$ auf V und setzen $\|v\|^2 := \langle v, v\rangle$.

Lemma 2. *Seien $v \in V$, $X \in \mathbf{p}$, und sei $f : \mathbf{R} \to \mathbf{R}_{\geq 0}$ definiert durch*

$$f(t) := \|\exp(tX)v\|^2 \quad (t \in \mathbf{R}).$$

Dann gilt entweder

(i) *Die zweite Ableitung von f ist strikt größer Null: $f''(t) > 0$ für alle $t \in \mathbf{R}$, oder*

(ii) *v wird von X annihiliert: $X.v = 0$, d.h. v wird von allen $\exp(tX)$, $t \in \mathbf{R}$, fixiert, und f ist konstant.*

BEWEIS: Indem wir gleichzeitig X und v mittels eines geeigneten Elementes aus K abändern, können wir o.B.d.A. $X \in \mathbf{a} \subset \mathbf{p}$ annehmen. Sei

$$V = \bigoplus_{\chi \in X^*(S)} V_\chi$$

die Eigenraumzerlegung von V bezüglich des Torus S. Wir identifizieren die Gewichte $\chi \in X^*(S)$ auch mit linearen Funktionalen auf $\mathbf{a}$: $X^*(S) \otimes_{\mathbf{Z}} \mathbf{R} = \mathbf{a}^*$. Die obige Zerlegung ist orthogonal bezüglich der Form $\langle\ ,\ \rangle$. Schreiben wir $v = \sum_{\chi \in X^*(S)} v_\chi$ mit $v_\chi \in V_\chi$, so gilt

$$f(t) = \|\sum_\chi \exp(tX)v_\chi\|^2 = \sum_\chi \|v_\chi\|^2 e^{2\chi(X)t}$$

und

$$f''(t) = \sum_\chi \|v_\chi\|^2 4\chi(X)^2 e^{2\chi(X)t}.$$

Dieser Ausdruck ist nun entweder strikt positiv für alle $t \in \mathbf{R}$, oder es gilt $\chi(X) = 0$ für alle χ mit $v_\chi \neq 0$. Letzteres heißt aber $X.v = 0$. $\qquad$ $\square$

Bei der Anwendung des vorangehenden Lemma 2 ist die folgende elementare Tatsache nützlich.

Lemma 3. *Sei $f : \mathbf{R} \to \mathbf{R}_{>0}$ eine mindestens zweimal stetig differenzierbare Funktion mit $f'(0) = 0$ und $f''(t) > 0$ für alle $t \in \mathbf{R}$. Dann besitzt f in 0 ein nichtentartetes absolutes Minimum und $\lim_{t\to\pm\infty} f(t) = +\infty$.*

Wir kommen nun zu unserem Hauptresultat.

Satz 2. *Sei $v \in V$ und $F_v : G_{\mathbf{R}} \to \mathbf{R}_{\geq 0}$ definiert durch $F_v(g) = \|gv\|^2$. Dann gilt:*

(1) *F_v besitzt einen kritischen Punkt auf $G_{\mathbf{R}}$ genau dann, wenn die Bahn $G_{\mathbf{R}}.v$ Hausdorff-abgeschlossen ist.*

(2) *Jeder kritische Punkt von F_v ist ein absolutes Minimum.*

Sei nun $e \in G_{\mathbf{R}}$ ein absolutes Minimum von F_v. Dann gilt weiter:

(3) *$\{v' \in G_{\mathbf{R}}.v \mid \|v\| = \|v'\|\} = K.v$.*

(4) *$(G_{\mathbf{R}})_v = \{g \in G_{\mathbf{R}} \mid gv = v\} = K_v.P_v$, wobei $K_v = K \cap (G_{\mathbf{R}})_v$ und $P_v = P \cap (G_{\mathbf{R}})_v$.*

BEWEIS: (1) Sei zunächst $G_{\mathbf{R}}.v$ abgeschlossen. Dann ist der Durchschnitt D von $G_{\mathbf{R}}.v$ mit einer genügend großen Kugel $\{v' \in V \mid \|v'\| \leq c\}$ kompakt und nicht leer. Auf D nimmt die Funktion $\| \;\|^2$ ein absolutes Minimum an. Dieses ist auch ein absolutes Minimum auf der ganzen Bahn $G_{\mathbf{R}}.v$. Also nimmt F_v ein absolutes Minimum auf G an. – Für die Umkehrung nehmen wir o.B.d.A. an, daß das Neutralelement $e \in G$ ein kritischer Punkt von F_v sei, und daß $G_{\mathbf{R}}.v$ nicht abgeschlossen sei. Nach Lemma 1 gibt es dann eine über $\mathbf{R}$ definierte Einparametergruppe

$$\lambda : G_m \longrightarrow G \quad \text{mit} \quad \lim_{\substack{s \to 0 \\ s \in \mathbf{R}_{>0}}} \lambda(s)v = v_0 \notin G_{\mathbf{R}}.v \text{ und } \lambda(\mathbf{R}_{>0}) \subset P.$$

Sei $X \in \mathbf{g_R}$ der „infinitesimale Erzeuger" von λ, i.e. für alle $t \in \mathbf{R}$ gilt $\exp(tX) = \lambda(\exp(t))$. Dann liegt X in $\mathbf{p}$, und wir können Lemma 2 auf die Funktion

$$f(t) = \| \exp(tX)v\|^2$$

anwenden. Wäre $f''(t) > 0$ für alle $t \in \mathbf{R}$, so folgte wegen $f'(t) = 0$ und Lemma 3, daß der Limes $\lim_{s \to 0} \lambda(s)v = \lim_{t \to -\infty} \exp(tX)v$ nicht existiert. Also muß $f(t)$ konstant sein und $X.v = 0$ gelten. Dies impliziert aber $\exp(tX)v = v$ für alle $t \in \mathbf{R}$, insbesondere $v_0 = \lim_{t \to -\infty} \exp(tX)v = v$ im Widerspruch zu $v_0 \notin G_{\mathbf{R}}.v$. Somit kann die Bahn $G_{\mathbf{R}}.v$ nur abgeschlossen sein.

(2) Sei o.B.d.A. das Neutralelement $e \in G_{\mathbf{R}}$ ein kritischer Punkt von F_v. Wir haben zu zeigen $F_v(g) \geq F_v(e)$ für alle $g \in G_{\mathbf{R}}$. Sei $g \in G_{\mathbf{R}}$ und $g = k. \exp(X)$, $X \in \mathbf{p}$, seine Cartan-Zerlegung. Dann gilt

$$F_v(g) = \|k. \exp(X)v\|^2 = \| \exp(X)v\|^2.$$

Anwendung der Lemmata 2 und 3 auf die Funktion $f(t) = \| \exp(tX)v\|^2$ liefert uns entweder

$$F_v(g) = f(1) > f(0) = F_v(e)$$

oder

$$X.v = 0 \quad \text{und} \quad F_v(g) = f(1) = f(0) = F_v(e).$$

(3) Sei $g \in G_{\mathbf{R}}$ mit $\|gv\| = \|v\|$, also $F_v(g) = F_v(e)$. Setzen wir wieder $g = k.\exp(X)$, so zeigt die Argumentation unter (2), daß $X.v = 0$ oder

$$gv = k.\exp(X)v = k.v.$$

(4) Sei $gv = v$, $g = k.\exp(X)$. Aus der Argumentation in (3) folgt nun $X.v = 0$, d.h. $\exp(X) \in P_v$, sowie $v = gv = k.v$, d.h. $k \in K_v$.   □

Bemerkungen und Zusätze. (1) Lemma 3 und der Beweis von (2) zeigen, daß F_v eine $K \times (G_{\mathbf{R}})_v$-invariante, nichtentartete Morsefunktion auf $G_{\mathbf{R}}$ definiert: Die Einschränkung von F_v auf eine transversale Scheibe T zur kritischen Menge $M = \{m \in G \mid F_v(m) \le F_v(g) \text{ für alle } g \in G\}$ hat in $M \cap T$ ein nichtentartetes quadratisches Minimum.

(2) Sei $G_{\mathbf{R}} = H_{\mathbf{C}}$ die Gruppe der komplexen Punkte einer komplexen reduktiven Gruppe und $H_{\mathbf{C}} \to \mathbf{GL}(W)$ eine komplexe algebraische Darstellung. Betrachten wir den komplexen Vektorraum W als einen rellen Vektorraum V, so läßt sich Satz 2 auf die Darstellung $G_{\mathbf{R}} \to \mathbf{GL}(V)$ anwenden. In diesem Fall besagt (4)

$$(H_{\mathbf{C}})_v = (G_{\mathbf{R}})_v = K_v \exp(i\mathbf{k}_v)$$

oder infinitesimal

$$(\mathbf{h}_{\mathbf{C}})_v = \mathbf{k}_v \oplus i\mathbf{k}_v.$$

Da K_v kompakt ist, besagt dies, daß $(\mathbf{h}_{\mathbf{C}})_v$ und $(H_{\mathbf{C}})_v$ reduktiv sind. Dies liefert einen neuen Beweis für den Satz von Matsushima über $\mathbf{C}$ (vgl. dazu den Aufsatz „Der Scheibensatz für algebraische Transformationsgruppen", Abschnitt 4).

(3) Der oben gegebene Beweis von Satz 2 folgt den vereinfachten Darstellungen von Dadok-Kac [DK] und Procesi-Schwarz [PS], die diese der ursprünglichen Theorie von Kempf-Ness [KN] angefügt haben. Unser wesentliches Hilfsmittel bei der Verallgemeinerung dieses Beweises auf die jetzige Situation liegt in Lemma 1, (2).

Beispiel. Wir wollen die adjungierte Darstellung der Gruppe $\mathbf{SL}_2$ auf ihrer Liealgebra $\mathbf{sl}_2$ betrachten, d.h. die reelle Darstellung

$$\varrho_{\mathbf{R}} : \mathbf{SL}_2(\mathbf{R}) \longrightarrow \mathbf{GL}(\mathbf{sl}_2(\mathbf{R})), \quad \varrho_{\mathbf{R}}(g)(X) := gXg^{-1}$$

($g \in \mathbf{SL}_2(\mathbf{R})$, $X \in \mathbf{sl}_2(\mathbf{R})$). Wir identifizieren $\mathbf{sl}_2(\mathbf{R})$ mit $\mathbf{R}^3$ durch Wahl der Basis

$$h = \begin{pmatrix} 1 & 0 \\ 0 & -1 \end{pmatrix}, \quad e + f = \begin{pmatrix} 0 & 1 \\ 1 & 0 \end{pmatrix}, \quad e - f = \begin{pmatrix} 0 & 1 \\ -1 & 0 \end{pmatrix},$$

$$\mathbf{R}^3 \ni (x, y, z) \leftrightarrow \begin{pmatrix} x & y + z \\ y - z & -x \end{pmatrix} \in \mathbf{sl}_2(\mathbf{R}).$$

Die Algebra der $\mathbf{SL}_2(\mathbf{R})$-invarianten Polynome auf $\mathbf{R}^3 = \mathbf{sl}_2(\mathbf{R})$ wird dann von der (negativen) Determinante

$$\mathbf{sl}_2(\mathbf{R}) \xrightarrow{-\det} \mathbf{R}, \quad (x, y, z) \mapsto x^2 + y^2 - z^2$$

erzeugt. Als maximal kompakte Untergruppe wählen wir $K = \mathbf{SO}_2(\mathbf{R})$ mit der korrespondierenden Cartan-Zerlegung

$$\mathbf{SL}_2(\mathbf{R}) = \mathbf{k} \oplus \mathbf{p}, \quad \mathbf{k} = \mathbf{R}.(e - f), \quad \mathbf{p} = \mathbf{R}.h \oplus \mathbf{R}(e + f).$$

Entsprechend dieser Zerlegung zerfällt die auf $K = \mathbf{SO}_2(\mathbf{R})$ eingeschränkte Darstellung $\varrho_{\mathbf{R}}$ in einen trivialen Summanden $\mathbf{k} = z$-Achse und eine zweidimensionale Rotationsdarstellung auf $\mathbf{p} = (x, y)$-Ebene. Eine K-invariante Längenfunktion ist daher die übliche

$$\|(x, y, z)\|^2 = x^2 + y^2 + z^2.$$

Das Verhalten der Bahnengeometrie folgt der ebenfalls üblichen Einteilung in drei Klassen:

(P) **Parabolische Bahnen.** Diese sind instabil und im singulären Nullkegel $x^2 + y^2 - z^2 = 0$ enthalten. Repräsentanten der Bahnen werden durch

$$\begin{pmatrix} 0 & 1 \\ 0 & 0 \end{pmatrix}, \quad \begin{pmatrix} 0 & -1 \\ 0 & 0 \end{pmatrix} \text{ und } \begin{pmatrix} 0 & 0 \\ 0 & 0 \end{pmatrix}$$

gegeben. Auf den nichttrivialen Bahnen nimmt die Funktion $\| \ \|^2$ kein Minimum an.

(H) **Hyperbolische Bahnen.** Eine solche ist abgeschlossen und besteht aus einem einschaligen Hyperboloid $x^2 + y^2 - z^2 = \varepsilon^2 > 0$. Die Punkte minimalen Abstandes zu 0 bilden einen Kreis: $z = 0$, $x^2 + y^2 = \varepsilon^2$.

(E) **Elliptische Bahnen.** Eine solche ist ebenfalls abgeschlossen und bildet eine Schale ($z > 0$ oder $z < 0$) eines zweischaligen Hyperboloids $x^2 + y^2 - z^2 = -\varepsilon^2$, $\varepsilon > 0$. Der minimale Abstand zu 0 wird in dem Schnitt der Schale mit der z-Achse, $x = y = 0$ und $z = \varepsilon$ (bzw. $z = -\varepsilon$), angenommen.

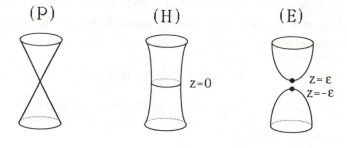

Die gerade beschriebene Darstellung von $\mathbf{SL}_2(\mathbf{R})$ erweitert sich zu einer Aktion der größeren, nicht zusammenhängenden Gruppe $\mathbf{GL}_2(\mathbf{R})$, die ebenfalls durch Konjugation auf $\mathbf{sl}_2(\mathbf{R})$ operiert. Eine maximal kompakte Untergruppe K ist nun $\mathbf{O}_2(\mathbf{R})$. Das Element $\begin{pmatrix} 0 & 1 \\ 1 & 0 \end{pmatrix} \in \mathbf{O}_2(\mathbf{R})$ operiert durch $(x, y, z) \mapsto (-x, y, -z)$. Es vertauscht die beiden Schalen in den Fällen (P) und (E), deren Vereinigung somit jeweils eine einzige $\mathbf{GL}_2(\mathbf{R})$-Bahn bildet.

§3   Zu den Anwendungen

Das ursprüngliche Resultat von Kempf-Ness, i.e. unser Satz 2 für komplexe Gruppen, hat zu zahlreichen Anwendungen geführt. In [DK] wird es zur Konstruktion abgeschlossener Bahnen herangezogen, in [PS] spielt es eine entscheidende Rolle bei der expliziten Beschreibung des Orbitraumes einer kompakten Liegruppe auf einer reellen Varietät, und in [Nee] ist es der Ausgangspunkt für die topologische Untersuchung von komplexen Quotientenvarietäten (vgl. auch [KPR]). In den Arbeiten [Ki] und [Ne] wird der Zusammenhang mit Impulsabbildungen („moment maps") hergestellt.

Eine gute Übersicht über einige dieser Anwendungen gibt der Artikel [Sch] von G. Schwarz, auf den wir den Leser nachdrücklich hinweisen wollen. Es finden sich dort auch wertvolle Details zu Punkten, die in [Nee] nicht genügend behandelt wurden. Auch die hier vorgestellte Verallgemeinerung auf reelle reduktive Gruppen besitzt Anwendungen, die der Leser neben weiteren Entwicklungen in [RS] finden kann.

Literaturverzeichnis

[Bi]   D. Birkes: *Orbits of linear algebraic groups*. Ann. Math. **93** (1971), 459–475

[Bo]   A. Borel: *Introduction aux groupes arithmétiques*. Hermann, Paris, 1969

[BHC]   A. Borel, Harish-Chandra: *Arithmetic subgroups of algebraic groups*. Ann. Math. **75** (1962), 485–535

[BT]   A. Borel, J. Tits: *Groupes réductifs*. Publ. Math. I.H.E.S. **27** (1965), 55–150

[DK]   J. Dadok, V. Kac: *Polar representations*. J. Algebra **92** (1985), 504–524

[He]   S. Helgason: *Differential Geometry, Lie Groups and Symmetric Spaces*. Academic Press, New York, 1978

[Ke]   G.R. Kempf: *Instability in invariant theory*. Ann. Math. **108** (1978), 299–316

[KN]   G.R. Kempf, L. Ness: *The length of vectors in representation spaces*. In: Algebraic Geometry, Lecture Notes in Math. **732**, 233–243, Springer-Verlag, Heidelberg 1979

[Ki]   F. Kirwan: *Cohomology of quotients in symplectic and algebraic geometry*. Math. Notes **31**, Princeton University Press, Princeton, New Jersey 1984

[Kr]   H. Kraft: *Geometrische Methoden in der Invariantentheorie.* Aspekte der
          Mathematik **D1**, Vieweg Verlag, Wiesbaden 1984.

[KPR]   H. Kraft, T. Petrie, J.D. Randall: *Quotient varieties.* Adv. in Math. **74**
          (1989), 145–162

[Lu]   D. Luna: *Sur certaines opérations differentiables des groupes de Lie.* Amer.
          J. Math. **97** (1975), 172–181

[MF]   D. Mumford, J. Fogarthy: *Geometric invariant theory.* Second enlarged edi-
          tion. Ergeb. Math. und Grenzgeb. **34**, Springer-Verlag, Berlin Heidelberg
          New York 1982

[Ne]   L. Ness: *A stratification of the null cone via the moment map.* Amer. J.
          Math. **106** (1984), 1281–1329.

[Nee]   A. Neeman: *The topology of algebraic quotients.* Ann. Math. **122** (1985),
          419–459.

[PS]   C. Procesi, G. Schwarz: *Inequalities defining orbit spaces.* Invent. Math. **81**
          (1985), 539–554.

[RS]   R.W. Richardson, P. Slodowy: *Minimum vectors for real reductive algebraic
          groups.* Preprint 1989

[Sch]   G. Schwarz: *The topology of algebraic quotients.* In: Topological methods
          in algebraic transformation groups. Progress in Mathematics **80**, 135–152,
          Birkhäuser Verlag 1989

[Sp]   T.A. Springer: *Reductive Groups.* Proc. Symp. Pure Math. **33** (1) (1979),
          3–27

NORMALE EINBETTUNGEN VON SPHÄRISCHEN HOMOGENEN RÄUMEN

Franz Pauer

Inhaltsverzeichnis

Einleitung 145
§ 1   Grundbegriffe und Problemstellung 145
§ 2   Sphärische homogene Räume und einfache Einbettungen 146
§ 3   Diskrete Bewertungen von $k(G/H)$ 148
§ 4   Einfache Einbettungen und gefärbte Kegel 149
§ 5   Normale Einbettungen und gefärbte Fächer 152
§ 6   Lexikon 153
Literatur 155

Einleitung

In [LV] wurde eine Methode zur Klassifikation der normalen Einbettungen von homogenen Räumen reduktiver Gruppen entwickelt. Diese Methode soll hier möglichst leicht lesbar dargestellt werden. Zur Vereinfachung beschränken wir uns auf *sphärische homogene Räume*. Beweise werden weggelassen, dafür werden die auftretenden Begriffe genau definiert und durch Beispiele erläutert.

§ 1   Grundbegriffe und Problemstellung

Es seien k ein algebraisch abgeschlossener Körper der Charakteristik Null, G eine zusammenhängende reduktive algebraische Gruppe über k und H eine abgeschlossene Untergruppe von G. Ab §3 nehmen wir zusätzlich an, daß der homogene Raum G/H *sphärisch* ist (siehe §2).

1.1. Definition. Es sei X eine algebraische Varietät, auf der G algebraisch operiert, und x sei ein Element von X. Das Paar (X, x) ist eine *Einbettung von* G/H, wenn gilt:

   (1) Die Bahn von G durch x ist dicht in X (also auch offen).

(2) Die Isotropieuntergruppe G_x von G in x ist gleich H.

Um triviale Sonderfälle auszuschließen, verlangen wir zusätzlich:

(3) X hat mindestens zwei G-Bahnen.

Beispiel. Es seien V eine algebraische Varietät mit algebraischer G-Operation, $x \in V$ und $\overline{G.x}$ der Abschluß der G-Bahn durch x in V. Weiter sei $G.x \neq \overline{G.x}$. Dann ist $(\overline{G.x}, x)$ eine Einbettung von G/G_x.

Eine Einbettung (X, x) ist *normal* (bzw. *glatt, vollständig, affin, ...*), wenn die Varietät X normal (bzw. glatt, vollständig, affin, ...) ist.

1.2. Definition. Es seien (X, x) und (X', x') Einbettungen von G/H. Eine algebraische Abbildung $f : X \to X'$ ist ein *Morphismus von Einbettungen*, wenn f G-äquivariant ist und $f(x) = x'$ ist.

Die letzte Bedingung bedeutet, daß das Diagramm

$$
\begin{array}{ccc}
& sH \in G/H \ni sH & \\
\swarrow & \downarrow f & \searrow \\
s.x \in X & \longrightarrow X' \ni s.x'
\end{array}
$$

kommutativ ist. Da die Bahn von G durch x in X dicht ist, gibt es höchstens einen Morphismus (von Einbettungen) von (X, x) nach (X', x').

Problemstellung. G und H seien gegeben. Zuerst sollen alle normalen Einbettungen von G/H klassifiziert werden, das heißt, es soll eine Bijektion von der Menge der Isomorphieklassen von normalen Einbettungen von G/H in eine Menge von (noch zu definierenden) „einfacheren Objekten", die *gefärbten Fächer* (siehe §5) angegeben werden. Dann soll ein „Lexikon" geschrieben werden, das heißt: die Eigenschaften einer Einbettung sollen aus dem zugehörigen gefärbten Fächer abgelesen werden können. Zum Beispiel: Welchen gefärbten Fächern entsprechen glatte Einbettungen? Welche Isotropiegruppen treten auf?

§2   Sphärische homogene Räume und einfache Einbettungen

2.1. Definition. Der homogene Raum G/H heißt *sphärisch*, wenn G/H eine dichte Bahn einer (und damit jeder) Boreluntergruppe von G enthält.

Beispiele. (1) Jeder homogene Raum eines algebraischen Torus ist sphärisch.

(2) Es sei σ ein algebraischer Automorphismus von G so, daß $\sigma^2 = \mathrm{id}_G$ gilt. Dann ist der Quotient von G nach $G^\sigma := \{g \in G \mid \sigma(g) = g\}$ ein sphärischer homogener Raum (siehe [Vu, 1.3]).

(3) Wenn H eine maximale unipotente Untergruppe von G enthält, dann ist G/H sphärisch.

Sphärische homogene Räume können durch ihre Einbettungen charakterisiert werden: *Der homogene Raum G/H ist genau dann sphärisch, wenn jede Einbettung von G/H nur endlich viele G-Bahnen enthält* (siehe [Ah] und [VK]).

2.2. Es ist oft sehr hilfreich, sich Einbettungen durch Bilder der Form

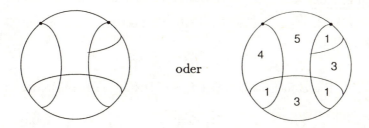

oder

zu veranschaulichen. Jeder Teilbereich des Bildes entspricht einer G-Bahn. Ein Teilbereich hat eine größere Fläche als ein anderer, wenn die Dimension der entsprechenden G-Bahn größer ist als die der anderen. Mit • werden einpunktige G-Bahnen gekennzeichnet. Die im Bild eingetragenen Zahlen sind die Dimensionen der entsprechenden Bahnen. Wenn zwei Teilbereiche ein gemeinsames Randstück besitzen, dann ist die kleinere Bahn im Abschluß der größeren enthalten. Die oben gezeichneten Bilder veranschaulichen also eine Einbettung mit 9 Bahnen, von welchen 4 abgeschlossen sind.

2.3. Definition:. Eine Einbettung von G/H heißt *einfach*, wenn sie normal ist und nur eine abgeschlossene Bahn enthält.

Jede G-Bahn Y in einer Einbettung (X, x) eines sphärischen homogenen Raumes G/H besitzt genau eine offene G-stabile Umgebung $E(X, Y)$, die Y als einzige abgeschlossene Bahn enthält: Es ist $E(X, Y)$ die Vereinigung aller G-Bahnen in X, deren Abschluß Y enthält. Offenbar ist $(E(X, Y), x)$ eine einfache Einbettung von G/H. Normale Einbettungen von sphärischen homogenen Räumen können also durch endlich viele einfache überdeckt werden:

Daher werden zuerst die einfachen Einbettungen klassifiziert (§4). Dann wird dieses Klassifikationsergebnis durch „Zusammenkleben" auf beliebige normale Einbettungen erweitert (§5).

§3   Diskrete Bewertungen von $k(G/H)$

3.1. Es seien (X, x) eine einfache Einbettung von G/H und Y die abgeschlossene G-Bahn in X. Die dominante (und G-äquivariante) Abbildung $G/H \hookrightarrow X$: $sH \mapsto s.x$ induziert einen Isomorphismus zwischen den Körpern der rationalen Funktionen $k(G/H)$ und $k(X)$. Im weiteren werden wir damit $k(G/H)$ und $k(X)$ identifizieren.

Die Einbettung (X, x) ist eindeutig bestimmt durch den G-stabilen Unterring

$$\mathcal{O}_{X,Y} := \{f \in k(X) = k(G/H) \mid \text{Def } f \cap Y \neq \}$$

von $k(G/H)$. Dabei bezeichnet Def f den Definitionsbereich der rationalen Funktion f.

Der Ring $\mathcal{O}_{X,Y}$ ist normal (weil X normal ist) und noethersch, also Durchschnitt von diskreten Bewertungsringen in $k(G/H)$. Die diskreten Bewertungen sind das wesentliche Hilfsmittel zur Klassifikation der Einbettungen.

3.2. Definitionen. (a) Eine *diskrete Bewertung von $k(G/H)$* ist eine Abbildung

$$\nu : k(G/H) \smallsetminus \{0\} \longrightarrow \mathbf{Q},$$

die die folgenden Bedingungen erfüllt:

(1) Für alle $f, g \in k(G/H) \smallsetminus \{0\}$ gilt $\nu(f \cdot g) = \nu(f) + \nu(g)$ und (falls $f + g \neq 0$) $\nu(f + g) \geq \min\{\nu(f), \nu(g)\}$.

(2) Für alle $f \in k \smallsetminus \{0\}$ ist $\nu(f) = 0$.

(3) Es gibt ein $f \in k(G/H) \smallsetminus \{0\}$ so, daß $\text{Bi}(\nu) = \mathbf{Z}\nu(f)$.

(b) Sei ν eine diskrete Bewertung von $k(G/H)$. Dann ist der *Bewertungsring*

$$\mathcal{O}_\nu := \{f \in k(G/H) \smallsetminus \{0\} \mid \nu(f) \geq 0\} \cup \{0\}$$

ein lokaler Unterring von $k(G/H)$. Zwei diskrete Bewertungen ν und ν' sind genau dann *äquivalent* (d.h. es gibt eine positive rationale Zahl c so, daß $\nu' = c\nu$), wenn $\mathcal{O}_\nu = \mathcal{O}_{\nu'}$ gilt. (c) Eine diskrete Bewertung ν von $k(G/H)$ heißt *G-invariant*, wenn für alle $f \in k(G/H) \smallsetminus \{0\}$ und für alle $s \in G$ gilt: $\nu(s.f) = \nu(f)$. (Dabei ist $(s.f)(tH) := f(s^{-1}tH)$, $t \in G$.)

Wir bezeichnen mit $\mathcal{V}$ die Menge der nicht-trivialen G-invarianten diskreten Bewertungen von $k(G/H)$.

3.3. Es seien (X, x) eine normale Einbettung von G/H und Z eine G-Bahn von Kodimension 1 in X. Wir bezeichnen mit $\nu_{X,Z}(f)$ die Ordnung des Poles oder der Nullstelle von f in Z. *Dann ist die Abbildung*

$$\nu_{X,Z} : k(G/H) \smallsetminus \{0\} \longrightarrow \mathbf{Q}$$

eine G-invariante diskrete Bewertung, und ihr Bewertungsring ist $\mathcal{O}_{X,Z}$.

Umgekehrt gilt: Ist $\nu \in \mathcal{V}$, so gibt es eine einfache Einbettung (X, x) mit einer abgeschlossenen Bahn Y von Kodimension 1 in X so, daß ν zu $\nu_{X,Y}$ äquivalent ist. Eine solche Einbettung heißt *elementar*; sie enthält nur zwei Bahnen, ist also einfach. (Siehe [LV, 3.3 und 7.5]; die Voraussetzung G/H sphärisch ist hier wesentlich.)

3.4. Beispiel. Es seien G der algebraische Torus k^{*n} ($k^* := (k \smallsetminus \{0\})$) und H die triviale Untergruppe $\{e\}$. Wir bezeichnen mit $T_i : G \to k^*$ die Projektion auf die i-te Komponente, $1 \le i \le n$, und schreiben T^α für $T_1^{\alpha_1} T_2^{\alpha_2} \ldots T_n^{\alpha_n}$ ($\alpha \in \mathbf{Z}^n$). Die Charaktergruppe $\mathcal{X}(G)$ von G ist die zu $\mathbf{Z}^n$ isomorphe Gruppe $\{T^\alpha \mid \alpha \in \mathbf{Z}^n\}$. Die Algebra $k[G]$ der regulären Funktionen von G wird von $\mathcal{X}(G)$ erzeugt; insbesondere ist $\mathcal{X}(G) \subseteq k(G) \smallsetminus \{0\}$. Weil $k(G)$ der Quotientenkörper von $k[G]$ ist, ist jede diskrete Bewertung von $k(G)$ durch ihre Einschränkung auf $k[G] \smallsetminus \{0\}$ eindeutig bestimmt.

Behauptung. *Die Abbildung* $\mathcal{V} \to \operatorname{Hom}_{\mathbf{Z}}(\mathcal{X}(G), \mathbf{Q}) \smallsetminus \{0\} : \nu \mapsto \nu|_{\mathcal{X}(G)}$ *ist bijektiv.*

BEWEIS: Für $\varphi \in \operatorname{Hom}_{\mathbf{Z}}(\mathcal{X}(G), \mathbf{Q}) \smallsetminus \{0\}$ ist die Abbildung $\nu_\varphi : k(G) \smallsetminus \{0\} \to \mathbf{Q}$ definiert durch

$$\frac{\sum_\alpha a_\alpha T^\alpha}{\sum_\beta b_\beta T^\beta} \longmapsto \min\{\varphi(\alpha) \mid a_\alpha \ne 0\} - \min\{\varphi(\beta) \mid b_\beta \ne 0\}$$

ein Element von $\mathcal{V}$, und $\nu_\varphi|_{\mathcal{X}(G)} = \varphi$. Also ist die Abbildung $\nu \mapsto \nu|_{\mathcal{X}(G)}$ surjektiv. Sei nun $\nu \in \mathcal{V}$. Für $f = \sum_\alpha c_\alpha T^\alpha \in k[G] \smallsetminus \{0\}$ ist $\nu(f) \ge \min\{\nu(T^\alpha) \mid c_\alpha \ne 0\}$. Wähle $\beta \in \mathbf{Z}^n$ so, daß $c_\beta \ne 0$ und $\nu(T^\beta) = \min\{\nu(T^\alpha) \mid c_\alpha \ne 0\}$. Dann ist $W := \{g \in k[G] \smallsetminus \{0\} \mid \nu(g) > \nu(T^\beta)\} \cup \{0\}$ ein G-stabiler Untervektorraum von $k[G]$, der T^β nicht enthält. Als Darstellung von G zerfällt $k[G]$ in die direkte Summe der (paarweise nicht-isomorphen) eindimensionalen Darstellungen kT^α, $\alpha \in \mathbf{Z}^n$. Daher folgt aus $T^\beta \notin W$ auch $f \notin W$. Somit ist $\nu(f) = \nu(T^\beta) = \min\{\nu(T^\alpha) \mid c_\alpha \ne 0\}$. Folglich ist ν durch $\nu|_{\mathcal{X}(G)}$ eindeutig bestimmt, die betrachtete Abbildung also auch injektiv. □

Es sei $\nu \in \mathcal{V}$. Die ν entsprechende elementare Einbettung (X, x) von G kann auf die folgende Weise konstruiert werden: *Wähle eine* $\mathbf{Z}$*-Basis* B *von* $\{\alpha \in \mathbf{Z}^n \mid \nu(T^\alpha) = 0\}$, *und ergänze sie durch ein* $\gamma \in \mathbf{Z}^n$ *so zu einer* $\mathbf{Z}$*-Basis von* $\mathbf{Z}^n$, *daß* $\nu(T^\gamma) < 0$ *gilt. Es seien* $A := B \cup (-B) \cup \{\gamma\}$, $M := \bigoplus_{\alpha \in A} kT^\alpha \le k[G]$ *und* $x := \sum_{\alpha \in A} T^\alpha \in M$. *Weiter sei* X *der Abschluß der* G*-Bahn durch* x *in* M. *Man prüft nun leicht nach, daß* (X, x) *eine elementare Einbettung von* G *mit abgeschlossener Bahn* $Y := G.(x - T^\gamma)$ *ist und daß* $\mathcal{O}_{X,Y} = \mathcal{O}_\nu$ *gilt.*

§ 4   Einfache Einbettungen und gefärbte Kegel

4.1. Es sei e das neutrale Element von G. Wir wählen eine Boreluntergruppe B von G so, daß die Bahn von B durch $\bar{e} := eH$ in G/H dicht ist. Weiter sei

$\mathcal{D}$ die Menge der irreduziblen Komponenten von $(G/H) \smallsetminus B.\bar{e}$. Die Menge $\mathcal{D}$ ist endlich, ihre Elemente sind B-stabile Teilmengen von G/H.

Die Bahn der auflösbaren Gruppe B durch $\bar{e}$ ist affin. Daher haben alle Elemente von $\mathcal{D}$ die Kodimension 1 in G/H. Also entspricht einem Element $D \in \mathcal{D}$ die diskrete (B-invariante) Bewertung

$$\nu_D : k(G/H) \smallsetminus \{0\} \to \mathbf{Q} : \quad f \mapsto \nu_D(f).$$

4.2. Es sei (X, x) eine einfache Einbettung von G/H mit abgeschlossener G-Bahn Y. Dann definieren wir

$$\mathcal{V}(X) := \{\nu_{X,Z} \in \mathcal{V} \mid Z \text{ ist } G\text{-Bahn der Kodimension 1 in } X\}$$

(siehe 3.3) und

$$\mathcal{D}(X) := \{ D \in \mathcal{D} \mid \text{der Abschluß von } D \text{ in } X \text{ enthält } Y\}.$$

Die Mengen $\mathcal{V}(X)$ und $\mathcal{D}(X)$ sind endlich. Die ihren Elementen entsprechenden Bewertungsringe enthalten $\mathcal{O}_{X,Y}$. Es gilt sogar: *Die einfache Einbettung (X, x) ist durch das Paar $(\mathcal{V}(X), \mathcal{D}(X))$ (bis auf Isomorphie) eindeutig bestimmt* (siehe [LV, 8.3]).

4.3. Um die einfachen Einbettungen zu klassifizieren, müssen noch jene Paare (E, F) von endlichen Teilmengen $E \subseteq \mathcal{V}$, $F \subseteq \mathcal{D}$ beschrieben werden, für die eine einfache Einbettung (X, x) existiert mit $E = \mathcal{V}(X)$ und $F = \mathcal{D}(X)$. Die Menge

$$\mathcal{P} \quad := \quad \{f \in k(G) \mid f(e) = 1, \ f \text{ Eigenvektor von } B \text{ bzgl. Links-}$$
$$\text{translation, } f \text{ invariant unter } H \text{ bzgl. Rechtstranslation}\}$$

ist eine Untergruppe von $k(G) \smallsetminus \{0\}$.

Beispiel. Ist G ein algebraischer Torus und $H = \{e\}$, so ist $\mathcal{P}$ die Charaktergruppe von G.

Weil $B.H$ in G dicht ist, ist die Abbildung $\mathcal{P} \to \mathcal{X}(B)^{B \cap H} : f \mapsto f|_B$ ein Isomorphismus von Gruppen. (Mit $\mathcal{X}(B)^{B \cap H}$ bezeichnen wir die Gruppe der unter $B \cap H$ bezüglich Rechtstranslation invarianten Charaktere von B.) Insbesondere ist die Gruppe $\mathcal{P}$ endlich erzeugt. Daher ist $\mathrm{Hom}_{\mathbf{Z}}(\mathcal{P}, \mathbf{Q})$ ein endlichdimensionaler $\mathbf{Q}$- Vektorraum.

Die Abbildung $\mathcal{V} \to \mathrm{Hom}_{\mathbf{Z}}(\mathcal{P}, \mathbf{Q}) : \nu \mapsto \nu|_{\mathcal{P}}$ ist injektiv [LV, 7.4]. Wir werden daher ν und $\nu|_{\mathcal{P}}$ identifizieren und so $\mathcal{V}$ als Teilmenge von $\mathrm{Hom}_{\mathbf{Z}}(\mathcal{P}, \mathbf{Q})$ auffassen. Die Abbildung $r : \mathcal{D} \to \mathrm{Hom}_{\mathbf{Z}}(\mathcal{P}, \mathbf{Q}) : D \mapsto \nu_D|_{\mathcal{P}}$ ist im allgemeinen nicht injektiv.

Beispiel. Es seien $G = \mathrm{SL}(3, k)$ und H das Bild von

$$\mathrm{SL}(2, k) \to \mathrm{SL}(3, k) : \begin{pmatrix} a_{11} & a_{12} \\ a_{21} & a_{22} \end{pmatrix} \mapsto \begin{pmatrix} 1 & 0 & 0 \\ 0 & a_{11} & a_{12} \\ 0 & a_{21} & a_{22} \end{pmatrix}$$

Der homogene Raum G/H ist sphärisch, die Abbildung r ist injektiv, $r(\mathcal{D}) = \{e_1, e_2\}$ ist eine $\mathbf{Q}$-Basis von $\mathrm{Hom}_\mathbf{Z}(\mathcal{P}, \mathbf{Q})$ und $\mathcal{V} = \{c_1 e_1 + c_2 e_2 \mid c_1, c_2 \in \mathbf{Q}, c_1 + c_2 \leq 0\} \smallsetminus \{0\}$:

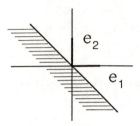

$$\mathcal{V} = \{c_1 e_1 + c_2 e_2 \mid c_1, c_2 \in \mathbf{Q}, c_1 + c_2 \leq 0\} \smallsetminus \{0\}$$

4.4. Definitionen. (a) Es sei C ein konvexer Kegel in einem $\mathbf{Q}$-Vektorraum W. Dann heißt C *spitz*, wenn C keinen eindimensionalen Untervektorraum von W enthält.

(b) Der Kegel C wird *von einer Teilmenge M erzeugt* (Schreibweise: $C = C(M)$), wenn jedes Element in C eine Linearkombination von Elementen in M mit nicht-negativen rationalen Koeffizienten ist.

(c) Das Innere von C in dem von C erzeugten Vektorraum wird mit $\mathring{C}$ bezeichnet. Eine Teilmenge der Form $\mathrm{Ker}(f) \cap C$, wobei f eine Linearform auf W ist, die auf C nur nichtnegative Werte annimmt, heißt *Seite von C*. Das Innere einer Seite in dem von ihr erzeugten Vektorraum heißt *offene Seite von C*. Eine Seite eines spitzen Kegels C, die einen eindimensionalen Vektorraum erzeugt, heißt *extreme Halbgerade von C*.

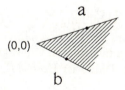

Spitzer Kegel in $\mathbf{Q}^2$, der von $\{a, b\}$ erzeugt wird.

Es seien $\pi : G \to G/H$ die kanonische Projektion, $F \subseteq \mathcal{D}$ und R der Ring der rationalen Funktionen von G, die auf einer dichten Teilmenge von $\bigcup_{D \in F} \pi^{-1}(D)$ definiert sind. (Wenn F leer ist, sei $R := k(G)$.) Dann ist R bezüglich Rechtstranslation H-stabil und enthält $k[G]$. Es sei $\mathcal{X}_F(H)$ die Menge der Charaktere von H, die den Eigenvektoren von H in R bezüglich Rechtstranslation entsprechen.

Definition. Es seien $C \subseteq \mathrm{Hom}_{\mathbf{Z}}(\mathcal{P}, \mathbf{Q})$ und $F \subseteq \mathcal{D}$. Dann heißt (C, F) *gefärbter Kegel* (in $\mathrm{Hom}_{\mathbf{Z}}(\mathcal{P}, \mathbf{Q})$), wenn gilt:

(1) C ist ein spitzer konvexer Kegel.

(2) C wird von $r(F)$ und einer endlichen Teilmenge von $\mathcal{V}$ erzeugt.

(3) Der Durchschnitt von $\mathcal{V}$ mit $\overset{\circ}{C}$ ist nicht leer.

(4) $\mathcal{X}_F(H)$ ist die Charaktergruppe von H.

Wenn G/H quasiaffin oder F leer ist, so ist die letzte Bedingung immer erfüllt.

4.5. Klassifikation der einfachen Einbettungen des sphärischen homogenen Raumes G/H. *Die Abbildung*

$$\left\{ \begin{array}{l} \text{Isomorphieklassen von einfa-} \\ \text{chen Einbettungen von } G/H \end{array} \right\} \longrightarrow \{\text{gefärbte Kegel in } \mathrm{Hom}_Z(\mathcal{P}, \mathbf{Q})\}$$

$$\text{Klasse von } (X, x) \longmapsto \underbrace{\Big(C\big(\mathcal{V}(X) \cup r(\mathcal{D}(X))\big), \mathcal{D}(X) \Big)}_{\text{„gefärbter Kegel von } (X, x)\text{“}}$$

ist wohldefiniert und bijektiv. Die Umkehrabbildung ordnet einem gefärbten Kegel (C, F) die eindeutig bestimmte Isomorphieklasse der einfachen Einbettungen (X, x) mit $\mathcal{D}(X) = F$ und

$$\mathcal{V}(X) = \{\nu \in \mathcal{V} \mid \mathrm{Bi}(\nu) = \mathbf{Z}, \nu \text{ erzeugt eine extreme Halbgerade}$$
$$\text{von } C, \text{ die kein Element von } r(F) \text{ enthält}\}$$

zu.

BEWEIS: [LV, 8.10]   □

Beispiel. Ist G ein Torus, so ist $\mathcal{D}$ leer und $\mathcal{V} \cup \{0\} = \mathrm{Hom}_Z(\mathcal{P}, \mathbf{Q})$. Also entspricht jedem spitzen, endlich erzeugten konvexen Kegel $\neq \{0\}$ in $\mathrm{Hom}_Z(\mathcal{P}, \mathbf{Q})$ eine einfache Einbettung.

§5   Normale Einbettungen und gefärbte Fächer

5.1. Definition. Ein *gefärbter Fächer* (in $\mathrm{Hom}_Z(\mathcal{P}, \mathbf{Q})$) ist eine nichtleere endliche Menge von gefärbten Kegeln $\{(C_i, F_i) \mid i \in I\}$ so, daß für alle $i, j \in I$, $i \neq j$, gilt:

(1) Der Durchschnitt $\overset{\circ}{C}_i \cap \overset{\circ}{C}_j \cap \mathcal{V}$ ist leer.

(2) Wenn $C_i \cap C_j \cap \mathcal{V}$ nicht leer ist, dann ist $r^{-1}(C_i) \cap F_j = r^{-1}(C_j) \cap F_i$.

(3) C_i ist nicht in C_j enthalten.

Beispiel. Es sei G ein Torus. In diesem Fall ist eine nichtleere endliche Menge von spitzen Kegeln $\neq \{0\}$ im $\mathbf{Q}$-Vektorraum $\operatorname{Hom}_Z(\mathcal{P}, \mathbf{Q})$ genau dann ein gefärbter Fächer, wenn die Inneren der Kegel paarweise disjunkt sind und kein Kegel in einem anderen enthalten ist.

5.2. Es seien (X, x) eine normale Einbettung von G/H und A die Menge der abgeschlossenen G-Bahnen in X. Für $Y \in A$ sei (C_Y, F_Y) der gefärbte Kegel von $E(X, Y)$ (siehe 2.3). Es ist nicht schwierig nachzuprüfen, daß die Menge $\{(C_Y, F_Y) \mid Y \in A\}$ ein gefärbter Fächer ist. (Die Bedingung (1) folgt aus dem Bewertungskriterium für die Separiertheit.)

Klassifikation der normalen Einbettungen des sphärischen homogenen Raumes G/H. *Die oben definierte Abbildung von der Menge der Isomorphieklassen von normalen Einbettungen von G/H in die Menge der gefärbten Fächer in $\operatorname{Hom}_Z(\mathcal{P}, \mathbf{Q})$ ist bijektiv.*

BEWEIS: [LV, 8.10]   □

§ 6   Lexikon

Es sei (X, x) eine normale Einbettung von G/H und $\{(C_i, F_i) \mid i \in I\}$ sei ihr gefärbter Fächer.

- Aus dem Bewertungskriterium für die Vollständigkeit folgt: X *ist genau dann vollständig, wenn $\mathcal{V} \subseteq \bigcup_{i \in I} C_i$.*
- Die G-Bahnen in X entsprechen jenen offenen Seiten der Kegel $C_i, i \in I$, deren Durchschnitt mit $\mathcal{V}$ nicht leer ist (siehe [LV, 8.10]).
- Die Isotropiegruppen der Punkte einer G-Bahn in X enthalten genau dann eine maximale unipotente Untergruppe von G, wenn der Durchschnitt der ihr entsprechenden Seite mit dem Inneren von $\mathcal{V}$ nicht leer ist (siehe [BP, 3.8]).

Für gewisse sphärische homogene Räume kann aus den gefärbten Fächern abgelesen werden, ob die zugehörige Einbettung glatt ist (siehe [P1], [P2]). Eine allgemeine Beschreibung der glatten Einbettungen ist noch nicht bekannt.

Beispiel. Es sei $G = \mathrm{SL}(3, k)$, und H, e_1, e_2 seien wie im Beispiel 4.3 definiert. Weiter seien

$$
\begin{aligned}
C_1 &:= C(e_1, -2e_1 + e_2), & C_2 &:= C(e_2, e_1 - 2e_2), \\
C_3 &:= C(-2e_1 + e_2, e_1 - 2e_2), & C_4 &:= C(-2e_1 + e_2, -e_1), \\
C_5 &:= C(-e_1, -e_2), & C_6 &:= C(-e_2, e_1 - 2e_2).
\end{aligned}
$$

Dann ist $\{(C_1, \{e_1, e_2\}), (C_2, \{e_1, e_2\}), (C_3, \emptyset)\}$ ein gefärbter Fächer:

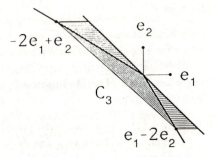

Die entsprechende Einbettung hat 6 G-Bahnen, 3 davon sind abgeschlossen. Sie ist vollständig, aber nicht projektiv und nicht glatt:

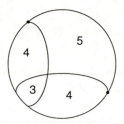

Dem gefärbten Fächer $\{(C_1, \{e_1\}), (C_2, \{e_2\}), (C_4, \emptyset), (C_5, \emptyset), (C_6, \emptyset)\}$ entspricht eine glatte, nicht projektive, vollständige Einbettung mit 10 G-Bahnen (siehe [P2]):

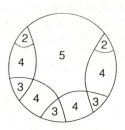

Literatur

[Ah]   Ahiezer, D.N.: *Actions with a finite number of orbits*. Functional Anal. Appl. **19** (1985), 1–4

[BLV]   Brion, M., Luna, D., Vust, T.: *Espaces homogènes sphériques*. Invent. Math. **84** (1986), 617–632

[BP]   Brion, M., Pauer, F.: *Valuations des espaces homogènes sphériques*. Comment. Math. Helv. **62** (1987), 265–285

[LV]   Luna, D., Vust, T.: *Plongements d'espaces homogènes*. Comment. Math. Helv. **58** (1983), 186–245

[P1]   Pauer, F.: *Glatte Einbettungen von G/U*. Math. Ann. **262** (1983), 421–429

[P2]   Pauer, F.: *Plongements normaux de l'espace homogène* SL(3)/SL(2). C. R. 108e Congrès Nat. Soc. Sav. 1983, Fasc. III, 87–104, C. T. H. S., Paris 1983

[VK]   Vinberg, E., Kimelfeld, B.: *Homogeneous domains on flag manifolds and spherical subgroups of semisimple Lie groups*. Funct. Anal. Appl. **12** (1979), 168–174

[Vu]   Vust, T.: *Opération de groupes réductifs dans un type de cônes presque homogènes*. Bull. Soc. Math. France **102** (1974), 317–333

FRACTIONS RATIONNELLES INVARIANTES PAR UN GROUPE FINI:
Quelques Exemples

Michel Kervaire   Thierry Vust

Table des matières

Introduction 157
I. Un exemple de D. Saltman 158
II. Résultats de T. Miyata et W. Burnside 167
§ 1   Exposition du travail de T. Miyata 167
§ 2   Un système de générateurs dans deux cas particuliers 170
III. Le groupe alterné $\mathbf{A}_5$ 172
§ 1   La première méthode due à N. I. Shepherd-Barron 172
§ 2   Explicitation de cinq générateurs de l'extension $\mathbf{C}(M)^{\mathbf{A}_5}/\mathbf{C}$ 175
Bibliographie 179

Introduction

Il s'agit de la question classique (W. Burnside, E. Noether): soit G un groupe fini et V un G-module de dimension finie (sur le corps $\mathbf{C}$ des nombres complexes); on note $\mathbf{C}(V)^G$ le corps des fonctions rationnelles sur V, invariantes par G; l'extension $\mathbf{C}(V)^G/\mathbf{C}$ est-elle transcendante pure?

Cette rédaction ne fait pas le point sur ce sujet mais donne seulement quelques exemples positifs et négatifs. Pour une revue sur cette question, voir par exemple [Sa3] et la bibliographie qui y est citée, et aussi [CS]; dans le cas où G est un groupe linéaire algébrique et V un G-module rationnel de dimension finie, voir [Do].

Tout d'abord, au chapitre 1, on montre d'après D. Saltman ([Sa1], [Sa2], [Sa3]) qu'il existe des groupes finis G tels que pour tout G-module V fidèle de dimension finie, l'extension $\mathbf{C}(V)^G/\mathbf{C}$ n'est *pas* pure.

Au chapitre 2, on montre d'après T. Miyata [Mi] que l'extension $\mathbf{C}(V)^G/\mathbf{C}(\mathbf{P}(V))^G$ est pure. Pour démontrer que $\mathbf{C}(V)^G/\mathbf{C}$ est pure, il suffit donc de montrer que $\mathbf{C}(\mathbf{P}(V))^G/\mathbf{C}$ l'est. Ce gain d'une dimension conduit à une réponse positive lorsque $\dim V = 3$ (en utilisant le critère de Castelnuovo); ce résultat fait partie du folklore et parait remontrer à W. Burnside et E. Noether. Pour illustration on explicite ensuite la situation dans deux cas particuliers en suivant [Bu].

Enfin, au chapitre 3, on démontre de deux manières que $\mathbf{C}(M)^{\mathbf{A}_5}/\mathbf{C}$ est pure où le groupe alterné $\mathbf{A}_5$ à 5 lettres, opère dans $M = \mathbf{C}^5$ par permutations des coordonnées. L'une des méthodes est due à N.I. Shepherd-Barron.

Cette rédaction est un avatar de plusieurs cours et séminaires du troisième cycle romand de mathématiques. Nous avons bénéficié du concours de nombreuses personnes et nous tenons à les remercier. En particulier: J.L. Colliot-Thélène: le chapitre 1 suit de très près deux exposés oraux qu'il a fait à Genève (février 1985) et en fait ce chapitre est à placer à son crédit; H. Kraft qui nous a beaucoup encouragé et a servi d'intermédiaire avec N.I. Shepherd-Barron; M. Ojanguren qui nous a aidé lors de séminaires.

I. Un exemple de D. Saltman

On montre qu'il existe des groupes finis H tels que pour toute représentation fidèle de dimension finie $H \to \mathbf{GL}(V)$, l'extension $\mathbf{C}(V)^H/\mathbf{C}$ n'est *pas* transcendante pure. On introduit pour commencer le groupe de Brauer non ramifié d'une extension L/F: c'est lui qui nous permettra de démontrer que $\mathbf{C}(V)^H/\mathbf{C}$ n'est pas transcendante pure.

La référence générale concernant la théorie de Galois des corps valués complets et le groupe de Brauer est [Se1].

I.1. Soit K un corps *complet* pour une valuation discrète v; on note $K(v)$ le corps résiduel de v. On sait qu'il existe une extension maximale non ramifiée K' de K (unique à isomorphisme près), dont le corps résiduel est la clôture séparable $K(v)_s$ de $K(v)$ et qui est galoisienne sur K de groupe G isomorphe au groupe de Galois de $K(v)_s/K(v)$: c'est la limite inductive des extensions finies non ramifiées L/K. On note encore v l'extension de v à K'.

Si $K(v)$ est parfait, toute algèbre simple centrale A sur K est neutralisée par une extension finie non ramifiée L/K, i.e. $A \otimes_K L$ est isomorphe, comme L-algèbre, à une algèbre de matrices sur L. Il s'ensuit un isomorphisme canonique

$$\mathrm{Br}(K) = \mathrm{Br}(K'/K) \xrightarrow{\sim} \mathrm{H}^2\left(G, (K')^*\right); \tag{1}$$

ici, bien sûr, G est muni de sa topologie de groupe de Galois et $\mathrm{H}^2\left(G, (K')^*\right)$ désigne la cohomologie continue égale à $\varinjlim \mathrm{H}^2\left(\mathrm{Gal}(L/K), L^*\right)$, où L/K parcourt l'ensemble des sous-extensions finies de K'/K. Le groupe $\mathrm{Br}(K)$ est donc muni canoniquement d'un homomorphisme

$$\partial : \mathrm{Br}(K) \longrightarrow \mathrm{H}^2(G, \mathbf{Z}) \tag{2}$$

obtenu en composant (1) avec l'homomorphisme

$$\mathrm{H}^2(G, (K')^*) \xrightarrow{v} \mathrm{H}^2(G, \mathbf{Z})$$

induit par la valuation $v : (K')^* \to \mathbf{Z}$ (qui est G-équivariante pour l'opération triviale dans $\mathbf{Z}$).

Dans la suite on utilisera souvent l'isomorphisme

$$\mathrm{H}^2(G, \mathbf{Z}) \cong \mathrm{Hom}(G, \mathbf{Q}/\mathbf{Z})$$

et on considérera quelquefois ∂ comme prenant ses valeurs dans $\mathrm{Hom}(G, \mathbf{Q}/\mathbf{Z})$.

Soit maintenant F_0 un corps de caractéristique nulle et L/F_0 une extension de F_0. On désigne par $\mathcal{V}(L/F_0)$ l'ensemble des valuations discrètes de L impropres sur F_0. Pour $v \in \mathcal{V}(L/F_0)$, on note L_v le complété de L relatif à v, et L'_v son extension maximale non ramifiée. Pour $v \in \mathcal{V}(L/L_0)$, on dispose d'un homomorphisme

$$\partial_v : \mathrm{Br}(L) \to \mathrm{Br}(L_v) \to \mathrm{H}^2(\mathrm{Gal}(L'_v/L_v), \mathbf{Z})$$

où la première flèche est induite par l'extension des scalaires de L à L_v et la seconde comme en (2). On pose

$$\mathrm{Br}'_{F_0}(L) := \bigcap_{v \in \mathcal{V}(L/F_0)} \ker(\partial_v) :$$

c'est le *groupe de Brauer non ramifié* de L/F_0.

I.2. Soit F_0 un corps de caractéristique nulle et L/F_0 une extension de F_0. On note $L(X)/L$ l'extension transcendante pure de degré 1 engendrée par l'indéterminée X. L'homomorphisme $\mathrm{Br}(L) \to \mathrm{Br}(L(X))$ déduit de l'extension des scalaires est injectif; on le traite comme une inclusion. Le but de ce numéro est de démontrer la

Proposition. $\mathrm{Br}'_{F_0}(L) = \mathrm{Br}'_{F_0}(L(X))$.

PREUVE: Soit v une valuation discrète de $L(X)$ impropre sur F_0; il s'agit d'évaluer le noyau de

$$\partial_v : \mathrm{Br}(L(X)) \to \mathrm{Br}(L(X)_v) \to \mathrm{H}^2\left(\mathrm{Gal}(L(X)'_v/L(X)_v), \mathbf{Z}\right).$$

(a) On commence par traiter le cas où v est *impropre sur L associée au polynôme unitaire irréductible* $f \in L[X]$; les calculs montreront que $\mathrm{Br}'_{F_0}(L(X)) \subset \mathrm{Br}(L)$.

On note $\overline{L}$ une clôture algébrique de L et G le groupe de Galois de $\overline{L}/L$ (ou de $\overline{L}(X)/L(X)$). D'après le théorème de Tsen,

$$\mathrm{Br}(L(X)) = \mathrm{Br}(\overline{L}(X)/L(X)) \xrightarrow{\sim} \mathrm{H}^2(G, \overline{L}(X)^*).$$

On choisit une racine α de f dans $\overline{L}$; on note w la valuation discrète de $\overline{L}(X)$ associée à $(X - \alpha)$ et $\overline{L}(X)_w$ le complété de $\overline{L}(X)$ relatif à w. Puisqu'on est en égale caractéristique, on a un isomorphisme

$$\varphi : \overline{L}(X)_w \longrightarrow \overline{L}((X - \alpha))$$

qui envoie $L(X)_v$ sur $L(v)((f))$, où $L(v) = L[X]/(f)$. On voit de la sorte que $\overline{L}(X)_w$ est l'extension non ramifiée maximale $L(X)'_v$ de $L(X)_v$ et que le groupe de Galois de $L(X)'_v/L(X)_v$ est égal à G_α, le sous-groupe d'isotropie de α. Au niveau cohomologique, ∂_v est donc décrit par

$$\partial_v : \mathrm{H}^2(G, \overline{L}(X)^*) \to \mathrm{H}^2(G_\alpha, \overline{L}((X_\alpha))^*) \overset{w}{\to} \mathrm{H}^2(G_\alpha, \mathbf{Z}).$$

Pour avancer le calcul, on étudie la structure de G-module (resp. G_α-module) de $\overline{L}(X)^*$ (resp. $\overline{L}((X - \alpha))^*$) ainsi que l'inclusion $\overline{L}(X)^* \subset \overline{L}((X - \alpha))^*$. Le théorème fondamental de l'arithmétique pour $\overline{L}[X]$ donne l'isomorphisme de G-modules

$$\overline{L}(X)^* \cong \overline{L}^* \oplus \bigoplus_g M_g$$

(somme directe sur l'ensemble des $g \in L[X]$, unitaires irréductibles) où

$$M_g = \bigoplus_{\substack{\gamma \in \overline{L} \\ g(\gamma)=0}} \mathbf{Z}(X - \gamma) \cong \mathbf{Z}G/G_\gamma.$$

De même, on a le G_α-isomorphisme

$$\overline{L}((X - \alpha))^* \cong \overline{L}[[X - \alpha]]^* \oplus \mathbf{Z}(X - \alpha)$$

et la projection correspondante sur $\mathbf{Z}(X - \alpha)$ n'est rien d'autre que w. Ainsi,

$$w(M_g) = 0 \quad \text{si } g \neq f,$$
$$w(M_f) = \mathbf{Z}(X - \alpha),$$

puis

$$\partial_v(\mathrm{H}^2(G, M_g)) = 0 \quad \text{si } g \neq f \quad \text{et} \quad \partial_v : \mathrm{H}^2(G, M_f) \overset{\sim}{\longrightarrow} \mathrm{H}^2(G_\alpha, \mathbf{Z})$$

(d'après le lemme de Shapiro).

On a donc démontré que $\mathrm{Br}(L) \cong \mathrm{H}^2(G, \overline{L}^*)$ est l'intersection des $\ker(\partial_v)$ où v parcourt l'ensemble des valuations de $L(X)$ impropre sur L et associées aux polynômes unitaires irréductibles à coefficients dans L: donc

$$\mathrm{Br}'_{F_0}(L(X)) \subset \mathrm{Br}(L).$$

(b) On considère maintenant le cas où v est le prolongement d'une valuation non impropre de L, aussi notée v, définie par la formule

$$v(\sum_i a_i X^i) := \inf_i(v(a_i)).$$

On note L_v le complété de L relatif à v, L'_v son extension maximale non ramifiée et G le groupe de Galois de L'_v/L_v. Alors le complété de $L(X)$ relatif à v est isomorphe à $L_v(X)$ et l'extension $L'_v(X)/L_v(X)$ est non ramifiée et galoisienne de groupe G. On note G' le groupe de Galois de $L_v(X)'/L_v(X)$ (où $L_v(X)'$ est l'extension maximale non ramifiée de $L_v(X)$); par restriction de $L_v(X)'$ à $L'_v(X)$ on obtient un homomorphisme surjectif $\varrho : G' \twoheadrightarrow G$.

Dans le diagramme commutatif

$$
\begin{array}{ccccccc}
\mathrm{Br}(L) & \to & \mathrm{Br}(L_v) & \xrightarrow{\sim} & \mathrm{H}^2(G,(L_v)^*) & \xrightarrow{v} & \mathrm{H}^2(G,\mathbf{Z}) \\
\downarrow & & \downarrow & & \downarrow & & \downarrow \\
\mathrm{Br}(L(X)) & \to & \mathrm{Br}(L_v(X)) & \xrightarrow{\sim} & \mathrm{H}^2(G', L_v(X)'^*) & \xrightarrow{v} & \mathrm{H}^2(G',\mathbf{Z})
\end{array}
$$

l'homomorphisme d'inflation $\mathrm{H}^2(G,\mathbf{Z}) \to \mathrm{H}^2(G',\mathbf{Z})$ est injectif: en effet $\ker(\varrho)$ étant profini, on a $\mathrm{H}^1(\ker(\varrho),\mathbf{Z}) = 0$ (ou encore, identifiant $\mathrm{H}^2(\cdot,\mathbf{Z})$ avec $\mathrm{Hom}(\cdot,\mathbf{Q}/\mathbf{Z})$, cet homomorphisme n'est rien d'autre que l'application canonique $\mathrm{Hom}(G,\mathbf{Q}/\mathbf{Z}) \to \mathrm{Hom}(G',\mathbf{Q}/\mathbf{Z})$); de plus la composition des flèches horizontales représente ∂_v. De là et de $\mathrm{Br}'_{F_0}(L(X)) \subset \mathrm{Br}_{F_0}(L)$ suit immédiatement que $\mathrm{Br}'_{F_0}(L(X)) = \mathrm{Br}'_{F_0}(L)$. $\square$

Corollaire. *Si K/F est transcendante pure de génération finie avec F algébriquement clos de caractéristique nulle, alors $\mathrm{Br}'_F(K) = 0$.*

I.3. Soit F_0 de caractéristique nulle et F/F_0 une extension de F_0. Voici un critère de non trivialité pour le groupe de Brauer $\mathrm{Br}'_{F_0}(F)$ non ramifié relatif à F_0.

Proposition. *Soit K/F une extension galoisienne finie de groupe G; on suppose que G est un p-groupe qui n'est pas extension d'un groupe cyclique par un groupe cyclique et que $\mathrm{Br}(K/F)$ contient un élément d'ordre $|G|$ exactement. Alors $\mathrm{Br}'_{F_0}(F) \neq 0$.*

PREUVE: On note $q = p^n = |G|$ l'ordre de G et $\alpha \in \mathrm{Br}(K/F)$ un élément d'ordre q. On procède par l'absurde en supposant que $\frac{q}{p}\alpha$ n'appartient pas à $\mathrm{Br}'_{F_0}(F)$ et on va montrer qu'alors G est extension d'un groupe cyclique par un groupe cyclique.

Notre hypothèse signifie qu'il existe une valuation discrète v de F, impropre sur F_0, telle que $\partial_v(\frac{q}{p}\alpha) \neq 0$; ou encore $\partial_v(\alpha)$ est un élément d'ordre q exactement de $\mathrm{Hom}(\mathrm{Gal}(F'_v/F_v),\mathbf{Q}/\mathbf{Z})$; comme d'habitude, F_v désigne le complété de F relatif à v et F'_v son extension maximale non ramifiée.

On choisit une valuation discrète w de K dont la restriction à F est équivalente à v; on note de même K_w le complété de K relatif à w (et K'_w son extension maximale non ramifiée). On sait que K'_w/F_v est galoisienne de groupe G_w (le sous-groupe d'isotropie de w constitué des $\sigma \in G$ tels que $w \circ \sigma = w$).

Puisque $\alpha \in \mathrm{Br}(K/F) = \ker(\mathrm{Br}(F) \to \mathrm{Br}(K))$, l'image α_v de α dans $\mathrm{Br}(F_0)$ appartient à $\mathrm{Br}(K_w/F_v) = \ker(\mathrm{Br}(F_v) \to \mathrm{Br}(K_w)) = \mathrm{H}^2(G_w, K_w^*)$; par conséquent α_v est annulé par $|G_w|$. D'autre part, par hypothèse, α_v est d'ordre $q = |G|$. De là suit immédiatement que $G = G_w$, puisque w est l'unique „prolongement" de v à K .

On note $F(v)$, $K(w)$ les corps résiduels de v et w respectivement; ils sont de caractéristique nulle puisque v est impropre sur F_0 et on sait alors que $K(w)/F(v)$ est galoisienne. On a la suite exacte

$$1 \to \mathrm{Gal}(\overline{F(v)}/K(w)) \to \mathrm{Gal}(\overline{F(v)}/F(v)) \to \mathrm{Gal}(K(w)/F(v)) \to 1$$

(où $\overline{F(v)}$ est la clôture algébrique de $F(v)$), c'est-à-dire

$$1 \to \mathrm{Gal}(K'_w/K_w) \to \mathrm{Gal}(F'_v/F_v) \to \mathrm{Gal}(K(w)/F(v)) \to 1.$$

D'autre part, on a l'homomorphisme naturel surjectif

$$\varphi : G = G_w \twoheadrightarrow \mathrm{Gal}(K(w)/F(v));$$

puisque ici $K(w)$ est de caractérisque nulle, G_0 est cyclique (voir l'annexe ci-dessous). On dispose ainsi d'une suite exacte

$$1 \to G_0 \to G \to \mathrm{Gal}(K(w)/F(v)) \to 1$$

où G_0 est cyclique.

Pour achever la démonstration, il reste à montrer que $\mathrm{Gal}(K(w)/\,F(v))$ est aussi cyclique. En effet, notant e l'indice de ramification de K_v/F_v, le diagramme suivant commute:

$$
\begin{array}{ccc}
\mathrm{Br}(F) & \xrightarrow{\partial_v} & \mathrm{Hom}(\mathrm{Gal}(F'_v/F_v), \mathbf{Q}/\mathbf{Z}) \\
\downarrow & & \downarrow e \\
\mathrm{Br}(K) & \xrightarrow{\partial_w} & \mathrm{Hom}(\mathrm{Gal}(K'_w/K_w), \mathbf{Q}/\mathbf{Z})
\end{array}
$$

Il s'ensuit que $\partial_v(e\alpha)$ induit un homomorphisme

$$\overline{\alpha} : \mathrm{Gal}(K(w)/F(w)) \cong \mathrm{Gal}(F'_v/F_v)/\,\mathrm{Gal}(K'_w/K_w) \to \mathbf{Q}/\mathbf{Z}$$

d'ordre $\frac{q}{e}$ exactement; or $|\mathrm{Gal}(K(w)/F(w))| = \frac{q}{e}$ et par conséquent, $\overline{\alpha}$ réalise un isomorphisme de $\mathrm{Gal}(K(w)/F(w))$ avec un sous-groupe fini de $\mathbf{Q}/\mathbf{Z}$, d'où l'assertion. $\square$

Annexe. Soit K/F une extension finie galoisienne de groupe G et v une valuation discrète de F. On choisit une valuation w de K au dessus de v. On suppose que l'extension résiduelle $K(w)/F(v)$ est séparable. Alors $L(w)/F(v)$ est galoisienne et par passage au quotient, on obtient un homomorphisme surjectif $\varphi : G_w \twoheadrightarrow \mathrm{Gal}(L(w)/F(v))$ où G_w est le sous-groupe d'isotropie de w dans G (=groupe de décomposition) ([Se1, ch. 1]). On note G_0 le noyau de φ. Dans cette annexe, on démontre que si $K(w)$ est de caractéristique nulle, alors G_0 est cyclique (voir aussi [Se1, ch. 4]). La méthode consiste à construire une filtration

$$G_0 \supset G_1 \supset \cdots \supset G_N = 1$$

de G_0 par les „sous-groupes de ramification“ en sorte que G_0/G_1 est un sous-groupe de $(K(w)^*, \cdot)$ et G_i/G_{i+1} un sous-groupe de $(K(w), +)$, $i \geq 1$. Puisqu'on a supposé $K(w)$ de caractéristique nulle, on a nécessairement $G_i = 1$ pour $i \geq 1$, puis G_0 cyclique.

On désigne par $\mathcal{O}_w$ (resp. $\mathcal{P}_w$) l'anneau (resp. l'idéal) de w; pour $x \in \mathcal{O}_w$, on pose $\mathrm{red}(x)$ pour l'image de x dans $K(w) = \mathcal{O}_w/\mathcal{P}_w$. Soit $\sigma \in G_0$; alors $\mathrm{red}\left(\frac{\sigma(\pi)}{\pi}\right)$ est indépendant du choix de l'uniformisante $\pi \in \mathcal{O}_w$. En effet, si $\pi' = \pi u$, $u \in \mathcal{O}_w^*$, est une autre uniformisante, on a $\mathrm{red}\left(\frac{\sigma(\pi')}{\pi'}\right) = \mathrm{red}\left(\frac{\sigma(\pi)}{\pi}\right)\mathrm{red}\left(\frac{\sigma(u)}{u}\right)$ et $\mathrm{red}(\sigma(u)) = \varphi(\sigma)\,\mathrm{red}(u) = \mathrm{red}(u)$ puisque $\sigma \in G_0$. On considère alors l'application

$$\varphi_0 : G_0 \longrightarrow K(w)^*$$

définie par $\varphi_0(\sigma) = \mathrm{red}\left(\frac{\sigma(\pi)}{\pi}\right)$; il suit directement de l'observation ci-dessus que φ_0 est un homomorphisme. On pose ensuite

$$G_1 = \ker(\varphi_0) = \{\, \sigma \in G_0 \mid \sigma(\pi) - \pi \in \mathcal{P}_w^2 \,\}$$

et plus généralement

$$G_i = \{\, \sigma \in G_0 \mid \sigma(\pi) - \pi \in \mathcal{P}_w^{i+1} \,\} \qquad (i \geq 1)\,.$$

On vérifie sans problème que

$$\varphi_i : G_i \longrightarrow K(w), \quad \sigma \longmapsto \mathrm{red}\left(\frac{\sigma(\pi) - \pi}{\pi^{i+1}}\right)$$

est un homomorphisme (dont le noyau est G_{i+1}).

Pour conclure, il reste à voir que $G_i = 1$ pour $i \gg 0$, et pour ce faire, que $\sigma \in G_0$ tel que $\sigma(\pi) = \pi$ implique $\sigma = 1$. On procède par l'absurde en supposant qu'il existe $\sigma \in G_0 - \{1\}$ avec $\sigma(\pi) = \pi$. On choisit $x \in \mathcal{O}_w$ en sorte que $\sigma(x) = x + \pi^t u$ où $t > 0$ et $u \in \mathcal{O}_w^*$. Notant k l'ordre de σ on a alors

$$x = \sigma^k(x) = x + \pi^t(u + \sigma(u) + \cdots + \sigma^{k-1}(u))$$

i.e.

$$0 = u + \sigma(u) + \cdots + \sigma^{k-1}(u).$$

Puisque $\sigma(u) - u \in \mathcal{P}_w$, il vient $ku \in \mathcal{P}_w$, ce qui contredit le choix de u ($K(w)$ est de caractéristique nulle).

I.4. Soit X un $\mathbf{Z}$-module libre de type fini noté multiplicativement. On note $\mathbf{C}X$ l'algèbre sur $\mathbf{C}$ du groupe X; si $\chi_1, \ldots, \chi_n$ est une $\mathbf{Z}$-base de X, $\mathbf{C}X$ n'est rien d'autre que la $\mathbf{C}$-algèbre des polynômes de Laurent en $\chi_1, \ldots, \chi_n$; ou encore l'algèbre $\mathbf{C}[T_X]$ des fonctions régulières sur le tore $T_X = \mathrm{Hom}_{\mathbf{Z}}(X, \mathbf{C}^*)$. On note $\mathbf{C}(T_X)$ le corps des quotients de $\mathbf{C}X$, i.e. le corps des fonctions rationnelles sur T_X.

Soit G un groupe fini. Si de plus X est un $\mathbf{Z}G$-module, l'opération de G se propage à $\mathbf{C}X$, puis à $\mathbf{C}(T_X)$; on désigne par $\mathbf{C}(T_X)^G$ le corps des invariants de G opérant dans $\mathbf{C}(T_X)$.

Proposition. *On suppose que G est un p-groupe qui n'est pas extension d'un* *groupe cyclique par un groupe cyclique, que X est fidèle et que $\mathrm{H}^2(G, X)$ contient un élément d'ordre $|G|$ exactement. Alors $\mathrm{Br}'_{\mathbf{C}}(\mathbf{C}(T_X)^G) \neq 0$ et l'extension $\mathbf{C}(T_X)^G/\mathbf{C}$ n'est pas transcendante pure.*

PREUVE: Puisque $\mathbf{C}X$ est factoriel, on a la décomposition en somme directe de G-modules

$$\mathbf{C}(T_X)^* = (\mathbf{C}X)^* \oplus P$$

où P est le $\mathbf{Z}$-module libre sur les classes d'éléments extrémaux de $\mathbf{C}X$. De la suite exacte

$$1 \to (\mathbf{C}X)^* \to \mathbf{C}(T_X)^* \to P \to 1$$

et du fait que $\mathrm{H}^1(G, P) = 0$ (puisque P est un G-module de permutation) suit que $\mathrm{H}^2(G, (\mathbf{C}X)^*)$ s'identifie à un sous-groupe de

$$\mathrm{H}^2(G, \mathbf{C}(T_X)^*) = \mathrm{Br}(\mathbf{C}(T_X)/\mathbf{C}(T_X)^G)$$

(comme on a supposé que X est fidèle, l'extension $\mathbf{C}(T_X)/\mathbf{C}(T_X)^G$ est galoisienne de groupe G). Puisque $(\mathbf{C}X)^* = \mathbf{C}^* \oplus X$, l'hypothèse indique que $\mathrm{Br}(\mathbf{C}(T_X)/\mathbf{C}(T_X)^G)$ contient un élément d'ordre $|G|$ exactement. La première affirmation est donc conséquence de la proposition I.3; la seconde suit de la première et de la proposition I.2.   □

Exemple. Soit G un groupe fini. On note $IG = \ker(\mathbf{Z}G \to \mathbf{Z})$ l'idéal d'augmentation de $\mathbf{Z}G$. Soit

$$0 \to M \to L \to IG \to 0$$

une suite exacte de $\mathbf{Z}G$-modules, avec L libre de type fini. Alors $\mathrm{H}^2(G, M) = \mathbf{Z}/|G|\mathbf{Z}$.

I.5. Dans ce numéro, on montre comment construire des groupes finis H tels que, pour toute représentation fidèle $H \to \mathbf{GL}(V)$ (où V est un $\mathbf{C}$-espace vectoriel de dimension finie), le corps $\mathbf{C}(V)^H$ des fonctions rationnelles sur V invariantes par H *n'est pas transcendant pur* sur $\mathbf{C}$. Au numéro précédent, on a trouvé des exemples de groupes finis G et de $\mathbf{Z}G$-modules X tels que $\mathbf{C}(T_X)^G/\mathbf{C}$ n'est pas transcendante pure; cependant, l'opération de G dans $\mathbf{C}(T_X)$ ne provient pas nécessairement d'une opération linéaire de G, i.e. il n'existe pas nécessairement un sous-espace vectoriel de $\mathbf{C}(T_X)$, stable par G et admettant pour base une base pure de $\mathbf{C}(T_X)/\mathbf{C}$. L'astuce pour parvenir à cette situation est d'agrandir un peu G et X. Voici comment.

Tout d'abord, soit G un groupe fini et

$$1 \to X \to P \xrightarrow{p} A \to 1$$

une suite exacte de $\mathbf{Z}G$-modules (écrits multiplicativement); on suppose que le $\mathbf{Z}$-module sous-jacent à X et P (resp. A) est libre de type fini (resp. fini). On pose $A^* = \mathrm{Hom}_{\mathbf{Z}}(A, \mathbf{Q}/\mathbf{Z})$ et $H = A^* \rtimes G$, le produit semi-direct de G et A^* pour l'opération

$$g \cdot \alpha^*(\alpha) = \alpha^*(g^{-1} \cdot \alpha) \qquad (g \in G,\ \alpha^* \in A^*,\ \alpha \in A).$$

Le groupe H opère dans $\mathbf{C}P$:

$$(\alpha^*, g) \cdot \varrho = \alpha^*\big(p(g \cdot \varrho)\big) g \cdot \varrho$$

$(\alpha^* \in A^*,\ g \in G,\ \varrho \in P)$; cette opération est fidèle si l'opération de G dans X l'est. De plus, on a le

Lemme 1. $\mathbf{C}(T_X)^G = \mathbf{C}(T_P)^H$.

PREUVE: Il suffit de montrer que $\mathbf{C}X = (\mathbf{C}P)^{A^*}$, ce qui est facile. □

Maintenant supposons que P soit un module de permutation; autrement dit supposons qu'il existe une $\mathbf{Z}$-base $\varrho_1, \ldots, \varrho_n$ de P qui est laissée stable par l'opération de G. Alors le sous- $\mathbf{C}$-espace V de $\mathbf{C}P$ engendré par $\varrho_1, \ldots, \varrho_n$ est l'espace d'une représentation de H et $\mathbf{C}(T_P)$ coïncide avec $\mathbf{C}(V')$, l'algèbre des fonctions rationnelles sur le dual V' de V; on a donc

$$\mathbf{C}(V')^H = \mathbf{C}(T_P)^H = \mathbf{C}(T_X)^G.$$

Pour aboutir, un point reste à éclaircir: le $\mathbf{Z}G$-module X, comme en (I.4), n'est pas donné comme sous-groupe d'indice fini d'un module de permutation. Mais cette difficulté se contourne facilement. On choisit en effet (voir aussi l'exemple ci-dessous)

$$1 \to Y \to P \to X \to 1$$

une suite exacte de $\mathbf{Z}G$-modules $\mathbf{Z}$-libres de type fini, avec P de permutation (par exemple $\mathbf{Z}G$-libre); après tensorisation par $\mathbf{Q}$, cette suite est scindée; on choisit une section équivariante s de $P \otimes_{\mathbf{Z}} \mathbf{Q} \to X \otimes_{\mathbf{Z}} \mathbf{Q}$ telle que $s(X) \subset P$; alors $s(X) \oplus Y$ est d'indice fini dans P et $\mathrm{H}^2(G, s(X) \oplus Y)$ contient un élément d'ordre $|G|$ si tel est le cas pour $\mathrm{H}^2(G, X)$.

En résumé, on a montré le résultat suivant:

Proposition. *Soit G un groupe fini qui n'est pas extension d'un groupe cyclique par un groupe cyclique et X un $\mathbf{Z}G$-module fidèle $\mathbf{Z}$-libre de type fini; on suppose que*

(1) $\mathrm{H}^2(G, X)$ *contient un élément d'ordre $|G|$ exactement;*

(2) *il existe une suite exacte de $\mathbf{Z}G$-modules*

$$1 \to X \to P \to A \to 1$$

où P est un module de permutation et A est fini.

On pose $H = A^* \rtimes G$ (où $A^* = \mathrm{Hom}(A, \mathbf{Q}/\mathbf{Z})$). Alors le groupe H possède une représentation linéaire fidèle sur $\mathbf{C}$ de dimension finie, $H \to \mathrm{GL}(V)$, telle que $\mathbf{C}(V)^H/\mathbf{C}$ n'est pas transcendante pure.

Pour terminer, on va montrer, que pour de tels groupes H, l'extension $\mathbf{C}(W)^H/\mathbf{C}$ n'est pas transcendante pure, pour toute représentation *fidèle* $H \to \mathbf{GL}(W)$. Le lemme que voici est à la base de cette assertion (cf. [Le]; et aussi [Pr] pour un cas analogue).

Lemme 2. *Soit H un groupe fini, $H \to \mathbf{GL}(V)$ une représentation fidèle et $H \to \mathbf{GL}(W)$ une représentation arbitraire de H; alors $\mathbf{C}(V \oplus W)^H/\mathbf{C}(V)^H$ est transcendante pure.*

PREUVE: On considère le $\mathbf{C}(V)$-espace vectoriel $\mathbf{C}(V \oplus W)$, puis son sous-espace $U = \mathbf{C}(V) \oplus \mathbf{C}(V)W'$; le groupe H y opère semi-linéairement: $h(fu) = h(f)h(u)$, $(h \in H, f \in \mathbf{C}(V), u \in U)$. D'après le lemme de descente galoisienne ([BA, ch. V, § 10, ° 4])

$$\mathbf{C}(V) \otimes_{\mathbf{C}(V)^H} U^H \longrightarrow U$$

est un isomorphisme équivariant; par conséquent, U possède une base de la forme $1, u_1, \ldots, u_n$, constituée d'invariants par H. Autrement dit

$$\mathbf{C}(V \oplus W) = \mathbf{C}(V)(U) = \mathbf{C}(V)(u_1, \ldots, u_n).$$

De là suit que $\mathbf{C}(V \oplus W)^H = \mathbf{C}(V)^H(u_1, \ldots, u_n)$. $\qquad\qquad\square$

Si la représentation de H dans W est aussi fidèle et H et V sont comme dans la proposition, les deux extensions $\mathbf{C}(V \oplus W)^H/\mathbf{C}(V)^H$ et $\mathbf{C}(V \oplus W)^H/\mathbf{C}(W)^H$ sont transcendantes pures, et par conséquent (voir (I.2)),

$$\mathrm{Br}'_{\mathbf{C}}(\mathbf{C}(V)^H) = \mathrm{Br}'_{\mathbf{C}}(\mathbf{C}(V \oplus W)^H) = \mathrm{Br}'_{\mathbf{C}}(\mathbf{C}(W)^H) :$$

l'extension $\mathbf{C}(W)^H/\mathbf{C}$ n'est donc pas non plus transcendante pure. Le groupe H construit ci-dessus jouit donc de la propriété: *pour toute représentation fidèle de dimension finie (sur $\mathbf{C}$), le corps des fonctions rationnelles invariantes n'est pas transcendant pur sur $\mathbf{C}$.*

Exemple. Utilisant l'exemple de (I.4.), on peut être un peu plus précis dans la construction du groupe H.

On part de la suite exacte

$$0 \to M \to L \xrightarrow{\varphi} IG \to 0$$

où L est le $\mathbf{Z}G$-module libre de rang $|G|$ de base d_g, $g \in G$, et $\varphi(d_g) = g - 1$. L'application

$$c : G \times G \longrightarrow M, \quad (g_1, g_2) \mapsto g_1 d_{g_2} - d_{g_1 g_2} + d_{g_1}$$

est un 2-cocycle de G à valeurs dans M; comme $|G|$ annule $\mathrm{H}^2(G, M)$, il existe $e_g \in M$, $g \in G$, tels que

$$|G| \cdot c(g_1, g_2) = g_1 e_{g_2} - e_{g_1 g_2} + e_{g_1}.$$

Alors l'application

$$\sigma : IG \longrightarrow L, \quad g - 1 \mapsto |G| d_g - e_g$$

est G-équivariante; de plus $\varphi \circ \sigma$ est l'homothétie de IG de rapport $|G|$. Il s'ensuit que $M \oplus \mathrm{Im}(\sigma)$ est d'indice fini dans L: en fait φ induit un isomorphisme

$$L/M \oplus \mathrm{Im}(\sigma) \xrightarrow{\sim} IG/|G|IG$$

et le groupe H de la proposition admet la description

$$1 \to (\mathbf{Z}/|G|\mathbf{Z})^{|G|-1} \to H \to G \to 1.$$

II. Résultats de T. Miyata et W. Burnside

§1   Exposition du travail de T. Miyata

Dans ce premier paragraphe, on expose le travail [Mi] de T. Miyata concernant la rationalité d'un corps d'invariants. Sauf mention explicite, le corps (de base) k est arbitraire.

1.1. Toute l'histoire repose sur le lemme suivant qui est une simple application de la factorialité et de l'algorithme de division de l'algèbre des polynômes $k[t]$.

Lemme. *Soit G un groupe opérant (par automorphismes d'anneau) dans $k[t]$, tout en laissant le corps des constantes k globalement stable. Il existe alors $p \in k[t]^G$ tel que $k(t)^G = k^G(p)$.*

PREUVE: (a) On observe pour commencer que le corps des quotients de $k[t]^G$ est égal à $k(t)^G$. Soit donc $\frac{f}{g} \in k(t)^G$, $f, g \in k[t]$; on va montrer par récurrence sur $\deg(f) + \deg(g)$ que $\frac{f}{g} = \frac{f_1}{g_1}$ avec $f_1, g_1 \in k[t]^G$. Cette récurrence démarre sans problème. On suppose donc que $\deg(f) \geq \deg(g) > 0$ et que f et g sont premiers entre eux. Alors, puisque $k[t]$ est factoriel, il existe

$$\chi : G \longrightarrow k^*$$

tel que

$$s \cdot f = \chi(s) f \quad \text{et} \quad s \cdot g = \chi(s) g \qquad (s \in G).$$

On divise maintenant f par g:

$$f = gq + r \quad q, r \in k[t] \text{ et } \deg(r) < \deg(g);$$

il s'ensuit

$$s \cdot f = (s \cdot g)(s \cdot q) + (s \cdot r) ;$$

par unicité de la division dans $k[t]$, et puisque $\deg(s \cdot r) = \deg(r)$, on en déduit que $s \cdot q = q$ et $s \cdot r = \chi(s)r$, $(s \in G)$. Ecrivant $f = q + r/g$, la conclusion suit de l'hypothèse d'induction appliquée à r/g.

(b) Si $k[t]^G \subset k$, on a $k(t)^G = k^G$ d'après (a) et on prend p=1. Si $k[t]^G \not\subset k$, on choisit $p \in k[t]^G$, $p \notin k$, et de degré minimum pour ces deux propriétés. Soit alors $f \in k[t]^G$; montrons que $f \in k^G[p]$ (ce qui termine la démonstration d'après (a)). On utilise encore une fois l'algorithme de division dans $k[t]$:

$$f = pq + r \quad q, r \in k[t] \text{ et } \deg(r) < \deg(p).$$

Puisque f et p sont invariants, on voit comme avant que q et r le sont aussi; de plus par choix de p, le polynôme r est en fait dans k^G; poursuivant le raisonnement avec $q \in k[t]^G$, on obtient que $f \in k^G[p]$.   □

1.2. Proposition. *Soit G un groupe opérant dans $k(x_1, \ldots, x_n)$ (par automorphismes de k-algèbre); on suppose que pour tout $s \in G$*

$$s \cdot x_i = a_i(s)x_i + b_i(s) \quad \text{où } a_i(s), b_i(s) \in k(x_{i+1} \ldots, x_n) \, (i = 1, \ldots, n).$$

Alors l'extension $k(x_1, \ldots, x_n)^G/k$ est pure.

PREUVE: Par hypothèse, le groupe G opère dans $k(x_{i+1}, \ldots, x_n)[x_i]$ tout en laissant $k(x_{i+1}, \ldots, x_n)$ stable. L'assertion suit alors du lemme par récurrence sur i.   □

Remarque 1. Un résultat semblable est démontré dans [Vi].

Remarque 2. La proposition 1.2 n'est pas vraie sous la seule hypothèse que $s(k(x_i, \ldots, x_n)) \subset k(x_i, \ldots, x_n)$, $i = 1, \ldots n$, $s \in G$: Par exemple, il existe un **C**-automorphisme σ de $\mathbf{C}(x_1, x_2, x_3)$, d'ordre 2, tel que $\sigma(x_1) = x_1$, $\sigma(x_2) = -x_2$ et l'extension $\mathbf{C}(x_1, x_2, x_3)^\sigma/\mathbf{C}$ n'est pas pure (voir [Tr]).

1.3. Du théorème de Lie-Kolchin ([Bo, ch. III, 10.5]) résulte immédiatement le résultat suivant:

Corollaire. *Soit $G \to \mathbf{GL}(V)$ une représentation rationnelle de dimension finie d'un groupe linéaire algébrique résoluble connexe G (k est algébriquement clos). Alors $k(V)^G/k$ est pure.*

Ici $k(V)$ désigne le corps des fonctions rationnelles sur V; plus généralement, on notera $k[X]$ (resp. $k(X)$) l'algèbre des fonctions régulières sur la variété algébrique X (resp. le corps des fonctions rationnelles sur X, si celle-ci est irréductible et réduite).

1.4. Soit $G \to \mathbf{GL}(V)$ une représentation rationnelle de dimension finie d'un groupe linéaire algébrique G. L'opération de G dans V induit une opération de G dans $\mathbf{P}(V)$, l'espace projectif de V.

Voici une autre conséquence du lemme 1.1 qui sera utile dans les exemples.

Corollaire. *L'extension $k(V)^G/k(\mathbf{P}(V))^G$ est pure.*

PREUVE: On écrit

$$k(V) = k(x_1, \ldots, x_n) = k\left(\frac{x_2}{x_1}, \ldots, \frac{x_n}{x_1}\right)(x_1) = k(\mathbf{P}(V))(x_1)$$

où $x_1, \ldots, x_n$ est une base du dual de V. Le groupe G opère dans $k(\mathbf{P}(V))$ et aussi dans $k(\mathbf{P}(V))[x_1]$:

$$s \cdot x_1 = \sum a_i(s)x_1 = \left(\sum a_i(s)\frac{x_i}{x_1}\right)x_1 \qquad (s \in G).$$

D'après le lemme 1.1, il existe $p \in k(\mathbf{P}(V))[x]^G$ tel que $k(V)^G = k(\mathbf{P}(V))^G(p)$, d'où la conclusion. $\qquad\qquad\qquad\qquad\qquad\qquad\qquad\qquad\qquad\qquad\qquad\qquad\quad\square$

Remarque 1. On suppose G fini et on note d le plus petit entier > 0 tel qu'il existe $f \in k(V)^G \setminus \{k^*\}$ homogène de degré d; autrement dit, d est le plus grand commun diviseur des entiers $m > 0$ tels qu'il existe $f \in k[V]^G$ homogène de degré m. Alors l'extension $k(V)^G/k(\mathbf{P}(V))^G$ est engendrée par n'importe quel élément non nul de $k(V)^G$ qui est homogène de degré d.

On sait en effet (1.1) qu'un élément de $k(\mathbf{P}(V))[x_1]^G$, non constant et de degré minimum δ pour ces deux propriétés engendre cette extension. Or, comme $s \cdot x_1 = \left(\sum a_i(s)\frac{x_i}{x_1}\right)x_1$, un tel générateur est (à l'addition d'un élément de $k(\mathbf{P}(V))^G$ près) de la forme hx_1^δ, où $h \in k(\mathbf{P}(V))$, donc homogène de degré δ; on voit tout de suite que $d = \delta$, d'où l'assertion.

Si de plus k est algébriquement clos de caractéristique nulle et $G \subset \mathbf{GL}(V)$, cet entier d est aussi l'ordre du sous-groupe (cyclique) H de G constitué par l'intersection de G avec les homothéties de V.

En effet, puique $k[V]^G \subset k[V]^H$, l'ordre de H divise certainement d. D'autre part, si ξ est une racine d^{ième} de l'unité, on a $f(\xi v) = f(v)$ pour tout $f \in k[V]^G$ et $v \in V$; il s'ensuit que ξv et v appartiennent à la même orbite de G. Comme la réunion des sous-espaces propres des éléments de $G \setminus H$ n'est pas V tout entier, on déduit de là que H contient l'homothétie de rapport ξ, i.e. que d divise l'ordre de H.

Remarque 2. La situation $k(V)^G/k(\mathbf{P}(V))^G$ entre aussi dans le thème étudié dans [Tr]; l'assertion de (1.4) peut aussi se démontrer avec ces méthodes.

1.5. Voici une conséquence de (1.4).

Corollaire. *Soit* $G \to \mathbf{GL}(V)$ *une représentation linéaire de dimension* ≤ 3 *d'un groupe fini* G *(le corps de base est ici* $\mathbf{C}$*). Alors* $\mathbf{C}(V)^G/\mathbf{C}$ *est pure.*

Ce corollaire semble remonter (sans preuve) à W. Burnside ([Bu, ch. XVII, § 264, dernier alinéa p. 360]); voir aussi [No].

PREUVE: L'extension $\mathbf{C}(V)^G/\mathbf{C}(\mathbf{P}(V))^G$ est pure. Or, par hypothèse, l'extension $\mathbf{C} \subset \mathbf{C}(\mathbf{P}(V))^G \subset \mathbf{C}(\mathbf{P}(V))$ a degré de transcendance ≤ 2; par le critère

de Castelnuovo (Lüroth si ce degré est 1) (voir p.ex. [BPV], [Se2]) l'extension
$\mathbf{C}(\mathbf{P}(V))^G/\mathbf{C}$ est pure, d'où l'affirmation.   □

§2   Explicitation d'un système de générateurs dans deux cas particuliers

Soit $G \to \mathbf{GL}(N)$ une représentation linéaire de dimension 3 (sur $\mathbf{C}$) d'un groupe fini G. Dans ce paragraphe on explicite dans deux cas particuliers, en suivant W. Burnside ([Bu, §266 et ss.]) un système de générateurs constitué de 3 éléments pour $\mathbf{C}(V)^G/\mathbf{C}$. Il s'agit les deux fois d'une représentation d'un groupe alterné $\mathbf{A}_n$ de n lettres.

2.1. Dans $\mathbf{R}^3$, on considère un icosaèdre $\triangle_{20}$. Le groupe G de $\triangle_{20}$ est engendré par (et contient) 15 symétries (relativement aux plans perpendiculaires aux arêtes de $\triangle_{20}$ par leur milieu). On pose $N = \mathbf{R}^3 \otimes \mathbf{C}$. On sait que $\mathbf{C}[N]^G$ est une algèbre de polynômes: de manière précise $\mathbf{C}[N]^G = \mathbf{C}[f_2, f_6, f_{10}]$ où f_i est homogène de degré i (voir [BGA, ch. V (5.3)]).

On introduit le sous-groupe $\ker(\det : G \to \pm 1)$ qui est isomorphe au groupe alterné $\mathbf{A}_5$ de cinq lettres. On a $\mathbf{C}[N]^{\mathbf{A}_5} = \mathbf{C}[f_2, f_6, f_{10}, f_{15}]$ où f_{15} est le jacobien de (f_2, f_6, f_{10}).

Pour $x \in N \setminus 0$, on note $[x]$ l'image de x dans $\mathbf{P}(N)$.

D'après le théorème de Bezout, la fibre générale de l'application rationnelle invariante

$$\mathbf{P}(N) \longrightarrow \mathbf{C}^2, \quad [x] \mapsto \left(\frac{f_6}{f_2^3}(x), \frac{f_{10}}{f_2^5}(x) \right)$$

est constituée de $60 = |\mathbf{A}_5|$ points, i.e., par une orbite du groupe $\mathbf{A}_5$. Puisque les deux extensions

$$\mathbf{C}\left(\frac{f_6}{f_2^3}, \frac{f_{10}}{f_2^5} \right) \subset \mathbf{C}(\mathbf{P}(N)) \quad \text{et} \quad \mathbf{C}(\mathbf{P}(N))^{\mathbf{A}_5} \subset \mathbf{C}(\mathbf{P}(N))$$

sont de degré 60, les deux corps coïncident. De (1.4) suit alors que

$$\mathbf{C}(N)^{\mathbf{A}_5} = \mathbf{C}\left(\frac{f_6}{f_2^3}, \frac{f_{10}}{f_2^5}, \frac{f_{15}}{f_7^2} \right).$$

2.2. On considère l'opération du groupe symétrique $\mathbf{S}_4$ dans $\mathbf{C}^4$ par permutations des coordonnées, puis sa restriction au groupe alterné $\mathbf{A}_4$ et à l' hyperplan N d'équation $\sum_{\mathbf{A}_4} x_i = 0$. Alors

$$\mathbf{C}[N]^{\mathbf{A}_4} = \mathbf{C}[s_2, s_3, s_4, d]$$

où s_i est la $i^{\text{ème}}$ fonction symétrique élémentaire et $d(x) = \prod_{i<j}(x_i - x_j)$.

Ici la situation est plus compliquée que pour l'exemple précédent: il n'y a pas moyen d'exprimer une orbite en position générale dans $\mathbf{P}(N)$ comme intersection de deux courbes invariantes; cependant, on va montrer qu'il existe deux courbes invariantes dont l'intersection se compose d'une orbite fixe et d'une orbite générale. On considère

$$
\begin{aligned}
s_4 - \alpha s_2^2 &= 0 \\
f_6 - \beta s_2^3 &= 0
\end{aligned}
\qquad (*)
$$

où f_6 est homogène de degré 6 et s_2, s_4, f_6 sont algébriquement indépendant. Le système $(*)$ définit 24 points dans $\mathbf{P}(N)$.

On considère ensuite le point $(1 : \omega : \omega^2 : 0) \in \mathbf{P}(N)$ où $\omega^3 = 1$ et $\omega \neq 1$: son orbite Ω par $\mathbf{A}_4$ est constituée de quatre points; on a

$$
s_2(\Omega) = s_4(\Omega) = 0.
$$

On pose alors

$$
f_6 = d - 3\sqrt{-3}s_3^2
\qquad (**)
$$

] de sorte que

$$
f_6(\Omega) = 0.
$$

Assertion. *Pour (α, β) dans un ouvert de Zariski (non vide) de $\mathbf{C}^2$ et f_6 défini par $(**)$, les solutions de $(*)$ se répartissent en*

(a) *l'orbite Ω (comptée avec la multiplicité 3);*

(b) *une orbite de $\mathbf{A}_4$ isomorphe à $\mathbf{A}_4$.*

Comme en (2.1), on déduit de l'assertion que

$$
\mathbf{C}(\mathbf{P}(N))^{\mathbf{A}_4} = \mathbf{C}\left(\frac{s_4}{s_2^2}, \frac{d - 3\sqrt{-3}s_3^2}{s_2^3}\right),
$$

puis

$$
\mathbf{C}(N)^{\mathbf{A}_4} = \mathbf{C}\left(\frac{s_4}{s_2^2}, \frac{d - 3\sqrt{-3}s_3^2}{s_2^3}, \frac{s_3}{s_2}\right).
$$

Pour démontrer l'assertion, on considère la sous-variété X de N (resp. Y de $N/\mathbf{A}_4$) dont l'idéal est engendré par $s_4 - \alpha s_2^2$ et $f_6 - \beta s_2^3$; la variété X est donc l'ensemble des droites de N au dessus des solutions de $(*)$ et $Y = X/\mathbf{A}_4$. Il suffit de montrer que Y possède exactement deux composantes irréductibles (dont l'une est indépendante de (α, β) et correspond à Ω). Or

$$
\mathbf{C}[Y] = \mathbf{C}[s_2, s_3, s_4, d]\Big/\left(d^2 - P(s_2, s_3, s_4), s_4 - \alpha s_2^2, f_6 - \beta s_2^3\right)
$$

avec

$$
P(s_2, s_3, s_4) = \frac{1}{27}\left\{4(s_2^2 + 12s_4)^3 - (27s_3^2 + 2s_2^3 - 72s_2 s_4)^2\right\}
$$

(voir [We, p. 174]), d'où par calcul direct

$$\mathbf{C}[Y] = \mathbf{C}[s_2, s_3]\big/ s_2^3(As_3^2 + Bs_2^3)$$

où A et B sont des fonctions polynomiales non nulles de (α, β).

III. Le groupe alterné $\mathbf{A}_5$

On considère l'opération usuelle du groupe symétrique $\mathbf{S}_5$ dans $M = \mathbf{C}^5$ par permutations des coordonnées, puis sa restriction au groupe alterné $\mathbf{A}_5$. Dans ce chapitre, on montre de deux manières différentes que l'extension $\mathbf{C}(M)^{\mathbf{A}_5}/\mathbf{C}$ est pure.

§1   La première méthode due à N. I. Shepherd-Barron

1.1. L'idée est de trouver $f \in \mathbf{C}(M)^{\mathbf{A}_5}$ et une sous-extension $\mathbf{C} \subset L \subset \mathbf{C}(M)^{\mathbf{S}_5}$ en sorte que

(a) $\mathbf{C}(M)^{\mathbf{A}_5} = \mathbf{C}(M)^{\mathbf{S}_5}(f)$;

(b) $f^2 \in L$;

(c) le degré de transcendance de $L/\mathbf{C}$ est 2;

(d) l'extension $\mathbf{C}(M)^{\mathbf{S}_5}/L$ est pure.

Alors

$$\begin{array}{ccccc}
\mathbf{C}(M)^{\mathbf{A}_5} & = & \mathbf{C}(M)^{\mathbf{S}_5}(f) & \supset & \mathbf{C}(M)^{\mathbf{S}_5} \\
& & \cup & & \cup \\
& & L(f) & \supset & L
\end{array}$$

d'après (d), $\mathbf{C}(M)^{\mathbf{A}_5}/L(f)$ est pure et d'après (c), $L(f)/\mathbf{C}$ est pure (en vertu du critère de Castelnuovo).

1.2. On note $S^5 := S^5(\mathbf{C}^2)$ la puissance symétrique cinquième de $\mathbf{C}^2$; le groupe $\mathbf{SL}(2, \mathbf{C})$ opère naturellement dans cet espace vectoriel. On désigne par H l'ensemble des éléments de S^5 de la forme $x^5 + a_1x^4y + \cdots + a_5y^5$; cet hyperplan affine de S^5 s'identifie aussi à un ouvert de $\mathbf{P}^5 := \mathbf{P}(S^5(\mathbf{C}^2))$.

Le morphisme $M \longrightarrow M/\mathbf{S}_5$ correspondant à $\mathbf{C}[M] \supset \mathbf{C}[M]^{\mathbf{S}_5}$ se réalise comme

$$M \longrightarrow H, \quad (\alpha_1, \ldots, \alpha_5) \mapsto \prod(x - \alpha_i y).$$

Puisque $\mathbf{C}(M)^{\mathbf{S}_5} = \mathbf{C}(H) = \mathbf{C}(\mathbf{P}^5)$, on dispose d'une opération naturelle de $\mathbf{SL}(2, \mathbf{C})$ dans $\mathbf{C}(M)^{\mathbf{S}_5}$ (obtenue par passage au quotient à partir de S^5). Les deux propositions suivantes démontrent que $\mathbf{C}(M)^{\mathbf{A}_5}/\mathbf{C}$ est pure.

Proposition 1. *Il existe $f \in \mathbf{C}(M)^{\mathbf{A}_5}$ tel que*

(a) $\mathbf{C}(M)^{\mathbf{A}_5} = \mathbf{C}(M)^{\mathbf{S}_5}(f) = \mathbf{C}(\mathbf{P}^5)(f)$;

(b) $f^2 \in \mathbf{C}(\mathbf{P}^5)^{\mathbf{SL}(2)}$.

Proposition 2. *De plus, on a*

(a) *L'extension* $\mathbf{C}(\mathbf{P}^5)^{\mathbf{SL}(2)}/\mathbf{C}$ *est de degré de transcendance 2;*

(b) *L'extension* $\mathbf{C}(\mathbf{P}^5)/\mathbf{C}(\mathbf{P}^5)^{\mathbf{SL}(2)}$ *est pure.*

1.3. Preuve de la proposition 1. On note d la fonction

$$d : M \longrightarrow \mathbf{C}, \quad (\alpha_1, \ldots, \alpha_5) \mapsto \prod_{i<j}(\alpha_i - \alpha_j);$$

on a $\mathbf{C}(M)^{\mathbf{A}_5} = \mathbf{C}(M)^{\mathbf{S}_5}(d)$ et $d^2 \in \mathbf{C}[M]^{\mathbf{S}_5} = \mathbf{C}[H]$. On désigne par

$$D : S^5 \longrightarrow \mathbf{C}$$

le discriminant qui est une fonction homogène de degré 8 et invariante par $\mathbf{SL}(2)$; sa restriction à H coïncide avec d^2.

Il est classique en théorie des invariants des formes binaires qu'il existe une fonction non nulle

$$P : S^5 \longrightarrow \mathbf{C}$$

invariante par $\mathbf{SL}(2)$ et homogène de degré quatre: c'est la composition de

$$S^5(\mathbf{C}^2) \quad \longrightarrow \quad S^2(\mathbf{C}^2),$$

$$\varphi(x, y) \quad \longmapsto \quad \sum_{i=0}^{4}(-1)^i \begin{pmatrix} 4 \\ i \end{pmatrix} \frac{\partial^4 \varphi}{\partial x^{4-i}\partial y^i} \frac{\partial^4 \varphi}{\partial x^i \partial y^{4-i}},$$

avec le discriminant sur $S^2(\mathbf{C}^2)$; dans [Ca, p.274] se trouve une forme explicite pour P. On note p la restriction de P à H et on pose $f = \frac{d}{p}$ qui est un élément de $\mathbf{C}(M)^{\mathbf{A}_5}$. Alors $\mathbf{C}(M)^{\mathbf{A}_5} = \mathbf{C}(\mathbf{P}^5)(f)$ et

$$f^2 = \frac{d^2}{p^2} = \frac{p}{P^2} \in \mathbf{C}(\mathbf{P}^5)^{\mathbf{SL}(2)};$$

la proposition est démontrée.   □

1.4. Preuve de la proposition 2. On considère l'opération de $\mathbf{GL}(2, \mathbf{C})$ dans S^5; son noyau est constitué du groupe C_5 des homothéties de rapport ξ, $\xi^5 = 1$; l'ouvert

$$X := \{\, \varphi \in S^5 \mid D(\varphi) \neq 0 \,\}$$

est stable par $\mathbf{GL}(2)$ et constitué d'orbites toutes de dimension quatre, donc fermées dans X; de plus, il existe $x \in X$ dont le sous-groupe d'isotropie $\mathbf{GL}(2)_x$ est exactement C_5.

Assertion. *Il existe un ouvert affine U de X qui contient x et est laissé stable par $\mathbf{GL}(2)$; il existe une sous-variété affine U_1 de U tels que*

$$\mathbf{GL}(2)/C_5 \times U_1 \longrightarrow U, \quad (g, u_1) \mapsto g \cdot u_1$$

soit un isomorphisme équivariant ($\mathbf{GL}(2)$ opérant trivialement dans U_1).

Autrement dit, le morphisme $\pi : X \to X/\mathbf{GL}(2)$ est une $\mathbf{GL}(2)/C_5$ fibration triviale (pour la topologie de Zariski) au voisinage de $\pi(x)$.

Avant de démontrer cette assertion, on observe que celle-ci permet de terminer la démonstration. En effet, on a les isomorphismes de $\mathbf{GL}(2)$-modules

$$\mathbf{C}(S^5) = \mathbf{C}(U) \simeq \mathbf{C}(\mathbf{GL}(2)/C_5 \times U_1);$$

puis

$$\mathbf{C}(\mathbf{P}^5) = \mathbf{C}(S^5)^{\mathbf{C}^*} \simeq \mathbf{C}(\mathbf{PGL}(2) \times U_1);$$

d'où aussitôt la proposition 2.

Quant à l'assertion, c'est une conséquence du lemme que voici, qu'on appliquera à $G = \mathbf{GL}(2)$, X comme ci-dessus, $M = \mathrm{End}(\mathbf{C}^2)$, muni de l'opération

$$g \cdot \alpha = (\det g)^2 g\alpha \qquad g \in \mathbf{GL}(2), \; \alpha \in \mathrm{End}(\mathbf{C}^2).$$

Le lemme est dû à D. Luna.

Lemme. *Soit G un groupe algébrique réductif connexe, X une G-variété algébrique affine normale, $x \in X$ un point dont l'orbite est fermée. On suppose par ailleurs qu'il existe un G-module rationnel de dimension finie M et un point $x' \in M$ tel que l'orbite $G \cdot x'$ est ouverte dans M et les sous-groupes d'isotopie $G_{x'}$ et G_x coïncident. Il existe alors un ouvert affine U de X qui est laissé stable par G et contient x; il existe une sous-variété affine U_1 de U qui contient x et est laissée stable par G_x telles que le morphisme*

$$G \times U_1 \longrightarrow U, \quad (g, u_1) \longmapsto g \cdot u_1$$

induit un isomorphisme équivariant

$$G *_{G_x} U_1 \longrightarrow U.$$

Ici, $G *_{G_x} U_1$ *désigne le quotient de $G \times U_1$ par l'opération de G_x définie par*

$$s \cdot (g, u_1) = (gs^{-1}, s \cdot u_1)$$

avec $s \in G_x$, $g \in G$, $u_1 \in U_1$.

PREUVE: Par hypothèses on a la situation

qui se reflète en

$$
\begin{array}{ccc}
 & & \mathbf{C}[X] \\
 & \nearrow & \uparrow {\scriptstyle \psi^*} \\
\mathbf{C}[G/G_x] & & \\
 & \searrow & \\
 & & \mathbf{C}[M] \supset M'
\end{array}
$$

Choisissant un relevé dans $\mathbf{C}[X]$ (compatible avec les opérations de G) de l'image du dual M' de M dans $\mathbf{C}[G/G_x]$, on obtient un G-homomorphisme injectif $\mathbf{C}[M] \hookrightarrow \mathbf{C}[X]$, auquel correspond un G-morphisme dominant

$$\psi : X \longrightarrow M, \quad x \mapsto x'.$$

On pose $U = \psi^{-1}(G \cdot x')$ et $U_1 = \psi^{-1}(x')$. Alors

$$G \times U_1 \longrightarrow U, \quad (g, u_1) \mapsto g \cdot u_1$$

est surjectif et induit un morphisme bijectif équivariant

$$G *_{G_x} U_1 \longrightarrow U;$$

par normalité de U, c'est un isomorphisme.   □

§2   Explicitation de cinq générateurs de l'extension $\mathbf{C}(M)^{\mathbf{A}_5}/\mathbf{C}$

On utilise finalement la même méthode qu'en (2.2) pour expliciter cinq généra-teurs de l'extension $\mathbf{C}(M)^{\mathbf{A}_5}/\mathbf{C}$.

2.1. On désigne par N l'hyperplan de M d'équation $\sum x_i = 0$. On a

$$\mathbf{C}(N)^{\mathbf{A}_5} = \mathbf{C}[p_2, p_3, p_4, p_5, d]$$

où

$$p_j(x) = \sum_i x_i^j \quad \text{et} \quad d(x) = \prod_{i<j}(x_i - x_j).$$

On introduit trois surfaces de $\mathbf{P}(N)$ d'équation homogène

$$
\begin{aligned}
f_4 &:= p_4 - \alpha p_2^2 = 0 \\
f_5 &:= p_5 - \beta p_2 p_3 = 0 \\
f_{10} &:= \mu p_4 p_3^2 + \nu p_2^2 p_3^2 + d - \gamma p_2^5 = 0
\end{aligned}
$$

où α, β, $\gamma \in \mathbf{C}$, μ, $\nu \in \mathbf{C} \setminus 0$. On désigne par E l'intersection de ces trois surfaces:

$$E = \{ [x] \in \mathbf{P}(N) \mid f_4(x) = f_5(x) = f_{10}(x) = 0 \}$$

(pour $x = (x_1, \ldots, x_5) \in N \setminus 0$, on écrit $[x] = (x_1 : \cdots : x_5)$ pour son image dans $\mathbf{P}(N)$). On observe que le point $\overline{\omega} := (1 : \omega : \omega^2 : 0 : 0)$ de $\mathbf{P}(N)$, où

$\omega^3 = 1$ et $\omega \neq 1$, appartient à E et que son orbite Ω par $\mathbf{A}_5$ est constituée de 20 éléments; de plus

$$p_2(\Omega) = p_4(\Omega) = p_5(\Omega) = d(\Omega) = 0.$$

On va démontrer que pour (α, β, γ) dans un ouvert de Zariski (non vide) U de $\mathbf{C}^3$, la dimension de E est zéro. D'après le théorème de Bezout, tenant compte des multiplicités, l'ensemble E est constitué de 200 points qui se répartissent en orbites du groupe $\mathbf{A}_5$. De plus, il existe un choix convenable de μ et ν, tel que (retrécissant éventuellement U) la multiplicité de E en un point de Ω soit égale à 7: il reste donc 60 points dans $E \setminus \Omega$. On considère alors le morphisme invariant

$$\varphi : \mathbf{P}(N)_{p_2 p_3} \longrightarrow \mathbf{C}^3,$$

$$[x] \longmapsto (\alpha, \beta, \gamma) = \left(\frac{p_4}{p_2^2}(x), \frac{p_5}{p_2 p_3}(x), \frac{\mu p_4 p_3^2 + \nu p_2^2 p_3^2 + d}{p_2^5}(x) \right)$$

(où $\mathbf{P}(N)_{p_2 p_3}$ désigne l'ouvert de $\mathbf{P}(N)$ où la section $p_2 p_3$ ne s'annule pas). Au dessus de U les fibres de φ sont finies; il s'ensuit que φ est dominant. Ainsi, la fibre générale de φ contient une orbite de $\mathbf{A}_5$ isomorphe à $\mathbf{A}_5$. De la description de E donnée ci-dessus, résulte que cette fibre est constituée d'une seule orbite. L'extension

$$\mathbf{C}(\alpha, \beta, \gamma) \subset \mathbf{C}(\mathbf{P}(N))$$

correspondant à φ est donc de degré 60; comme elle est contenue dans le corps $\mathbf{C}(\mathbf{P}(N))^{\mathbf{A}_5}$, on a en fait

$$\mathbf{C}(\alpha, \beta, \gamma) = \mathbf{C}(\mathbf{P}(N))^{\mathbf{A}_5}.$$

Les démonstrations se font par calcul élémentaire; en voici les grandes lignes.

2.2. Proposition. *Pour (α, β, γ) dans un ouvert de Zariski (non vide) de $\mathbf{C}^3$, l'anneau $\mathbf{C}[N]^{\mathbf{A}_5}$ est entière sur $\mathbf{C}[p_3, f_4, f_5, f_{10}]$.*

PREUVE: (a) La première étape est de montrer que p_2 est entier sur $\mathbf{C}[p_1, p_3, p_4, p_5, d]$. On a en effet

$$d^2 \in \mathbf{C}[M]^{\mathbf{S}_5} = \mathbf{C}[p_1, p_3, p_4, p_5][p_2] :$$

on écrit

$$d^2 = \sum_{i=0}^{10} g_i(p_1, p_3, p_4, p_5)p_2^i \tag{1}$$

et il suffit de voir que g_{10} est une constante non nulle. Pour cela, on utilise l'expression

$$d^2 = \det(p_{i+j})_{0 \leq i,j \leq 4}$$

et le fait que dans l'expression des invariants symétriques p_6, p_7, p_8 comme polynôme en p_2 à coefficients dans $\mathbf{C}[p_1, p_3, p_4, p_5]$, le coefficient dominant est $\left(-\frac{1}{8}\right)$, 0, $\left(-\frac{1}{16}\right)$ respectivement. Ainsi

$$
g_{10} = \begin{vmatrix}
5 & 0 & 1 & 0 & 0 \\
0 & 1 & 0 & 0 & 0 \\
1 & 0 & 0 & 0 & -\frac{1}{8} \\
0 & 0 & 0 & -\frac{1}{8} & 0 \\
0 & 0 & -\frac{1}{8} & 0 & -\frac{1}{16}
\end{vmatrix} = 2^{-9}.
$$

(b) On observe ensuite que p_2 est entier sur $\mathbf{C}[p_1, p_3, f_4, f_5, f_{10}]$ pour (α, β, γ) en position générale. Substituant $p_4 = f_4 + \alpha p_2^2$ et $p_5 = f_5 + \beta p_2 p_3$ dans (1), on obtient une expression de la forme

$$
d^2 = \sum_{i=0}^{9} h_i(p_1, p_3, f_4, f_5) p_2^i + h_{10}(\alpha) p_2^{10}. \tag{2}
$$

D'autre part, par définition de f_{10}, on a

$$
d^2 = (f_{10} - \mu p_4 p_3^2 - \nu p_2^2 p_3^2 + \gamma p_2^5)^2,
$$

d'où en remplaçant p_4 par $f_4 + \alpha p_2^2$,

$$
d^2 = ((f_{10} - \mu f_4 p_3^2) - (\mu \alpha + \nu) p_3^2 p_2^2 + \gamma p_2^5)^2. \tag{3}
$$

De (2) et (3) résulte que p_2 est entier sur $\mathbf{C}[p_1, p_3, f_4, f_5, f_{10}]$ dès que $\gamma^2 - h_{10}(\alpha) \neq 0$.

(c) L'affirmation de la proposition est une conséquence directe de (b).   □

Corollaire. *L'intersection E des trois surfaces $f_4 = f_5 = f_{10} = 0$ est de dimension zéro (pour (α, β, γ) dans un ouvert (non vide) de $\mathbf{C}^3$).*

PREUVE: D'après la proposition, $\mathbf{C}[N]$ est entier sur $\mathbf{C}[p_3, f_4, f_5, f_{10}]$ (pour (α, β, γ) en position générale); par suite, (p_3, f_4, f_5, f_{10}) est un système de paramètres homogènes de $\mathbf{C}[N]$, d'où l'assertion puisque $\mathbf{C}[N]$ est un anneau de Cohen-Macaulay.   □

2.3. Il reste à étudier la multiplicité de E au point $\overline{\omega} := (1 : \omega : \omega^2 : 0 : 0)$. Pour cela on introduit la base

$$
(1, \omega, \omega^2, 0, 0), (1, \omega^2, \omega, 0, 0), (1, 1, 1, -3, 0), (1, 1, 1, 0, -3)
$$

de N de sorte que, pour $(x, y, z) \in \mathbf{C}^3$, l'ensemble des

$$
(1 + x + y + z : \omega + \omega^2 x + y + z : \omega^2 + \omega x + y + z : -3y : -3z)
$$

constitue un voisinage affine V de $\overline{\omega}$ dans $\mathbf{P}(N)$.

On désigne par $\mathcal{O}$ l'anneau local de 0 dans V (i.e. l'anneau local de $\overline{\omega}$ dans $\mathbf{P}(N)$). La question est d'évaluer la dimension sur $\mathbf{C}$ de $\mathcal{O}/(f_4, f_5, f_{10})$.

Proposition. *Pour un choix convenable de μ et ν et pour (α, β, γ) dans un ouvert de Zariski (non vide) de $\mathbf{C}^3$, l'anneau $\mathcal{O}/(f_4, f_5, f_{10})$ est de dimension sept.*

PREUVE: (a) Par un calcul direct, on trouve que

$$f_4 = p_4 - \alpha p_2^2 = 18(1 - 2\alpha)x^2 + yu_0 + zv_0 \tag{4}$$

où $u_0, v_0 \in \mathcal{O}^*$, $u_0(0) = v_0(0) = 12$.

On introduit alors l'anneau $\mathcal{O}_1 := \mathcal{O}/(f_4)$ et on note m_1 son idéal maximal. De plus, pour $p \in \mathcal{O}$, on écrit $\overline{p}$ pour l'image de p dans $\mathcal{O}_1$. De (4), il résulte que dans $\mathcal{O}_1$

$$\overline{y} + \overline{z} \in u_1\overline{x}^2 + \overline{z}m_1' \tag{5}$$

où $u_1 \in \mathcal{O}_1$ et $u_1 \in \mathcal{O}_1^*$ pour α en position générale.

(b) Dans $\mathcal{O}_1$, on obtient par calcul direct

$$\overline{d} \quad \in \quad 9\sqrt{-3}(\overline{y} - \overline{z}) + \overline{z}m_1 + \overline{x}^5\mathcal{O}_1$$
$$(2\overline{p}_4 - \overline{p}_2^2)\overline{p}_3^2 \quad \in \quad 6^3(\overline{y} + \overline{z}) + \overline{z}m_1 + \overline{x}^5\mathcal{O}_1$$
$$\overline{p}_2^5 \quad \in \quad 6^5\overline{x}^5 + \overline{x}^6\mathcal{O}_1 + \overline{z}m_1$$

On introduit maintenant l'anneau $\mathcal{O}_2 := \mathcal{O}/(f_4, f_{10})$. Alors pour

$$\mu = -\frac{\sqrt{-3}}{12} \quad \text{et} \quad 2\nu = -\mu \tag{6}$$

on a, dans $\mathcal{O}_2$, pour (α, γ) en position générale,

$$\overline{z} = u_2\overline{x}^5, \quad u_2 \in \mathcal{O}_2^*, \tag{7}$$

et, tenant compte de (5)

$$\overline{y} = v_2\overline{x}^2, \quad v_2 \in \mathcal{O}_2^*. \tag{8}$$

(c) Dans $\mathcal{O}_2$, on obtient par calcul direct, avec les valeurs (6) de μ et ν

$$\overline{p_2p_3} \in \overline{x}\mathcal{O}_2 \quad \text{et} \quad \overline{s_5} \in \overline{x}^7\mathcal{O}_2 \tag{9}$$

où $s_5(x) = x_1x_2\ldots x_5$ est la cinquième fonction symétrique élémentaire. On observe qu'en restriction à N, on a $5s_5 = p_5 - \frac{1}{6}p_2p_3$; par suite, il suit de (9) que dans $\mathcal{O}_3 := \mathcal{O}/(f_4, f_5, f_{10})$, on a

$$\overline{x}^7 = u_3\overline{x} \quad , u_3 \in \mathcal{O}_3^*,$$

ce qui avec (7) et (8) démontre la proposition.   □

Résumé. *Le corps $\mathbf{C}(\mathbf{P}(N))^{\mathbf{A}_5}$ est transcendant pur sur $\mathbf{C}$ engendré par*

$$\frac{p_4}{p_2^2}, \frac{p_5}{p_2p_3}, -\frac{\sqrt{-3}}{24}\frac{(2p_4 - p_2^2)p_3^2}{p_2^5} + \frac{d}{p_2^5};$$

le corps $\mathbf{C}(N)^{\mathbf{A}_5}$ *est transcendant pur sur* $\mathbf{C}$ *engendré par les trois fonctions ci-dessus et par* $\dfrac{p_3}{p_2}$ (voir (1.4)).

Bibliographie

[BPV]   W. Barth, C. Peters, A. Van de Ven: *Compact complex surfaces.* Ergeb. Math. und Grenzgeb. **4**, Springer-Verlag, Berlin Heidelberg New York 1984

[Bo]   A. Borel: *Linear algebraic groups.* W.A. Benjamin, Inc., New York 1969

[BA]   N. Bourbaki: *Algèbre,* chapitre 5. Masson 1981

[BGA]   N. Bourbaki: *Groupes et algèbres de Lie,* chapitre 5. Hermann, Paris 1968

[Bu]   W. Burnside: *Theory of groups of finite order,* second edition. Cambridge University Press, Cambridge 1911

[Ca]   A. Cayley: *A second memoir on quantics.* Collected papers II, 250–275

[CS]   J.-L. Colliot-Thélène, J.-J. Sansuc: *Non rationalité de corps d'invariants sous un groupe fini (d'après Saltman et Bogomolov).* Manuscript 1986

[Do]   I. Dolgachev: *Rationality of fields of invariants.* In: Algebraic Geometry, Bowdoin 1985. Proc. Sympos. Pure Math. **46**, part 2, 3–16

[Le]   H. W. Lenstra jr.: *Rational functions invariant under a finite abelian group.* Invent. math. **25** (1974), 299–325

[Mi]   T. Miyata: *Invariants of certain groups I;* Nagoya Math. J. **41** (1971), 68–73

[No]   E. Noether: *Gleichungen mit vorgeschriebener Gruppe.* Math. Ann. **78** (1916), 221–229

[Pr]   C. Procesi: *Non commutative affine rings;* Att. Acad. Naz. Lincei, Memoire **8** (1967), 237–255

[Sa1]   D. Saltman: *Noether's problem over an algebraically closed field.* Invent. math. **77** (1984), 71–84

[Sa2]   D. Saltman: *Multiplicative field invariants.* J. Algebra **106** (1987), 221–238

[Sa3]   D. Saltman: *Groups acting on fields: Noether's problem.* Contemp. math. **43** (1985), 267–277

[Se1]   J.-P. Serre: *Corps locaux.* Hermann, Paris 1962

[Se2]   J.-P. Serre: *Critère de rationalité pour les surfaces algébriques.* Sém. Bourbaki no. 146 (1957)

[Tr]   D. D. Triantaphyllou: *Invariants of finite groups acting non-linearly on rational function fields.* J. Pure Appl. Alg. **18** (1980), 315–331

[Vi]   E. B. Vinberg: *Rationality of the field of invariants of a triangular group.* Vestnik Mosk. Univ. Mat. **37** (1982), 23–24

[We]   H. Weber: *Lehrbuch der Algebra.* Chelsea Publ. Comp., 1908

LITERATURSAMMLUNG

Die nachstehende Sammlung von Literaturangaben ist in keiner Weise vollständig, sondern stellt eine von den Forschungsinteressen der Autoren und von vielen Zufälligkeiten beeinflusste Auswahl dar. Wir haben sie auf Wunsch vieler Teilnehmer angefügt und hoffen, dass sie dem einen oder anderen Leser nützlich sein wird.

ABEASIS, S.: *Codimension 1 orbits and semi-invariants for the representations of an oriented graph of type A_n.* Trans. Amer. Math. Soc. **282** (1984), 463–485

ABEASIS, S.: *Codimension 1 orbits and semiinvariants for the representations of an equioriented graph of type D_n.* Trans. Amer. Math. Soc. **286** (1984), 91–123

ABEASIS, S.: *Gli ideali $GL(V)$-invarianti in $S(S^2V)$.* Rend. Matematica **13** (1980), 235–262

ABEASIS, S.: *On a remarkable class of subvarieties of a symmetric variety.* Adv. in Math. **71** (1988), 113–129

ABEASIS, S.: *On the ring of semi-invariants of the representations of an equioriented quiver of type A_n.* Boll. Un. Mat. Ital. (6) **1-A** (1982), 233–240

ABEASIS, S.; DEL FRA, A.: *Degenerations for the representations of a quiver of type A_m.* J. Algebra **93** (1985), 376–412

ABEASIS, S.; DEL FRA, A.: *Degenerations for the representations of an equioriented quiver of type D_m.* Adv. in Math. **52** (1984), 81–172

ABEASIS, S.; DEL FRA, A.: *Degenerations for the representations of an equioriented quiver of type A_m.* Algebra e Geometria. Suppl. B. U. M. I. **2** (1980), 157–171

ABEASIS, S.; DEL FRA, A.: *Young diagrams and ideals of Pfaffians.* Adv. in Math. **35** (1980), 158–178

ABEASIS, S.; DEL FRA, A.; KRAFT, H.: *The geometry of representations of A_m.* Math. Ann. **256** (1981), 401–418

ABEASIS, S.; PITTALUGA, M.: *On a minimal set of generators for the invariants of 3×3 matrices.* Comm. Algebra (1989), to appear

ADAMOVICH, O.M.; GOLOVINA, E.O.: *Simple linear Lie groups having a free algebra of invariants.* Selecta Math. Soviet. **3** (1983/84), 183–220

AHIEZER, D. N.: *Actions with a finite number of orbits.* Functional Anal. Appl. **19** (1985), 1–4

AHIEZER, D. N.: *Algebraic groups transitive in the complement of a homogeneous hypersurface.* Trans. Moscow Math. Soc. **48** (1986), 83–103

AHIEZER, D. N.: *Complex n-dimensional homogeneous spaces homotopically equivalent to $(2n-2)$-dimensional compact manifolds.* Selecta Math. Soviet. **3** (1983/84), 285–290

AHIEZER, D. N.: *Dense orbits with two ends.* Math. USSR-Izv. **11** (1977), 293–307

AHIEZER, D. N.: *Equivariant completion of homogeneous algebraic varieties by homogeneous divisors.* Ann. Glob. Analysis and Geometry **1** (1983), 49–78

AHIEZER, D. N.: *Invariant meromorphic functions on complex semisimple Lie groups.* Invent. Math. **65** (1982), 325–329

ALMKVIST, G.: *Invariants, mostly old ones.* Pacific J. Math. **86** (1980), 1–13

ALMKVIST, G.: *Some formulas in invariant theory.* J. Algebra **77** (1982), 338–359

ALMKVIST, G.; DICKS, W.; FORMANEK, E.: *Hilbert series of fixed free algebras and noncommutative classical invariant theory.* J. Algebra **93** (1985), 189–214

ALTMAN, A.; KLEIMAN, S.: *Introduction to Grothendieck duality theory.* Lecture Notes in Math. **146**, Springer-Verlag, Berlin Heidelberg 1970

ANDREEV, E.M.; POPOV, V.L.: *Stationary subgroups of points of general position in the representation space of a semisimple Lie group.* Functional Anal. Appl. **5** (1971), 265–271

ANDREEV, E.M.; VINBERG, E.B; ELASHVILI, A.G.: *Orbits of greatest dimension in semisimple linear Lie groups.* Functional Anal. Appl. **1** (1967), 257–261

BALA, P.; CARTER, R. W.: *Classes of unipotent elements in simple algebraic groups. I.* Math. Proc. Cambridge Philos. Soc. **79** (1976), 401–425

BALA, P.; CARTER, R. W.: *Classes of unipotent elements in simple algebraic groups. II.* Math. Proc. Cambridge Philos. Soc. **80** (1976), 1–18

BARNABEI, M.; BRINI, A.: *An elementary proof of the first fundamental theorem of vector invariant theory.* J. Algebra **102** (1986), 556–563

BASS, H.: *A non-triangular action of G_a on $\mathbf{A}^3$.* J. Pure Appl. Algebra **33** (1984), 1–5

BASS, H.: *Algebraic group actions on affine spaces.* Contemp. Math. **43** (1985), 1–23

BASS, H.; CONNELL, E.H.; WRIGHT, D.: *Locally polynomial algebras are symmetric algebras.* Invent. Math. **38** (1977), 279–299

BASS, H.; CONNELL, E. H.; WRIGHT, D.: *The Jacobian conjecture: Reduction of degree and formal expansion of the inverse.* Bull. Amer. Math. Soc. **7** (1982), 287–330

BASS, H.; HABOUSH, W.: *Linearizing certain reductive group actions.* Trans. Amer. Math. Soc. **292** (1985), 463–482

BASS, H.; HABOUSH, W.: *Some equivariant K-theory of affine algebraic group actions.* Comm. Algebra **15** (1987), 181–217

BEAUVILLE, A.; COLLIOT-THÉLÈNE, J.-L.; SANSUC, J.-J.; SWINNERTON-DYER, P.: *Variétés stablement rationelles non rationelles.* Ann. of Math. **121** (1985), 283–318

BEKLEMISHEV, N.D.: *Algebras of invariants of forms that are complete intersections.* Math. USSR-Izv. **23** (1984), 423–429

BEKLEMISHEV, N.D.: *Classification of quaternary cubic forms not in general position.* Selecta Math. Soviet. **5** (1986), 203–218

BERNSTEIN, I.N.; GELFAND, I.M.; GELFAND, S.I.: *Schubert cells and cohomology of the spaces G/P.* Russian Math. Surveys **28** (1973), 1–26

BESSENRODT, CH.; LE BRUYN, L.: *Stable rationality of certain PGL_n-quotients.* Preprint 1989

BIAŁYNICKI-BIRULA, A.: *On actions of $\mathrm{SL}(2)$ on complete algebraic varieties.* Pacific J. Math. **86** (1980), 53–58

BIAŁYNICKI-BIRULA, A.: *On algebraic actions of $\mathrm{SL}(2)$.* Bull. Acad. Polon. Sci. Sér. Sci. Math. **26** (1978), 293–294

BIAŁYNICKI-BIRULA, A.: *On fixed point schemes of actions of multiplicative and additive groups.* Topology **12** (1973), 99–103

BIAŁYNICKI-BIRULA, A.: *On fixed points of torus actions on projective varieties.* Bull. Acad. Polon. Sci. Sér. Sci. Math. **22** (1974), 1097–1101

BIAŁYNICKI-BIRULA, A.: *On homogeneous affine spaces of linear algebraic groups.* Amer. J. Math. **85** (1963), 577–582

BIAŁYNICKI-BIRULA, A.: *On the field of rational functions on an algebraic group.* Pacific J. Math. **11** (1961), 1205–1209

BIAŁYNICKI-BIRULA, A.: *Rationally trivial homogeneous principal fibrations of schemes.* Invent. Math. **11** (1970), 259–262

BIAŁYNICKI-BIRULA, A.: *Remarks on the action of an algebraic torus on k^n, I.* Bull. Acad. Polon. Sci. Sér. Sci. Math. **14** (1966), 177–181

BIAŁYNICKI-BIRULA, A.: *Remarks on the action of an algebraic torus on k^n, II.* Bull. Acad. Polon. Sci. Sér. Sci. Math. **15** (1967), 123–125

BIAŁYNICKI-BIRULA, A.: *Some properties of the decompositions of algebraic varieties determined by actions of a torus.* Bull. Acad. Polon. Sci. Sér. Sci. Math. **24** (1976), 667–674

BIAŁYNICKI-BIRULA, A.: *Some theorems on actions of algebraic groups.* Ann. of Math. **98** (1973), 480–497

BIAŁYNICKI-BIRULA, A.; HOCHSCHILD, G.; MOSTOW, G.: *Extensions of representations of algebraic linear groups.* Amer. J. Math. **85** (1963), 131–144

BIAŁYNICKI-BIRULA, A.; SOMMESE, A.: *A conjecture about compact quotients by tori.* In: "Complex analytic singularities," Adv. Stud. Pure Math. **8** (1987), 59–68

BIAŁYNICKI-BIRULA, A.; SOMMESE, A.J.: *Quotients by $\mathbf{C}^*$ and $SL(2,\mathbf{C})$ actions.* Trans. Amer. Math. Soc. **279** (1983), 773–800

BIAŁYNICKI-BIRULA, A.; SOMMESE, A.J.: *Quotients by $\mathbf{C}^* \times \mathbf{C}^*$ actions.* Trans. Amer. Math. Soc. **289** (1985), 519–543

BIAŁYNICKI-BIRULA, A., SWIECICKA, J.: *A reduction theorem for existence of good quotients.* Preprint 1989

BIAŁYNICKI-BIRULA, A.; SWIECICKA, J.: *Complete quotients by algebraic torus actions.* In: "Group actions and vector fields," edited by J. Carrell. Lecture Notes in Math. **956**, Springer-Verlag, Berlin Heidelberg New York 1982

BIAŁYNICKI-BIRULA, A., SWIECICKA, J.: *Generalized moment functions and orbit spaces.* Amer. J. Math **109** (1987), 229–238

BIAŁYNICKI-BIRULA, A., SWIECICKA, J.: *Good quotients for actions of $SL(2)$.* Bull. Acad. Polon. Sci. Sr. Sci. Math. (1989), to appear

BIRKES, D.: *Orbits of linear algebraic groups.* Ann. of Math. **93** (1971), 459–475

BOGOMOLOV, F.A.: *Holomorphic tensors and vector bundles on projective varieties.* Math. USSR-Izv. **13** (1979), 499–555

BOGOMOLOV, F.A.: *Rationality of the moduli of hyperelliptic curves of arbitrary genus.* Can. Math. Soc., Conference Proc. **6** (1986), 17–37

BOGOMOLOV, F.A.; KATSYLO, P.I.: *Rationality of some quotient varieties.* Math. USSR-Sb. **54** (1986), 571–576

BOREL, A.: *Linear algebraic groups.* W.A. Benjamin, Inc. , New York Amsterdam 1969

BOREL, A.: *Seminar on transformation groups.* Annals of math. Studies **48**, Princeton University Press 1960

BOREL, A.; TITS, J.: *Groupes rductifs.* Inst. Hautes Etudes Sci. Publ. Math. **27** (1965), 55–150

BORHO, W.: *Über Schichten halbeinfacher Lie-Algebren.* Invent. Math. **65** (1981), 283–317

BORHO, W.; KRAFT, H.: *Über Bahnen und deren Deformationen bei linearen Aktionen reduktiver Gruppen.* Comment. Math. Helv. **54** (1979), 61–104

BOUTOT, J.-F.: *Singularités rationelles et quotients par les groupes réductifs.* Invent. Math. **88** (1987), 65–68

BRACKLY, G.: *Über die Geometrie der ternären 4-Formen.* Diplomarbeit, Bonn, 1979

BREDON, G. E.: *Introduction to compact transformation groups.* Pure and Applied Mathematics vol. **46**, Academic Press, 1972

BREMNER, M.R.; MOODY, R.V.; PATERA, J.: *Tables of dominant weight multiplicities for representations of simple lie algebras.* Monographs and Textbooks in Pure and Appl. Math. **90**, Marcel Dekker, Inc., New York Basel 1985

BRION, M.: *Classification des espaces homogènes sphériques.* Compositio Math. **63** (1987), 189–208

BRION, M.: *Groupe de Picard et nombres caracteristiques des variétés sphériques.* Duke Math. J. **58** (1989), 397–424

BRION, M.: *Invariants d'un sous-groupe unipotent maximal d'un groupe semi-simple.* Ann. Inst. Fourier **33** (1983), 1–27

BRION, M.: *Invariants de plusieurs formes binaires.* Bull. Soc. Math. France **110** (1982), 429–445

BRION, M.: *La série de Poincaré des U-invariants.* C. R. Acad. Sci. Paris **293** (1981), 107–110

BRION, M.: *Points entiers dans les polyèdres convexes.* Ann. scient. Ec. Norm. Sup. **21** (1988), 653–663

BRION, M.: *Quelques propriétés des espaces homogènes sphériques.* Manuscripta Math. **55** (1986), 191–198

BRION, M.: *Représentations exceptionnelles des groupes semi-simples.* Ann. Sci. Ecole Norm. Sup. **18** (1985), 345–387

BRION, M.: *Représentations irréductibles des groupes de Lie simples dont l'algèbre des U-invariants est régulière.* C. R. Acad. Sci. Paris **293** (1981), 377–379

BRION, M.: *Sur certaines représentations des groupes semi-simples.* C. R. Acad. Sci. Paris **296** (1983), 5–6

BRION, M.: *Sur l'image de l'application moment.* In: "Séminaire d'Algèbre Paul Dubreil et Marie-Paule Malliavin." Lecture Notes in Math. **1296**, Springer-Verlag, Berlin Heidelberg 1987

BRION, M.: *Surfaces quotients par un groupe unipotent.* Comm. Algebra **11** (1983), 1011–1014

BRION, M.: *Vers une généralisation des espaces symétriques.* J. Algebra (1989), to appear

BRION, M.; LUNA, D.: *Sur la structure locale des variétés sphériques.* Bull. Soc. Math. France **115** (1987), 211–226

BRION, M.; LUNA, D.; VUST, TH.: *Espaces homogènes sphériques.* Invent. Math. **84** (1986), 617–632

BRION, M.; PAUER, F.: *Valuations des espaces homogènes sphériques.* Comment. Math. Helv. **62** (1987), 265–285

BROWDER, F. E. (EDITOR): *Mathematical developments arising from Hilbert Problems, I and II.* Proc. Sympos. Pure Math. **28, I /II** (1976)

BRUCE, J.W.: *A stratification of the space of cubic surfaces.* Math. Proc. Cambridge Philos. Soc. **87** (1980), 427–441

BRUCE, J.W.; WALL, C.T.C.: *On the classification of cubic surfaces.* J. London Math. Soc. **19** (1979), 245–256

CARLES, R.; DIAKITÉ, Y.: *Sur les variétés d'algèbres de Lie de dimension 7.* J. Algebra **91** (1984), 53–63

CARRELL, J. B.: *Orbits of the Weyl group and a theorem of DeConcini and Procesi.* Compositio Math. **60** (1986), 45–52

CARRELL, J. B.; SOMMESE, A. J.: *C*-actions.* Math. Scand. **43** (1978), 49–59

CARRELL, J. B.; SOMMESE, A. J.: *Filtrations of meromorphic C*-actions on complex manifolds.* Math. Scand. **53** (1983), 25–31

CARRELL, J. B.; SOMMESE, A. J.: *SL(2, C) actions on compact Kähler manifolds.* Trans. Amer. Math. Soc. **276** (1983), 165–179

CARRELL, J. B.; SOMMESE, A. J.: *Some topological aspects of C*-actions on compact Kähler manifolds.* Comment. Math. Helv. **54** (1979), 567–582

CARRELL, J.; LIEBERMANN, D.: *Holomorphic vector fields and Kähler manifolds.* Invent. Math. **21** (1973), 303–309

CARRELL, J. editor: *Group actions and vector fields* Proceedings, Vancouver 1981. Lecture Notes in Math. **956**, Springer-Verlag, Berlin Heidelberg New York 1982

CARTAN, É.: *Élie Cartan et les mathématiques d'aujourd'hui.* Astérisque (numéro hors série) (1985)

CARTER, R.W.: *Conjugacy classes in the Weyl group.* Compositio Math. **25** (1972), 1–59

CARTER, R.W.; ELKINGTON, G.B.: *A note on parametrization of conjugacy classes.* J. Algebra **20** (1972), 350–354

CIGUREL, R.: *Sur les orbites affines des G-variétés admettant une orbite ouverte.* C. R. Acad. Sci. Paris **274** (1972), 1316–1318

CLINE, E.; PARSHALL, B.; SCOTT, L.: *Induced modules and affine quotients.* Math. Ann. **230** (1977), 1–14

CLINE, E.; PARSHALL, B.; SCOTT, L.: *Induced modules and extensions of representations.* Invent. Math. **47** (1978), 41–51

CUSHMAN, R.; SANDERS, J.A.: *Nilpotent normal forms and representation theory of $\mathfrak{sl}(2, \mathbf{R})$.* Contemp. Math. **56** (1986), 31–51

DADOK, J.; KAC, V.: *Polar representations.* J. Algebra **92** (1985), 504–524

DANIELEWSKI, W.: *On the cancellation problem and automorphism group of affine algebraic varieties.* Preprint 1989

DANILOV, V.I.: *The geometry of toric varieties.* Russian Math. Surveys **33** (1978), 97–154

DECONCINI, C.; EISENBUD, D.; PROCESI, C.: *Hodge algebras.* Astérisque **91** (1982)

DECONCINI, C.; EISENBUD, D.; PROCESI, C.: *Young diagrams and determinantal varieties.* Invent. Math. **56** (1980), 129–165

DECONCINI, C.; LAKSHMIBAI, V.: *Arithmetic Cohen-Macaulayness and arithmetic normality for Schubert varieties.* Amer. J. Math. **103** (1981), 835–850

DECONCINI, C.; PROCESI, C.: *A characteristic free approach to invariant theory.* Adv. in Math. **21** (1976), 169–193

DECONCINI, C.; PROCESI, C.: *Complete symmetric varieties.* In: "Invariant Theory," Proceedings, Montecatini, 1982. Lecture Notes in Math. **996** (1983), 1–44

DECONCINI, C.; PROCESI, C.: *Complete symmetric varieties, II.* In: "Algebraic Groups and Related Topics." Adv. Studies in Pure Math. **6** (1985), 481–513

DECONCINI, C.; PROCESI, C.: *Symmetric functions, conjugacy classes and the flag variety.* Invent. Math. **64** (1981), 203–219

DECONCINI, C.; STRICKLAND, E.: *On the variety of complexes.* Adv. in Math. **41** (1981), 57–77

DEMAZURE, M.: *Automorphismes et déformations des variétés de Borel.* Invent. Math. **39** (1977), 179–186

DEMAZURE, M.: *Sous-groupes algébriques de rang maximum du groupe de Cremona.* Ann. Sci. Ecole Norm. Sup. **3** (1970), 507–588

DEMAZURE, M.: *Une démonstration algébrique d'un théorème de Bott.* Invent. Math. **5** (1968), 349–272

DIEUDONNÉ, J.; CARRELL, J. B.: *Invariant theory, old and new.* Adv. in Math. **4** (1970), 1–80

DIXMIER, J.: *Certaines algèbres non associatives simples définies par la transvection des formes binaires.* J. Reine Angew. Math. **346** (1984), 110–128

DIXMIER, J.: *Quelques résultats de finitude en théorie des invariants (d'après V.L. Popov).* Sém. Bourbaki, vol.1985/86, exposé 659. Astérisque **145–146** (1987), 163–175

DIXMIER, J.: *Quelques résultats et conjectures concernant les séries de Poincaré des invariants des formes binaires.* In: "Séminaire d'Algèbre Paul Dubreil et Marie-Paule Malliavin." Lecture Notes in Math. **1146**, 127–160, Springer-Verlag, Berlin Heidelberg 1985

DIXMIER, J.: *Série de Poincaré et systèmes de paramètres pour les invariants des formes binaires.* Acta Sci. Math. (Szeged) **45** (1983), 151–160

DIXMIER, J.: *Série de Poincaré et systèmes de paramètres pour les invariants des formes binaires de degré 7.* Bull. Soc. Math. France **110** (1982), 303–318

DIXMIER, J.: *Sur les invariants des formes binaires.* C. R. Acad. Sci. Paris **292** (1981), 987–990

DIXMIER, J.: *Sur les invariants du groupe symétrique dans certaines représentations.* J. Algebra **103** (1986), 184–192

DIXMIER, J.: *Sur un problème de V. Guillemin concernant les harmoniques sphériques.* C. R. Acad. Sci. Paris **301** (1985), 817–820

DIXMIER, J.; RAYNAUD, M.: *Sur le quotient d'une variété algébrique par un groupe algébrique.* Adv. in Math. Suppl. Stud. **7A** (1981), 327–344

DJOKOVIČ, D. Ž.: *Closures of conjugacy classes in classical real linear Lie groups, II.* Trans. Amer. Math. Soc. **270** (1982), 217–252

DJOKOVIČ, D. Ž.: *Closures of conjugacy classes in the classical complex Lie groups.* Houston J. Math. **6** (1980), 245–257

DJOKOVIČ, D. Ž.: *Closures of equivalence classes of trivectors of an eight-dimensional complex vector space.* Canad. Bull. Math. **26** (1983), 92–100

DLAB, V.; RINGEL, C. M.: *Normal forms of real matrices with respect to complex similarity.* Linear Algebra Appl. **17** (1977), 107–124

DOLGACHEV, I.V.: *On a Fano compactification of a maximal torus in a simple algebraic group.* Preprint 1978

DOLGACHEV, I.V.: *Rationality of fields of invariants.* Proc. Sympos. Pure Math. **46** (1987), 3–16

DOLGACHEV, I.V.: *Weighted projective varieties.* In: "Group actions and vector fields." Proceedings, Vancouver 1981. Lecture Notes in Math. **956** (1982), 34–71. Springer-Verlag, Berlin Heidelberg

ELASHVILI, A.G.: *Canonical form and stationary subalgebras of points of general position for simple linear Lie groups.* Functional Anal. Appl. **6** (1972), 44–53

ELASHVILI, A.G.: *Stationary subalgebras of points of the common state for irreducible linear Lie groups.* Functional Anal. Appl. **6** (1972), 139–148

ELKIK, R.: *Singularités rationelles et déformations.* Invent. Math. **47** (1978), 139–147

ELKINGTON, G.B.: *Centralizers of unipotent elements in semisimple algebraic groups.* J. Algebra **23** (1972), 137–163

ENDO, S.; MIYATA, T.: *Invariants of finite abelian groups.* J. Math. Soc. Japan **25** (1973), 7–26

ENDO, S.; MIYATA, T.: *Quasi-permutation modules over finite groups.* J. Math. Soc. Japan **25** (1973), 397–421

FAUNTLEROY, A.: *Algebraic and algebro-geometric interpretations of Weitzenböck's Problem.* J. Algebra **62** (1980), 21–38

FAUNTLEROY, A.: *Categorical quotients of certain algebraic group actions.* Illinois J. Math. **27** (1983), 115–124

FAUNTLEROY, A.: *Geometric invariant theory for general algebraic groups.* Compositio. Math. **55** (1985), 63–87

FAUNTLEROY, A.: *Geometric invariant theory for general algebraic groups II. (chark arbitrary).* Compositio. Math. **68** (1988), 23–29

FAUNTLEROY, A.: *Linear G_a actions on affine spaces and associated rings of invariants.* J. Pure Appl. Algebra **9** (1977), 195–206

FAUNTLEROY, A.: *Stable base loci of representation of algebraic groups.* Michigan Math. J. **30** (1983), 131–142

FAUNTLEROY, A.: *Unipotent group actions: Corrections.* J. Pure Appl. Algebra **50** (1988), 209–210

FAUNTLEROY, A.; MAGID, A. R.: *Proper G_a-actions.* Duke Math. J. **43** (1976), 723–729

FAUNTLEROY, A.; MAGID, A. R.: *Quasi-affine surfaces with G_a-actions.* Proc. Amer. Math. Soc. **68** (1978), 265–270

FISCHER, E.: *Über die Endlichkeit der Invarianten..* Nachr. Akad. Wiss. Göttingen (1915)

FISHER, CH.S.: *The death of a mathematical theory: A study in the sociology of knowledge.* Arch. Hist. Exact Sci. **3** (1966), 137–159

FOGARTY, J.: *Fixed point schemes.* Amer. J. Math. **95** (1973), 35–51

FOGARTY, J.: *Geometric quotients are algebraic schemes.* Adv. in Math. **48** (1983), 166–171

FOGARTY, J.: *Invariant theory.* W.A. Benjamin, Inc. , New York Amsterdam 1969

FOGARTY, J.: *Kähler differentials and Hilbert's 14th problem for finite groups.* Amer. J. Math. **102** (1980), 1159–1175

FOGARTY, J.: *On the depth of local rings of invariants of cyclic groups.* Proc. Amer. Math. Soc. **83** (1981), 448–452

FOGARTY, J.; NORMAN, P.: *A fixed-point characterization of linearly reductive groups.* In: "Contributions to Algebra"; a collection of papers dedicated to Ellis Kolchin (1977), 151–155

FORMANEK, E.: *Invariants and the ring of generic matrices.* J. Algebra **89** (1984), 178–223

FORMANEK, E.: *The invariants of $n \times n$ matrices.* In: "Invariant Theory," edited by S. S. Koh. Lecture Notes in Math. **1287** (1987), 18–43

FORMANEK, E.; PROCESI, C.: *Mumford's conjecture for the general linear group.* Adv. in Math. **19** (1976), 292–305

FOSSUM, R.; IVERSEN, B.: *On Picard groups of algebraic fibre spaces.* J. Pure Appl. Algebra **3** (1973), 269–280

FRASER, M.; MADER, A.: *The structure of the automorphism group of polynomial rings.* J. Algebra **25** (1973), 25–39

FRIEDLAND, S.: *Simultaneous similarity of matrices.* Adv. in Math. **50** (1983), 189–265

FUJITA, T.: *On Zariski problem.* Proc. Japan Acad. Ser. A. Math. Sci. **55** (1979), 106–110

GATTI, V.; VINIBERGHI, E.: *Spinors of 13-dimensional space.* Adv. in Math. **30** (1978), 137–155

GELFAND, I.M.; ZELEVINSKII, A.L.: *Models of representation of classical groups and their hidden symmetries.* Functional Anal. Appl. **18** (1984), 14–31

GIZATULLIN, M. H.; DANILOV, V. I.: *Automorphisms of affine surfaces, I.* Math. USSR-Izv. **9** (1975), 493–534

GIZATULLIN, M. H.; DANILOV, V. I.: *Automorphisms of affine surfaces, II.* Math. USSR-Izv. **11** (1977), 51–98

GONZALES-SPRINGBERG, G.; VERDIER, J. L.: *Construction géométrique de la correspondance de McKay.* Ann. Sci. Ecole Norm. Sup. **16** (1983), 410–449

GORBATSEVICH, V. V.: *Almost homogeneous spaces.* Selecta Math. Soviet. **1** (1981), 62–80

GORDAN, P.: *Beweis, dass jede Covariante und Invariante einer binären Form eine ganze Funktion mit numerischen Koeffizienten einer endlichen Anzahl solcher Formen ist.* J. Reine Angew. Math. **69** (1868), 323–354

GORDEEV, N.L.: *Invariants of linear groups generated by matrices with two nonunit eigenvalues.* Zap. Nauchn. Sem. Leningrad. Otdel. Mat. Inst. Steklov. (LOMI) **114** (1982), 120–130

GORDEEV, N. L.: *Subgroup of a finite group whose algebra of invariants is a complete intersection.* Zap. Nauchn. Sem. Leningrad. Otdel. Mat. Inst. Steklov.(LOMI) **116** (1982), 63–67

GROSS, D.: *On the fundamental group of the fixed points of an unipotent action.* Manuscripta Math. **60** (1988), 487–496

GROSS, K. I.; KUNZE, R. A.: *Finite dimensional induction and new results on invariants for classical groups, I.* Amer. J. Math. **106** (1984), 893–974

GROSSHANS, F. D.: *Localization and invariant theory.* Adv. in Math. **21** (1976), 50–60

GROSSHANS, F. D.: *Observable groups and Hilbert's 14th problem.* Amer. J. Math. **95** (1973), 229–253

GROSSHANS, F. D.: *Open sets of points with good stabilizers.* Bull. Amer. Math. Soc. **80** (1974), 518–522

GROSSHANS, F. D.: *Orthogonal representations of algebraic groups.* Trans. Amer. Math. Soc. **137** (1969), 519–531

GROSSHANS, F. D.: *Rigid notions of conics: An introduction to invariant theory.* Amer. Math. Monthly **88** (1981), 407–413

GROSSHANS, F. D.: *The invariants of unipotent radicals of parabolic subgroups.* Invent. Math. **73** (1983), 1–9

GROSSHANS, F. D.: *The variety of points which are not semi-stable.* Illinois J. Math. **26** (1982), 138–148

GUILLEMIN, V.: *Spectral theory on S^2: Some open questions.* Adv. in Math. **42** (1981), 283–298

GUILLEMIN, V.; STERNBERG, S.: *Birational equivalence in the symplectic category.* Invent. Math. **97** (1989), 485–522

GUILLEMIN, V.; STERNBERG, S.: *Convexity properties of the moment mapping.* Invent. Math. **67** (1982), 491–513

GUILLEMIN, V.; STERNBERG, S.: *Convexity properties of the moment mapping, II.* Invent. Math. **77** (1984), 533–546

GUILLEMIN, V.; STERNBERG, S.: *Geometric quantization and multiplicities of group representations.* Invent. Math. **67** (1982), 515–538

GUILLEMIN, V.; STERNBERG, S.: *Multiplicity-free spaces.* J. Differential Geom. **19** (1984), 31–56

GURJAR, R. V.: *Topology of affine varieties dominated by an affine space.* Invent. Math. **59** (1980), 221–225

GURJAR, R. V., MIYANISHI, M.: *Affine surfaces with $\bar{\kappa} \leq 1$.* In: "Algebraic Geometry and Commutative Algebra" in Honor of M. Nagata (1987), 99–124

GURJAR, R. V.; SHASTRI, A. R.: *A topological characterization of $\mathbf{C}^2/G$.* J. Math. Kyoto Univ. **25** (1985), 767–773

GUTWIRTH, A.: *The action of an algebraic torus on the affine plane.* Trans. Amer. Math. Soc. **105** (1962), 407–414

HABOUSH, W.: *Brauer groups of homogeneous spaces, I.* In: "Methods in Ring Theory," edited by F. van Oystaeyen (1984), 111–144

HABOUSH, W. J.: *Reductive groups are geometrically reductive.* Ann. of Math. **102** (1975), 67–83

HAPPEL, D.: *Relative invariants and subgeneric orbits of quivers of finite and tame type.* J. Algebra **78** (1982), 445–459

HARTSHORNE, R.: *Algebraic geometry.* Graduate Texts in Math. **52**, Springer-Verlag, Berlin Heidelberg New York 1977

HAUSCHILD, V.: *Actions of compact Lie groups on homogeneous spaces.* Math. Z. **189** (1985), 475–486

HAUSCHILD, V.: *The Euler characteristic as an obstruction to compact Lie group actions.* Trans. Amer. Math. Soc. **298** (1986), 549–578

HECKMAN, G. J.: *Projections of orbits and asymptotic behavior of multiplicities for compact connected Lie groups.* Invent. Math. **67** (1982), 333–356

HECKMAN, G.J.: *Root systems and hypergeometric functions II.* Compositio Math. **64** (1987), 353-373

HESSELINK, W. H.: *A classification of the nilpotent triangular matrices.* Compositio Math. **55** (1985), 89–133

HESSELINK, W. H.: *Characters of the nullcone.* Math. Ann. **252** (1980), 179–182

HESSELINK, W. H.: *Cohomology and the resolution of the nilpotent variety.* Math. Ann. **223** (1976), 249–252

HESSELINK, W. H.: *Desingularization of varieties of nullforms.* Invent. Math. **55** (1979), 141–163

HESSELINK, W. H.: *Desingularizations of orbits of concentrators.* In: "Young tableaux and Schur functors in algebra and geometry," Astérisque **87-88** (1981), 97–108

HESSELINK, W. H.: *Nilpotency in classical groups over a field of characteristic 2.* Math. Z. **166** (1979), 165–181

HESSELINK, W. H.: *Polarizations in the classical groups.* Math. Z. **160** (1978), 217–234

HESSELINK, W. H.: *Singularitites in the nilpotent scheme of a classical group.* Trans. Amer. Math. Soc. **222** (1976), 1–32

HESSELINK, W. H.: *The normality of closures of orbits in a Lie algebra.* Comment. Math. Helv. **54** (1979), 105–110

HESSELINK, W. H.: *Uniform instability in reductive groups.* J. Reine Angew. Math. **303/304** (1978), 74–96

HESSELINK, W. H.; BÜRGSTEIN, H.: *Algorithmic orbit classification for some Borel group actions.* Compositio Math. **61** (1987), 3–41

HILBERT, D.: *Über die Theorie der algebraischen Formen.* Math. Ann. **36** (1890), 473–534

HILBERT, D.: *Über die vollen Invariantensysteme.* Math. Ann. **42** (1893), 313–373

HOCHSCHILD, G.; MOSTOW, G. D.: *Unipotent groups in invariant theory.* Proc. Nat. Acad. Sci. USA **70** (1973), 646–648

HOCHSTER, M.: *Rings of invariants of tori, Cohen-Macaulay rings generated by monomials, and polytopes.* Ann. of Math. **96** (1972), 318–337

HOCHSTER, M.: *Some applications of the Frobenius in characteristic* 0. Bull. Amer. Math. Soc. **84** (1978), 886–912

HOCHSTER, M.; EAGON, J.A.: *Cohen Macaulay rings, invariant theroy and the generic perfection of determinantal loci.* Amer. J. Math. **93** (1971), 1020–1058

HOCHSTER, M.; ROBERTS, J.: *Rings of invariants of reductive groups acting on regular rings are Cohen-Macaulay.* Adv. in Math. **13** (1974), 115–175

HODGE, W. V. D.: *Some enumerative results in the theory of forms.* Math. Proc. Cambridge Philos. Soc. **39** (1943), 22–30

HOWE, R.: *"The Classical Groups" and invariants of binary forms.* Proc. Sympos. Pure Math. **48** (1988), 133–166

HOWLETT, R. B.: *Normalizers of parabolic subgroups of reflection groups.* J. London Math. Soc. **21** (1980), 62–80

HSIANG, W.; PARDON, W.: *When are topologically equivalent orthogonal transformations linearly equivalent?.* Invent. Math. **68** (1982), 275–316

HSIANG, W.; STRAUME, E.: *Actions of compact connected Lie groups on acyclic manifolds with low dimensional orbit space.* J. Reine Angew. Math. **369** (1986), 21–39

HSIANG, W.; STRAUME, E.: *Actions of compact connected Lie groups on acyclic manifolds with low dimensional orbit space.* J. Reine Angew. Math. **369** (1986), 21–39

HSIANG, W.; STRAUME, E.: *Actions of compact connected Lie Groups with few orbit types.* J. Reine Angew. Math. **334** (1982), 1–26

HUCKLEBERRY, A. T.; LIVORNI, E.L.: *A classification of homogeneous surfaces.* Canad. J. Math. **33** (1981), 1097–1110

HUCKLEBERRY, A. T.; OELJEKLAUS, E.: *Classification theorems for almost homogeneous spaces.* Publication de l'Institut Elie Cartan **9** (1984)

HUCKLEBERRY, A. T.; OELJEKLAUS, E.: *Homogeneous spaces from a complex analytic viewpoint.* Matsushima Festband 1981

HUCKLEBERRY, A. T.; SNOW, D.: *Almost homogeneous Kähler manifolds with hypersurface orbits.* Osaka J. Math. **19** (1982), 763–786

HUFFMAN, W. C.; SLOANE, N. J. A.: *Most primitive groups have messey invariants.* Adv. in Math. **32** (1979), 118–127

HUMPHREYS, J. E.: *Introduction to Lie algebras and representation theory.* Graduate Texts in Math. **9**, Springer-Verlag, Berlin Heidelberg New York 1972

HUMPHREYS, J. E.: *Linear algebraic groups.* Graduate Texts in Math. **21**, Springer-Verlag, Berlin Heidelberg New York 1975

HURWITZ, A.: *Über die Erzeugung der Invarianten durch Integration.* Nachr. Akad. Wiss. Göttingen (1897), Gesammelte Werke II, (1933) 546–564

IGNATENKO, V. F.: *On invariants of finite groups generated by reflections.* Math. USSR-Sb. **48** (1984), 551–563

IGNATENKO, V. F.: *Some questions in the geometric theory of invariants of groups generated by orthogonal and oblique reflections.* Itogi Nauki i. Tekhniki, Sesiya Problemy Geometrii (?) **16** (1984), 195–229

IGUSA, J.-I.: *Modular forms and projective invariants.* Amer. J. Math. **89** (1967), 817–855

ISCHEBECK, F.: *Zur Picard Gruppe eines Produktes.* Math. Z. **139** (1974), 141–157

IVERSEN, B.: *The geometry of algebraic groups.* Adv. in Math. **20** (1976), 57–85

JÄNICH, K.: *Differenzierbare G-Mannigfaltigkeiten.* Lecture Notes in Mathematics **59**, Springer-Verlag, Berlin Heidelberg 1968

JÒZEFIAK, T., WEYMAN, J.: *Symmetric functions and Koszul complexes.* Adv. in Math. **56** (1985), 1–8

KAC, V. G.: *Automorphisms of finite order of semisimple Lie Algebras.* Functional Anal. Appl. **3** (1969), 94–96

KAC, V. G.: *Infinite root systems, representations of graphs and invariant theory.* Invent. Math. **56** (1980), 57–92

KAC, V. G.: *Infinite root systems, representations of graphs and invariant theory, II.* J. Algebra **78** (1982), 141–162

KAC, V. G.: *Root systems, representations of quivers and invariant theory.* In: "Invariant Theory," Proceedings, Montecatini 1982. Lecture Notes in Math. **996** (1983), 74–108

KAC, V. G.: *Some remarks on nilpotent orbits.* J. Algebra **64** (1980), 190–213

KAC, V. G.: *Some remarks on representations of quivers and infinte root systems.* In: "Representation Theory II" (Proceedings Ottawa 1979). Lecture Notes in Math. **832** (1980), 311–327

KAC, V. G.; PETERSON, D. H.: *Generalized invariants of groups generated by reflections.* In: "Geometry today, Roma 1984." Progress in Math. **60** (1985), 231–249, Birkhäuser Verlag

KAC, V. G.; POPOV, V. L.; VINBERG, E. B.: *Sur les groupes linéaires algébriques dont l'algèbre des invariants est libre.* C. R. Acad. Sci. Paris **283** (1976), 865–878

KAC, V. G.; WATANABE, K.: *Finite linear groups whose ring of invariants is a complete intersection.* Bull. Amer. Math. Soc. **6** (1982), 221–223

KAMBAYASHI, T.: *Automorphism group of a polynomial ring and algebraic group action on an affine space.* J. Algebra **60** (1979), 439–451

KAMBAYASHI, T.; RUSSELL, P.: *On linearizing algebraic torus actions.* J. Pure Appl. Algebra **23** (1982), 243–250

KATSYLO, P. I.: *Rationality of the orbit spaces of irreducible representations of the group* SL_2. Math. USSR-Izv. **22** (1984), 23–32

KATSYLO, P. I.: *Sections of sheets in a reductive algebraic Lie algebra.* Math. USSR-Izv. **20** (1983), 449–458

KEMPF, G.: *A decomposition formula for representations.* Nagoya Math. J. **107** (1987), 63–68

KEMPF, G.: *Composition series for unipotent group varieties.* J. Algebra **108** (1987), 202-203

KEMPF, G.: *Computing invariants.* In: "Invariant Theory," edited by S.S. Koh. Lecture Notes in Math. **1278** (1987), 81–94

KEMPF, G.: *Instability in invariant theory.* Ann. of Math. **108** (1978), 299-316

KEMPF, G.: *Linear systems on homogeneous spaces.* Ann. of Math. **103** (1976), 557–591

KEMPF, G.: *On the collapsing of homogeneous bundles.* Invent. Math. **37** (1976), 229–239

KEMPF, G.: *Some quotient surfaces are smooth.* Michigan Math. J. **27** (1980), 295–299

KEMPF, G.: *Some quotient varieties have rational singularities.* Michigan Math. J. **24** (1977), 347–352

KEMPF, G.: *Tensor product of representations of the general linear group.* Amer. J. Math. **109** (1987), 395–400

KEMPF, G.: *Tensor products of representations.* Amer. J. Math. **109** (1987), 401–416

KEMPF, G.: *The Hochster-Roberts theorem of invariant theory.* Michigan Math J. **26** (1979), 19–32

KEMPF, G.; KNUDSON, F.; MUMFORD, D.; SAINT-DONAT, B.: *Toroidal Embeddings, I.* Lecture Notes in Math. **339**, Springer-Verlag 1973

KEMPF, G.; NESS, L.: *The length of a vector in a representation space.* In: "Algebraic Geometry." Lecture Notes in Math. **732** (1979), 233–244

KIMELFELD, B. N.: *Homogeneous domains on real quadrics of index 2.* Selecta Math. Soviet. **2** (1982), 81–83

KIMELFELD, B. N.: *Reductive groups locally transitive on quadrics.* Selecta Math. Soviet. **2** (1982), 103–122

KIMURA, T.: *A classification of prehomgeneous vector spaces of simple algebraic groups with scalar multiplication.* J. Algebra **83** (1983), 72–100

KIMURA, T.: *Remark on some combinatorical construction of relative invariants.* Tsukuba J. Math. **5** (1981), 101–115

KIMURA, T.; KASAI, S.: *The orbital decomposition of some prehomogeneous vector spaces.* In: "Representations of algebraic groups and related topics." Adv. Studies in Pure Math. **6** (1985), 437–480

KIMURA, T.; KASAI, S.-I.; YASUKURA, O.: *A classification of the representations of reductive algebraic groups which admit only a finite number of orbits.* Amer. J. Math. **108** (1986), 643–691

KIMURA, T.; MURO, M.: *On some series of regular irreducible prehomogeneous vector spaces.* Proc. Japan Acad. **55** (1979)

KIRILLOV, A.A.: *Polynomial covariants of the symmetric group and some of its analogs.* Functional Anal. Appl. **18** (1984), 63–64

KIRWAN, F.: *Cohomology of quotients in symplectic and algebraic geometry.* Mathematical Notes **31**, Princeton University Press, Princeton 1984

KIRWAN, F.: *Convexity properties of the moment mapping, III.* Invent. Math. **77** (1984), 547–552

KIRWAN, F.: *Rational intersection cohomology of quotient varieties.* Invent. Math. **86** (1986), 471–505

KIRWAN, F.: *Sur la cohomologie des espaces quotients.* C. R. Acad. Sci. Paris **295** (1982), 261–264

KLIMYK, A. U.: *Decomposition of a tensorproduct of irreducible representations of a semisimple Lie algebra into a direct sum of irreducible representations.* Trans. Amer. Math. Soc. **76** (1968), 63–73

KLINGENBERG, W.: *Paare symmetrischer und alternierender Formen zweiten Grades.* Abh. Math. Sem. Univ. Hamburg **19** (1954), 78–93

KNÖRRER, H.: *Group representations and the resolution of rational double points.* Contemp. Math. **45** (1985), 175–222

KNOP, F.: *Der kanonische Modul eines Invariantenringes.* J. Algebra (1989), to appear

KNOP, F.: *Ein neuer Zusammenhang zwischen einfachen Gruppen und einfachen Singularitäten.* Invent. Math. **90** (1987), 579–604

KNOP, F.: *Mehrfach transitive Operationen algebraischer Gruppen.* Arch. Math. **41** (1983), 438–446

KNOP, F.: *Über die Glattheit von Quotientenabbildungen.* Manuscripta Math. **56** (1986), 419–427

KNOP, F.: *Weylgruppe und Momentabbildung.* Invent. Math (1989), to appear

KNOP, F.; LANGE, H.: *Commutative algebraic groups and intersection of quadrics.* Math. Ann. **267** (1984), 555–571

KNOP, F.; LANGE, H.: *Some remarks on compactifications of commutative algebraic groups.* Comment. Math. Helv. **60** (1985), 497–507

KNOP, F.; LITTELMANN, P.: *Der Grad erzeugender Funktionen von Invariantenringen.* Math. Z. **196** (1987), 211–229

KNOP, F.; MENZEL, G.: *Duale Varietäten von Fahnenvarietäten.* Comment. Math. Helv. **62** (1987), 38–61

KOH, S.S. editor: *Invariant Theory.* Lectures Notes in Math. **1278**, Springer Verlag, Berlin Heidelberg New York 1987

KOIKE, K.; TERADA, I.: *Young-diagrammatic methods for the representation theory of the classical groups of type B_n, C_n, D_n.* J. Algebra **107** (1987), 466–511

KONARSKI, J.: *A pathological example of an action of k^*.* In: "Group actions and vector fields," edited by J. Carrell. Lecture Notes in Math. **956**, Springer-Verlag, Berlin Heidelberg New York 1982

KONARSKI, J.: *Decompositions of normal algebraic varieties determined by an action of a one-dimensional torus.* Bull. Acad. Polon. Sci. Sér. Sci. Math. **46** (1978), 295–300

KONARSKI, J.: *Properties of projective orbits of actions of affine algebraic groups.* In: "Group actions and vector fields," edited by J. Carrell. Lecture Notes in Math. **956**, Springer-Verlag, Berlin Heidelberg New York 1982

KORAS, M., RUSSELL, P.: *Codimension 2 torus actions on affine n-space.* Proceedings of the Conference on Group Actions and Invariant Theory, Montreal 1988

KORAS, M.; RUSSELL, P.: *G_m-actions on $\mathbf{A}^3$.* Canad. Math. Soc. Confer. Proc. **6** (1986), 269–276

KORAS, M., RUSSELL, P.: *On linearizing "good" $\mathbf{C}^*$-actions on $\mathbf{C}^3$.* Proceedings of the Conference on Group Actions and Invariant Theory, Montreal 1988

KOSTANT, B.: *Lie group representations on polynomial rings.* Amer. J. Math. **85** (1963), 327–404

KOSTANT, B.: *The McKay correspondence, the Coxeter element and representation theory.* In: "Elie Cartan et les mathématiques d'aujourd'hui." Astérisque (numéro hors série) (1985), 209–255

KOSTANT, B.: *The principial three-dimensional subgroup and the Betti numbers of a complex simple Lie group.* Amer. J. Math. **81** (1959), 973–1032

KOSTANT, B.; RALLIS, S.: *Orbits and representations associated with symmetric spaces.* Amer. J. Math. **93** (1971), 753–809

KOSZUL, J.-L.: *Les algèbres de Lie graduées de type* SL$(n, 1)$ *et l'opérateur de A. Capelli.* C. R. Acad. Sci. Paris **292** (1981), 139–141

KOSZUL, J.-L.: *Sur certains groupes de transformation de Lie.* Coll. Int. Centre Nat. Rech. **52** (1953), 137–142

KRÄMER, M.: *Sphärische Untergruppen von kompakten zusammenhngenden Liegruppen.* Compositio Math. **38** (1979), 129–153

KRÄMER, M.: *Über das Verhalten endlicher Untergruppen bei Darstellungen kompakter Liegruppen.* Invent. Math. **16** (1972), 15–39

KRAFT, H.: *Algebraic automorphisms of affine space.* In: "Topological methods in algebraic transformation groups," edited by H. Kraft et al. Birkhäuser, Progress in Math. **80** (1989), 81–105

KRAFT, H.: *Algebraic group actions on affine spaces.* In: "Geometry Today," edited by Arbarello et al., Progress in Mathematics **60** (1985), 251–265

KRAFT, H.: *Conjugacy classes in* G_2. J. Algebra **126** (1989), to appear

KRAFT, H.: *G-vector bundles and the linearization problem.* Proceedings of the Conference on "Group Actions and Invariant Theory," Montreal 1988

KRAFT, H.: *Geometric methods in representation theory.* In:" Representations of Algebras," Workshop Proceedings (Puebla, Mexico 1980). Lecture Notes in Math. **944**, Springer-Verlag, Berlin Heidelberg 1982

KRAFT, H.: *Geometrische Methoden in der Invariantentheorie.* Aspekte der Mathematik **D1**, Vieweg-Verlag, Braunschweig 1984

KRAFT, H.: *Parametrisierung von Konjugationsklassen in* SL$_n$. Math. Ann. **234** (1978), 209–220

KRAFT, H.; PETRIE, T.; RANDALL, J.: *Quotient varieties.* Adv. in Math. **74** (1989), 145–162

KRAFT, H.; POPOV, V. L.: *Semisimple group actions on the three dimensional affine space are linear.* Comment. Math. Helv. **60** (1985), 466–479

KRAFT, H.; PROCESI, C.: *Closures of conjugacy classes of matrices are normal.* Invent. Math. **53** (1979), 227–247

KRAFT, H.; PROCESI, C.: *Graded morphisms of G-modules.* Ann. Inst. Fourier **37** (1987), 161–166

KRAFT, H.; PROCESI, C.: *Minimal singularities in* GL$_n$. Invent. Math. **62** (1981), 503–515

KRAFT, H.; PROCESI, C.: *On the geometry of conjugacy classes in classical groups.* Comment. Math. Helv. **57** (1982), 539–602

KRAFT, H.; RIEDTMANN, CH.: *Geometry of representations of quivers.* In: "Representations of Algebras." Proceedings of the Durham symposium 1985. London Math. Soc. Lecture Notes **116** (1986), 109–145

KRAFT, H.; SCHWARZ, G.: *Linearizing reductive group actions on affine space with one-dimensional quotient.* Proceedings of the Conference on "Group Actions and Invariant Theory," Montreal 1988. Contemp. Math. (1989), to appear

KRAFT, H.; SLODOWY, P.; SPRINGER, A. T.: *Algebraische Transformationsgruppen und Invariantentheorie.* DMV-Seminar Notes, Birkhäuser, Basel Boston 1989

KRECK, M.; STOLZ, S.: *A diffeomorphism classifications of 7-dimensional homogeneous Einstein manifolds with* $SU(3) \times SU(2) \times U(1)$*-symmetry.* Ann. of Math. **127** (1988), 373–388

KRECK, M.; STOLZ, S.: *Some homeomorphic but not diffeomorphic homogeneous 7-manifolds with positive sectional curvature.* Preprint 1989

KUNG, J. P. S.; ROTA, G.-C.: *The invariant theory of binary forms..* Bull. Amer. Math. Soc. **10** (1984), 27–85

LAKSHMIBAI, V.: *Bases pour les représentations fondamentales des groupes classiques, I.* C. R. Acad. Sci. Paris **302** (1986), 387–390

LAKSHMIBAI, V.: *Singular loci of Schubert varieties for classical groups.* Amer. Math. Soc. **16** (1987), 83–90

LAKSHMIBAI, V.: *Standard monomial theory for* G_2. J. Algebra **98** (1986), 281–318

LAKSHMIBAI, V.; MUSILI, C.; SESHADRI, C. S.: *Geometry of* G/P, *IV.* Proc. Indian Acad. Sci. Math. Sci. **87A** (1979), 279–362

LAKSHMIBAI, V.; RAJESWARI, K. N.: *Bases pour les représentations fondamentales des groupes exceptionelles* E_6 *et* F_4. C. R. Acad. Sci. Paris **302** (1986), 575–577

LAKSHMIBAI, V.; RAJESWARI, K. N.: *Standard monomial theory for exceptional groups.* Preprint 1987

LAKSHMIBAI, V.; SESHADRI, C. S.: *Geometry of* G/P-*II (The work of DeConcini and Procesi and the basic conjectures).* Proc. Indian Acad. Sci. Math. Sci. **87** (1978), 1–54

LAKSHMIBAI, V.; SESHADRI, C. S.: *Geometry of* G/P, *V.* J. Algebra **100** (1986), 462–557

LAKSHMIBAI, V.; SESHADRI, C. S.: *Singular locus of a Schubert variety.* Bull. Amer. Math. Soc. **11** (1984), 363–366

LENSTRA, H. W.: *Rational functions invariant under a finite abelian group.* Invent. Math. **25** (1974), 299–325

LEVASSEUR, T.; SMITH, S. P.: *Primitive ideals and nilpotent orbits in type* G_2. J. Algebra **114** (1988), 81–105

LICHTENSTEIN, W.: *A system of quadrics describing the orbit of the highest weight vector.* Proc. Amer. Math. Soc. **84** (1982), 605–608

LIEBERMANN, D. I. : *Holomorphic vector fields and rationality.* In: "Group actions and vector fields," edited by J. Carrell. Lecture Notes in Math. **956**, Springer-Verlag, Berlin Heidelberg New York 1982

LITTELMANN, P.: *A generalization of the Littlewood-Richardson rule.* J. Algebra (1989), to appear

LITTELMANN, P.: *A Littlewood-Richardson rule for classical groups.* C. R. Acad. Sci. Paris **306** (1988), 299–303

LITTELMANN, P.: *Koreguläre und äquidimensionale Darstellungen.* J. Algebra **123** (1989), 193–222

LODAY, J.-L.; PROCESI, C.: *Homology of symplectic and orthogonal algebras.* Adv. in Math. **69** (1988), 93–108

LUNA, D.: *Adhérences d'orbite et invariants.* Invent. Math. **29** (1975), 231–238

LUNA, D.: *Fonctions différentiables invariantes sous l'opération d'un groupe réductif.* Ann. Inst. Fourier **26** (1976), 33–49

LUNA, D.: *Slices étales.* Bull. Soc. Math. France, Mémoire **33** (1973), 81–105

LUNA, D.: *Sur certaines opérations différentiables des groupes de Lie.* Amer. J. Math. **97** (1975), 172–181

LUNA, D.: *Sur les orbites fermées des groupes algébriques réductifs.* Invent. Math. **16** (1972), 1-5

LUNA, D.; RICHARDSON, R. W.: *A generalization of the Chevalley restriction theorem.* Duke Math. J. **46** (1979), 487–496

LUNA, D.; VUST, TH.: *Plongements d'espaces homogènes.* Comment. Math. Helv. **58** (1983), 186–245

LUNA, D.; VUST, TH.: *Un théorème sur les orbites affines des groupes algébriques semi-simples.* Ann. Scuola Norm. Sup. Pisa Cl. Sci. **27** (1973), 527–535

MABUCHI, T.: *Almost homogeneous torus actions on varieties with ample tangent bundle.* Tôhoku Math. J. **30** (1978), 639–651

MABUCHI, T.: C^*-*actions and algebraic threefolds with ample tangent bundle.* Nagoya Math. J. **69** (1978), 33–64

MABUCHI, T.: *Equivariant embeddings of normal bundles of fixed point loci in varieties under* $SL(m, C)$-*actions.* Osaka J. Math. **16** (1978), 707–725

MABUCHI, T.: *On the classification of essentially effective* $SL(2, C) \times SL(2, C)$-*actions on algebraic threefolds.* Osaka J. Math. **16** (1979), 727–744

MABUCHI, T.: *On the classification of essentially effective* $SL(n, C)$-*actions on algebraic n-folds.* Osaka J. Math. **16** (1979), 745–758

MAGID, A. R.: *Cohomology of rings with algebraic group actions.* Adv. in Math. **59** (1986), 124–151

MAGID, A. R.: *Picard groups of rings of invariants.* J. pure appl. Algebra **17** (1980), 305–311

MALLOWS, C. L.; SLOANE, N. J. A.: *On the invariants of a linear group of order 336.* Math. Proc. Cambridge Philos. Soc. **74** (1973), 435–440

MATHER, J. N.: *Differentiable invariants.* Topology **16** (1977), 145–155

MCKAY, W. G.; PATERA; J.: *Tables of dimensions, indices, and branching rules for representations of simple lie algebras.* Lecture notes in Pure and Appl. Math. **69**, Marcel Dekker, Inc., New York Basel 1981

MCKAY, W. G.; PATERA, J.: *Tables of dimensions, indices, and branching rules for representations of simple Lie algebras.* Lecture Notes in Pure Appl. Math. **69**, Marcel Dekker, Inc., New York, Basel 1981

MCKAY, W. G.; PATERA, J.: *Tables of dimensions, second and forth indices of representations of simple Lie algebras.* Centre de recherche mathématiques, Univ. de Montréal , Québec, Canada 1977

MEHTA, V. B.; RAMANATHAN, A.: *Frobenius splitting and cohomology vanishing for Schubert varieties.* Ann. of Math. **122** (1985), 27–40

MEHTA, V. B.; RAMANATHAN, A.: *Schubert varieties in $G/B \times G/B$.* Compositio Math. **67** (1988), 355–358

MEHTA, V. B.; SRINIVAS, V.: *A note on Schubert varieties in G/B.* Math. Ann. **284** (1989), 1–5

MEHTA, V. B.; SRINIVAS, V.: *Normality of Schubert Varities.* Amer. J. Math. **109** (1987), 987–989

MEYER, F.: *Invariantentheorie.* In: "Encyklopädie der mathematischen Wissenschaften," Teil **IB2** (1899), 320–403

MIKHAILOVA, M. A.: *On the quotient space modulo the action of a finite group generated by pseudoreflections.* Math. USSR-Izv. **24** (1985), 99–119

MIYANISHI, M.: *An algebraic characterization of the affine plane.* J. Math. Kyoto Univ. **15** (1975), 169–184

MIYANISHI, M.: *An algebro-topological characterization of the affine space of dimension three.* Amer. J. Math. **106** (1984), 1469–1485

MIYANISHI, M.: *G_a-actions of the affine plane.* Nagoya Math. J. **41** (1971), 97–100

MIYANISHI, M.: *On group actions.* North-Holland Math. Studies **73**, 152–188

MIYANISHI, M.: *On the algebraic fundamental group of an algebraic group.* J. Math. Kyoto Univ. **12** (1972)

MIYANISHI, M.: *Regular subrings of a polynomial ring.* Osaka J. Math. **17** (1980), 329–338

MIYANISHI, M.; SUGIE, T.: *Affine surfaces containing cylinderlike open sets.* J. Math. Kyoto Univ. **20** (1980), 11–42

MIYANISHI, M.; SUGIE, T.: *Generically rational polynomials.* Osaka J. Math. **17** (1980), 339–362

MIYATA, T.: *Invariants of certain groups, I.* Nagoya Math. J. **41** (1971), 69–73

MOEGLIN, C.; RENTSCHLER, R.: *Orbites d'un groupe algébrique dans l'espace des idéaux rationnels d'une algèbre enveloppante.* Bull. Soc. Math. France **109** (1981), 403–426

MOSTOW, G. D.: *Covariant fiberings of Klein spaces, II.* Amer. J. Math. **84** (1962), 466–474

MOTZKIN, T. S.; TAUSSKY, O.: *On representations of finite groups.* Indag. Math. **14** (1952), 511–512

MOTZKIN, T. S.; TAUSSKY, O.: *Pairs of matrices with property L.* Trans. Amer. Math. Soc. **73** (1952), 108–114

MOTZKIN, T. S.; TAUSSKY, O.: *Pairs of matrices with property L, II.* Trans. Amer. Math. Soc. (1955), 387–401

MULLER, I.; RUBENTHALER, H.; SCHIFFMANN, G.: *Structure des espaces préhomogènes associés à certaines algèbres de Lie graduées.* Math. Ann. **274** (1986), 95–123

MUMFORD, D.: *The Red Book of varieties and schemes.* Lecture Notes in Math. **1358**, Springer-Verlag, Berlin Heidelberg 1988

MUMFORD, D.: *The topology of normal singularities of an algebraic surface and a criterion for simplicity.* Inst. Hautes Etudes Sci. Publ. Math. **9** (1961), 5–22

MUMFORD, D.; FOGARTY, J.: *Geometric invariant theory,* 2nd edition. Ergeb. Math. und Grenzgeb. **34**, Springer-Verlag 1982

MURTHY, M. P.; SWAN, R. G.: *Vector bundles over affine surfaces.* Invent. Math. **36** (1976), 125–165

NAGATA, M.: *A theorem of finite generation of a ring.* Nagoya Math. J. **27** (1966), 193–205

NAGATA, M.: *Complete reducibility of rational representations of a matrix group.* J. Math. Kyoto Univ. **1** (1961), 87–99

NAGATA, M.: *Invariants of a group in an affine ring.* J. Math. Kyoto Univ. **3** (1964), 369–377

NAGATA, M.: *Invariants of a group under a semi-reductive action.* J. Math. Kyoto Univ. **5** (1966), 171–176

NAGATA, M.: *Note on orbit spaces.* Osaka Math. J. **14** (1962), 21–31

NAGATA, M.: *Note on semi-reductive groups.* J. Math. Kyoto Univ. **3** (1964), 379–382

NAGATA, M.: *On automorphism group of k[x, y].* Lectures in Mathematics **5**, Kyoto University, 1972

NAGATA, M.: *On the 14th problem of Hilbert.* Amer. J. Math. **81** (1959), 766–772

NAKAIJMA, H.: *Rings of invariants which are complete intersections.* In: Proceedings C.I.M.E. Conf. on "Complete Intersections" at Acirale, June 13–21, 1983. Lecture Notes in Math. **1092**, Springer-Verlag, Berlin Heidelberg New York, 1984

NAKAIJMA, H.; WATANABE, K.: *The classification of quotient singularities which are complete intersections.* In: "Proceedings C.I.M.E. Conf. on Complete Intersections at Acireale, June 13–21, 1983." Lecture Notes in Math. **1092**, Springer-Verlag, Berlin Heidelberg New York, 1984

NAKAJIMA, H.: *Affine torus embeddings which are complete intersections.* Tôhoku Math. J. **38** (1986), 85–98

NAKAJIMA, H.: *Invariants of finite abelian groups generated by transvections.* Tokyo J. Math. **3** (1980), 201–214

NAKAJIMA, H.: *Invariants of reductive Lie groups of rank one and their applications.* Proc. Japan Acad. Ser. A Math. Sci. **60** (1984), 221–224

NAKAJIMA, H.: *Invariants of reflections groups in positive characteristics.* Proc. Japan Acad. Ser. A Math. Sci. **55** (1979), 219–221

NAKAJIMA, H.: *Quotient complete intersections of affine spaces by finite linear groups.* Nagoya Math. J. **98** (1985), 1–36

NAKAJIMA, H.: *Regular rings of invariants of unipotent groups.* J. Algebra **85** (1983), 253–286

NAKAJIMA, H.: *Relative invariants of finite groups.* J. Algebra **79** (1982), 218–234

NAKAJIMA, H.: *Representations of a reductive algebraic group whose algebras of invariants are complete intersections.* J. Reine Angew. Math. **367** (1986), 115–138

NAKAJIMA, H.: *Rings of invariants of finite groups which are hypersurfaces, II.* Adv. in Math. **65** (1987), 39–64

NAKAJIMA, H.: *Rings of invariants of finite groups which are hypersurfaces.* J. Algebra **80** (1983), 279–294

NEEMAN, A.: *The topology of quotient varieties.* Ann. of Math. **122** (1985), 419–459

NESS, L.: *A stratification of the null cone via the moment map.* Amer. J. Math. **106** (1984), 1281–1329

NEWSTEAD, P. E.: *Covariants of pencils of binary cubics.* Proc. Roy. Soc. Edinburgh Sect. A **91** (1982), 181–183

NEWSTEAD, P. E.: *Invariants of pencils of binary cubics.* Math. Proc. Cambridge Philos. Soc. **89** (1981), 201-209

NOETHER, E.: *Der Endlichkeitssatz der Invarianten endlicher Gruppen.* Math. Ann. **77** (1916), 89–92

ODA, T.: *Torus embeddings and applications.* Tata Lectures on Mathematics **57**, Springer-Verlag 1978

OELJEKLAUS, K.; RICHTHOFER, W.: *Homogeneous complex surfaces.* Math. Ann. **268** (1984), 273–292

OHTA, T.: *The singularities of the closures of nilpotent orbits in certain symmetric pairs.* Tôhoku Math. J. **38** (1986), 441–468

OLIVER, R.: *A proof of the Conner conjecture.* Ann. of Math. **103** (1976), 637–644

OLIVER, R.: *Fixed points of disk actions.* Bull. Amer. Math. Soc. **82** (1976), 279–280

OLIVER, R.: *Fixed-point sets of group actions on finite acyclic complexes.* Comment. Math. Helv. **50** (1975), 155–177

OLIVER, R.: *G-actions on disk and permutation representations.* J. Algebra **50** (1978), 44–62

OLIVER, R.: *G-actions on disk and permutation representations. II.* Math. Z. **157** (1977), 237–263

OLIVER, R.: *Group actions on disk, integral permutation representations, and the Burnside ring.* Proc. Sympos. Pure Math. **32** (1978), 339–346

OLIVER, R.: *Smooth compact Lie group actions on disks.* Math. Z. **149** (1976), 79–96

OLIVER, R.: *Weight systems for SO(3)-actions.* Ann. of Math. **110** (1979), 227–241

OLVER, P. J.: *Invariant theory and differential equations.* In: "Invariant theory," edited by S. S. Koh. Lecture Notes in Math. **1278** (1987), 62–80

OLVER, P.J.; SHAKIBAN, C.: *Graph theory and classical invariant theory.* Adv. in Math. **75** (1989), 212–245

ONISHCHIK, A. L.: *On a class of subgroups of simple algebraic groups.* Selecta Math. Soviet. **3** (1983/84), 243–252

ONISHCHIK, A. L.: *Remark on invariants of groups generated by reflections.* Selecta Math. Soviet. **3** (1983/84), 239–241

ONISHCHIK, A. L.: *Transitive actions on Borel varieties.* Selecta Math. Soviet. **1** (1981), 161–167

ORLIK, P.; SOLOMON, L.: *A character formula for the unitary group over a finite field.* J. Algebra **84** (1983), 136–141

ORLIK, P.; SOLOMON, L.: *Combinatorics and topology of complements of hyperplanes.* Invent. Math. **56** (1980), 167–189

ORLIK, P.; SOLOMON, L.: *Complexes for reflection groups.* In: "Algebraic Geometry," Proceedings 1980. Lecture Notes in Math. **862** (1981), 193–207

ORLIK, P.; SOLOMON, L.: *Coxeter arrangements.* Proc. Sympos. Pure Math. **40** (1983), 269–291

ORLIK, P.; SOLOMON, L.: *Singularities II: Automorphisms of forms.* Math. Ann. **231** (1978), 229–240

ORLIK, P.; SOLOMON, L.: *Singularitites. I: Hypersurfaces with an isolated singularity.* Adv. in Math. **27** (1978), 256–272

ORLIK, P.; SOLOMON, L.: *Unitary reflection groups and cohomology.* Invent. Math. **59** (1980), 77–94

ORLIK, P.; WAGREICH, P.: *Algebraic surfaces with k^*-action.* Acta Math. **138** (1977), 43–81

PANYUSHEV, D. I.: *On orbit spaces of finite and connected linear groups.* Math. USSR-Izv. **20** (1983), 97–101

PANYUSHEV, D. I.: *Orbits of maximal dimension of solvable subgroups of reductive linear groups, and reduction for U-invariants.* Math. USSR-Sb. **60** (1988), 365–375

PANYUSHEV, D. I.: *Regular elements in spaces of linear representations, II.* Math. USSR-Izv. **27** (1986), 279–284

PANYUSHEV, D. I.: *Regular elements in spaces of linear representations of reductive algebraic groups.* Math. USSR-Izv. **24** (1985), 383–390

PANYUSHEV, D. I.: *Semisimple automorphism groups of four-dimensional affine space.* Math. USSR-Izv. **23** (1984), 171–183

PAUER, F.: *"Charactérisation valuative" d'une classe de sous-groupes d'un groupe algébrique.* 109ème Congrès national des sociétés savantes 1984, Dijon, sciences, fasc. III, 159–166

PAUER, F.: *Glatte Einbettungen von G/U.* Math. Ann. (1983)

PAUER, F.: *Normale Einbettungen von G/U.* Math. Ann. **257** (1981), 371–396

PAUER, F.: *Plongements normaux de l'espace homogène SL(3)/SL(2).* 108ème Congrès national des sociétés savantes 1984, Dijon, sciences, fasc. III, 87–104

PAUER, F.: *Sur les espaces homogènes de complication nulle.* Bull. Soc. Math. France **112** (1984), 377–385

PETRIE, T.; RANDALL, J. D.: *Finite-order algebraic automorphisms of affine varieties.* Comment. Math. Helv. **61** (1986), 203–221

POMMERENING, K.: *Fixpunktmengen von halbeinfachen Automorphismen in halbeinfachen Lie-Algebren.* Math. Ann. **221** (1976), 45–54

POMMERENING, K.: *Invarianten unipotenter Gruppen.* Math. Z. **176** (1981), 359–374

POMMERENING, K.: *Invariants of unipotent groups—a survey.* In: "Invariant theory," edited by S. S. Koh. Lecture Notes in Math. **1278** (1987), 8–17

POMMERENING, K.: *Observable radizielle Untergruppen von halbeinfachen algebraischen Gruppen.* Math. Z. **165** (1979), 243–250

POMMERENING, K.: *Ordered sets with standardizing property and straightening laws for algebras of invariants.* Adv. in Math. **63** (1987), 271–290

POMMERENING, K.: *Über die unipotenten Klassen reduktiver Gruppen.* J. Algebra **49** (1977), 525–536

POMMERENING, K.: *Über die unipotenten Klassen reduktiver Gruppen II.* J. Algebra **65** (1980), 373–398

POPOV, A. M.: *Finite isotropy subgroups in general position of simple linear Lie groups.* Trans. Moscow Math. Soc. **48** (1986), 3–63

POPOV, A. M.: *Irreducible simple linear Lie groups with finite standard subgroups of general position.* Functional Anal. Appl. **9** (1975), 346–347

POPOV, A. M.: *Stationary subgroups of general position for certain actions of simple Lie groups.* Functional Anal. Appl. **10** (1976), 239–241

POPOV, V. L.: *A finiteness theorem for representations with a free algebra of invariants.* Math. USSR-Izv. **20** (1983), 333–354

POPOV, V. L.: *Classification of affine algebraic surfaces that are quasihomogeneous with respect to an algebraic group.* Math. USSR-Izv. **7** (1973), 1039–1055

POPOV, V. L.: *Classification of three-dimensional affine algebraic varieties that are quasi-homogeneous with respect to an algebraic group.* Math. USSR-Izv. **9** (1975), 535–576

POPOV, V. L.: *Hilbert's theorem on invariants.* Soviet Math. Dokl. **20** (1979), 1318–1322

POPOV, V. L.: *Homological dimension of algebras of invariants.* J. Reine Angew. Math. **341** (1983), 157–173

POPOV, V. L.: *Modern developments in invariant theory.* Proc. International Congress of Mathematicians; Berkeley, USA, 1986

POPOV, V. L.: *On actions of G_a on $\mathbf{A}^n$.* In: "Algebraic Groups" (Utrecht 1986), edited by A. M. Cohen et al.. Lecture Notes in Math. **1271** (1987), 237–242

POPOV, V. L.: *On the stability of the action of an algebraic group on an algebraic variety.* Math. USSR-Izv. **6** (1972), 367–379

POPOV, V. L.: *One conjecture of Steinberg.* Functional Anal. Appl. **11** (1977), 70–71

POPOV, V. L.: *Picard groups of homogeneous spaces of linear algebraic groups and one dimensional homogeneous vector bundles.* Math. USSR-Izv. **8** (1974), 301–327

POPOV, V. L.: *Quasihomogeneous affine algebraic varieties of the group SL(2).* Math. USSR-Izv. **7** (1973), 793–831

POPOV, V. L.: *Stability criteria for actions of a semisimple group on a factorial manifold.* Math. USSR-Izv. **4** (1970), 527–535

POPOV, V. L.: *Structure of the closure of orbits in spaces of finite-dimensional linear SL(2) representations.* Math. Notes **16** (1974), 1159–1162 (Original: Mat. Zametki)

POPOV, V. L.: *Syzygies in the theory of invariants.* Math. USSR-Izv. **22** (1984), 507–585

POPOV, V. L.: *The classification of representations which are exceptional in the sense of Igusa*. Functional Anal. Appl. **9** (1975), 348–350

POPOV, V. L.: *The constructive theory of invariants*. Math. USSR-Izv. **19** (1982), 359–376

PROCESI, C.: *A formal inverse to the Cayley-Hamilton theorem*. J. Algebra **107** (1987), 63–74

PROCESI, C.: *Computing with 2 × 2 matrices*. J. Algebra **87** (1984), 342–359

PROCESI, C.: *Finite dimensional representations of algebras*. Israel J. Math. **19** (1974), 169–182

PROCESI, C.: *Les bases de Hodge dans la théorie des invariants*. Séminaire d'algèbre P. Dubreil 1976/77. Lecture Notes in Math. **641** (1978), 128–144

PROCESI, C.: *Positive symmetric functions*. Adv. in Math. **29** (1978), 219–225

PROCESI, C.: *Sulla formula di Gordan Capelli*.

PROCESI, C.: *Sulle rappresentazioni degli anelli e loro invarianti*. Istituto Nazionale di Alta Matematica, Symposia mathematica **XI** (1973), 143–159

PROCESI, C.: *The invariant theory of n × n matrices*. Adv. in Math. **19** (1976), 306–381

PROCESI, C.: *Young diagrams, Standard Monomials and Invariant Theory*. Proc. Int. Congress of Math. , Helsinki 1978, 537–542

PROCESI, C.; KRAFT, H.: *Classi coniugate in* GL(n, **C**). Rend. Sem. Mat. Univ. Padova **59** (1978), 209–222

PROCESI, C.; SCHWARZ, G.: *Inequalities defining orbit spaces*. Invent. Math. **81** (1985), 539–554

PROCESI, C.; SCHWARZ, G. W.: *Defining orbit spaces by inequalities*. Banach Center Publ. **20** (1988), 365–372

PYASETSKII, V. S.: *Linear Lie groups acting with finitely many orbits*. Functional Anal. Appl. **9** (1975), 351–353

QUEBBEMANN, H.-G.: *Automorphismen und Antiautomorphismen von Tensoralgebren*. Math. Z. **158** (1978), 195–198

QUILLEN, D.: *Projective modules over polynomial rings*. Invent. Math. **36** (1976), 167–171

RAÏS, M.: *Groupes linéaires compacts et fonctions C^∞ covariantes*. Bull. Soc. Math. France **107** (1983), 93–111

RAÏS, M.: *Le théorème fondamental des invariants pour les groupes finis*. Ann. Inst. Fourier **27** (1977), 247–256

RAÏS, M.: *Théorie des invariants et équations différentielles*. Bull. Soc. Math. France **107** (1983), 311–336

RAMANATHAN, A.: *Schubert varieties are arithmetically Cohen-Macaulay*. Invent. Math. **80** (1985), 283–294

RAMANATHAN, S.; RAMANATHAN, A.: *Projective normality of flag varieties and Schubert varieties*. Invent. Math. **79** (1985), 217–224

RAMANUJAM, C. P.: *A topological characterization of the affine plane as an algebraic variety*. Ann. of Math. **94** (1971), 69–88

RANDALL, R.: *The fundamental group of the complement of a union of complex hyperplanes.* Invent. Math. **69** (1982), 103–108

REISNER, G. A.: *Cohen-Macaulay quotients of polynomial rings.* Adv. in Math. **21** (1976), 30–49

REMMEL, J. B.; WHITNEY, R.: *Multiplying Schur functions.* J. Algorithms **5** (1984), 471–487

RENNER, L. E.: *Hilbert series for torus actions.* Adv. in Math **76** (1989), 19–32

RENTSCHLER, R.: *Opérations du groupe additif sur le plan affine.* C. R. Acad. Sci. Paris **267 A** (1968), 384–387

RICHARDSON, R. W.: *Affine coset spaces of reductive algebraic groups.* Bull. London Math. Soc. **9** (1977), 38–41

RICHARDSON, R. W.: *Commuting varieties of semisimple Lie algebras and algebraic groups.* Compositio Math. **38** (1979), 311–327

RICHARDSON, R. W.: *Compact real forms of a complex semi-simple Lie Algebra.* J. Differential Geom. **2** (1968), 411–419

RICHARDSON, R. W.: *Conjugacy classes in Lie algebras and algebraic groups.* Ann. of Math. **86** (1967), 1–15

RICHARDSON, R. W.: *Conjugacy classes in parabolic subgroups of semisimple algebraic groups.* Bull. London Math. Soc. **6** (1974), 21–24

RICHARDSON, R. W.: *Deformations of Lie subgroups and the variation of isotropy subgroups.* Acta Math. **129** (1972), 35–73

RICHARDSON, R. W.: *Deformations of subalgebras of Lie algebras.* J. Differential Geom. **3** (1969), 289–308

RICHARDSON, R. W.: *Finiteness theorems for orbits of algebraic groups.* Indag. Math **47** (1985), 337–344

RICHARDSON, R. W.: *On orbits of algebraic groups and Lie groups.* Bull. Austral. Math. Soc. **25** (1982), 1–28

RICHARDSON, R. W.: *Orbits, invariants and representations associated to involutions of reductive groups.* Invent. Math. **66** (1982), 287–312

RICHARDSON, R. W.: *Principal orbit type for real-analytic transformation groups.* Amer. J. Math. **95** (1973), 193–203

RICHARDSON, R. W.: *Principal orbit types for algebraic transformation spaces in characteristic zero.* Invent. Math. **16** (1972), 6–14

RICHARDSON, R. W.: *Principal orbit types for reductive groups acting on Stein manifolds.* Math. Ann. **208** (1974), 323–331

RICHARDSON, R. W.: *Simultaneous conjugacy of n-tupels in Lie algebras and algebraic groups.* Duke Math. J. **57** (1988), 1–35

RICHARDSON, R. W.: *The conjugating representation of a semisimple group.* Invent. Math. **54** (1979), 229–245 (angekündigt in: Bull. Amer. Math. Soc. **82** (1976), 933–935)

RICHARDSON, R. W.: *The variation of isotropy subalgebras for analytic transformation groups.* Math. Ann. **204** (1973), 83–92

RICHARDSON, R. W.; BARDSLEY, P.: *Etale slices for algebraic transformation groups in characteristic p.* Proc. London Math. Soc. **51** (1985), 295–317

RICHARDSON, R. W.; JOHNSTON, D. S.: *Conjugacy classes in parabolic subgroups of semisimple algebraic groups, II*. Bull. London Math. Soc **9** (1977), 245–250

RICHARDSON, R. W.; PAGE, S.: *Stable subalgebras of Lie algebras and associative algebras*. Trans. Amer. Math. Soc. **127** (1967), 302–312

RIEDTMANN, CH.; SCHOFIELD, A.: *On open orbits and their complements*. Preprint Institut Fourier, Grenoble 1988

RIEMENSCHNEIDER, O.: *Zweidimensionale Quotientensingulatitäten: Gleichungen und Syzygien*. Arch. Math. **37** (1981), 406–417

RINGEL, C.M.: *The rational invariants of tame quivers*. Invent. Math. **58** (1980), 217–239

ROSENLICHT, M.: *A remark on quotient spaces*. An. Acad. Brasil. Cinc. **35** (1963), 487–489

ROSENLICHT, M.: *Group varieties and differential forms*. Proc. Int. Congress of Math. , Amsterdam 1954, 493–520

ROSENLICHT, M.: *On quotient varieties and the affine embedding of certain homogeneous spaces*. Trans. Amer. Math. Soc. **101** (1961), 211–223

ROSENLICHT, M.: *Some basic theorems on algebraic groups*. Amer. J. Math. **78** (1956), 401–403

ROSENLICHT, M.: *Some rationality questions on algebraic groups*. Ann. Mat. Pura Appl. **43** (1957), 25–50

ROSENLICHT, M.: *Toroidal algebraic groups*. Proc. Amer. Math. Soc. **12** (1961), 984–988

·ROTA, G.-C.; BARNABEI, M.; BRINI, A.: *On the exterior calculus of invariant theory*. J. Algebra **96** (1985), 120–160

ROTA, G.-C.; DOUBILET, P.: *Skew-symmetric invariant theory*. Adv. in Math. **21** (1976), 196–201

ROTA, G.-C.; DOUBILET, P.; STEIN, J.: *On the foundations of Combinatorical Theory: IX combinatorical methods in invariant theory*. Stud. Appl. Math. **53** (1974), 185–216

ROTA, G.-C.; KUNG, J. P. S.: *The invariant theory of binary forms*. Bull. Amer. Math. Soc. **10** (1984), 27–85

ROTILLON, D.: *Anneaux d'invariants de groupes finis intersections complètes*. Publ. Inst. Rech. Math. Rennes **4** (1985), 40–70

RUBENTHALER, H.: *Espaces vectoriels préhomogènes, sous-groupes paraboliques et SL_2-triplets*. C. R. Acad. Sci. Paris **290** (1980), 127–129

RUBENTHALER, H.: *La surjectivité de l'application moyenne pour les espaces préhomogènes*. J. Funct. Anal. **60** (1985), 80–94

RUDOLPH, L.: *Embedding of the line in the plane*. J. Reine Angew. Math. **337** (1982), 113–118

SALTMAN, D. J.: *Generic Galois extensions and problems in field theory*. Adv. in Math. **43** (1982), 250–283

SALTMAN, D. J.: *Groups acting on fields: Noether's problem*. Contemp. Math. **43** (1985), 267–277

SALTMAN, D. J.: *Multiplicative field invariants* . J. Algebra **106** (1987), 221–238

SALTMAN, D. J.: *Noether's Problem over an algebraically closed field.* Invent. Math. **77** (1984), 71–84

SALTMAN, D. J.: *Retract rational fields and cyclic Galois extensions.* Israel J. Math. **47** (1984), 165–215

SALTMAN, D. J.: *The Brauer group and the center of generic matrices.* J. Algebra **97** (1985), 53–67

SATO, M.; KIMURA, T.: *A classification of irreducible prehomogeneous vector spaces and their relative invariants.* Nagoya Math. J. **65** (1977), 1–155

SCHEIDERER, C.: *Quotients of semi-algebraic spaces.* Math. Z. **201** (1989), 249–271

SCHERK, J.: *Géométrie analytique - A propos d'un théorème de Mather et Yau.* C. R. Acad. Sci. Paris **296** (1983), 513–515

SCHMID, B.: *Generating invariants of finite groups.* C. R. Acad. Sci. Paris **308** (1989), 1–6

SCHWARZ, G. W.: *Exotic algebraic group actions.* C. R. Acad. Sci. Paris **309** (1989), 89–94

SCHWARZ, G. W.: *Invariant theory of G_2 and $Spin_7$.* Comment. Math. Helv. **63** (1988), 624–663

SCHWARZ, G. W.: *Lifting smooth homotopies of orbit Spaces.* Inst. Hautes Etudes Sci. Publ. Math. **51** (1980), 37–135

SCHWARZ, G. W.: *On classical invariant theory and binary cubics.* Ann. Inst. Fourier **37** (1987), 191–216

SCHWARZ, G. W.: *Representations of simple Lie groups with a free module of covariants.* Invent. Math. **50** (1978), 1–12

SCHWARZ, G. W.: *Representations of simple Lie groups with regular rings of invariants.* Invent. Math. **49** (1978), 167–191

SCHWARZ, G. W.: *Smooth Functions Invariant under the Action of a Compact Lie Group.* Topology **14** (1975), 63–68

SCHWARZ, G. W.: *The topology of algebraic quotients.* In: "Topological methods in algebraic transformation groups," edited by H. Kraft et al. Progress in Math. **80**, 135–152, Birkhäuser Verlag, 1989

SEKIGUCHI, J.: *The nilpotent subvariety of the vector space associated to a symmetric pair.* Publ. Res. Inst. Math. Sci. **20** (1984), 155–212

SEKIGUCHI, J.; SHIMIZU, Y.: *A report on a generalization of Brieskorn-Slodowy theory.* Symposium "Complex analysis of Singularity," Japan 1980

SERRE, J.-P.: *Espaces fibrés algébriques.* In: "Anneaux de Chow et Applications". Séminaire Chevalley, E. N. S. Paris, 1958

SERRE, J.-P.: *Trees.* Springer-Verlag, Berlin Heidelberg 1980

SERVEDIO, F. J.: *Canonical reducible cubic forms in n (≥ 3) variables and their infinite orthogonal groups.* J. Pure Appl. Algebra **15** (1979), 283–291

SERVEDIO, F. J.: *Orbits in higher singular subvarieties of a hypersurface of a form.* J. Algebra **61** (1979), 178–188

SERVEDIO, F. J.: *Prehomogeneous vector spaces and varieties.* Trans. Amer. Math. Soc. **176** (1973), 421–444

SESHADRI, C. S.: *On a theorem of Weitzenböck in invariant theory.* J. Math. Kyoto Univ. **1** (1962), 403–409

SESHADRI, C. S.: *Quotient spaces modulo reductive algebraic groups.* Ann. of Math. **95** (1972), 511–556

SESHADRI, C. S.: *Some results on the quotient space by an algebraic group of automorphisms.* Math. Ann. **149** (1963), 286–301

SESHADRI, C. S.: *Standard monomial theory and the work of Demazure.* Advanced Studies in Pure Mathematics **1**, "Algebraic and analytic varieties" (1983), 355–384

SHAFAREVICH, I. R.: *On some infinite dimensional groups.* Rend. Mat. e Appl. (5) **25** (1966), 208–212

SHEPHARD, G. C.; TODD, J. A.: *Finite unitary reflection groups.* Canad. J. Math. **6** (1954), 274–304

SHEPHERD-BARRON, N. I.: *Rationality of moduli spaces via invariant theory.* In: "Topological methods in algebraic transformation groups," edited by H. Kraft et al. Progress in Math. **80**, 153–164, Birkhäuser Verlag, 1989

SHEPHERD-BARRON, N. I.: *The rationality of certain spaces associated to trigonal curves.* Proc. Sympos. Pure Math. **46** (1987), 165–171

SHEPHERD-BARRON, N. I.: *The rationality of some moduli spaces of plane curves.* Compositio Math. **67** (1988), 51–88

SHIODA, T.: *On the graded ring of invariants of binary octavics.* Amer. J. Math. **89** (1967), 1022–1046

SLODOWY, P.: *Platonic solids, Kleinian singularities, and Lie groups.* In: "Algebraic Geometry" (Proceedings, Ann Arbor 1981), edited by I. Dolgachev. Lecture Notes in Math. **1008**, 102–138, Springer Verlag , Berlin Heidelberg New York 1983

SLODOWY, P.: *Simple singularities and simple algebraic groups.* Lecture Notes in Math. **815**, Springer-Verlag, Berlin Heidelberg 1980

SMITH, L.: *On the invariant theory of finite pseudo reflection groups.* Arch. Math. **44** (1985), 225–228

SMITH, L.; STONG, R. E.: *On the invariant theory of finite groups: orbit polynomials and splitting principles.* J. Algebra **110** (1987), 134–157

SNOW, D. M.: *Reductive group actions on Stein spaces.* Math. Ann. **259** (1982), 79–97

SNOW, D. M.: *Stein quotients of connected complex Lie groups.* Manuscripta Math. **50** (1985), 185–214

SNOW, D. M.: *Transformation groups of compact Kähler spaces.* Arch. Math. **37** (1981), 364–371

SNOW, D. M.: *Unipotent actions on affine space.* In: "Topological methods in algebraic transformation groups," edited by H. Kraft et al. Progress in Math. **80**, 165–176, Birkhäuser, 1989

SPALTENSTEIN, N.: *Dégénérescences des formes bilinéaires.* J. Algebra **80** (1983), 1–28

SPALTENSTEIN, N.: *Nilpotent classes and sheets of Lie algebras in bad characteristic.* Math. Z. **181** (1982), 31–48

SPALTENSTEIN, N.: *On the fixed point set of a unipotent element on the variety of Borel subgroups.* Topology **16** (1977), 203–204

SPALTENSTEIN, N.: *The fixed point set of a unipotent transformation on the flag manifold.* Nederl. Akad. Wetensch. Proc. Ser. A **79** (1976), 452–456

SPRINGER, T. A.: *Geometric questions arising in the study of unipotent elements.* Proc. Sympos. Pure Math. **37** (1980)

SPRINGER, T. A.: *Invariant theory.* Lecture Notes in Math. **585**, Springer-Verlag, Berlin Heidelberg New York 1977

SPRINGER, T. A.: *Linear algebraic groups.* Progress in Math. **9**, Birkhäuser, Boston Basel 1981

SPRINGER, T. A.: *On the invariant theory of* SU_2. Indag. Math. **42** (1980), 339–345

SPRINGER, T. A.: *Reductive groups.* Proc. Symp. Pure Math. **33** (1979), 3–27

SPRINGER, T. A.: *Some results on algebraic groups with involutions.* Adv. Stud. Pure Math. **6** (1985), 525–543

SPRINGER, T. A.: *Weyl's character formula for algebraic groups.* Invent. Math. **5** (1968), 85–105

SPRINGER, T. A.; STEINBERG, R.: *Conjugacy classes.* In: "Seminar on algebraic groups and related finite groups." Lecture Notes in Math. **131**, 167–266, Springer Verlag, Berlin Heidelberg New York 1970

STANLEY, R. P.: *Combinatorial reciprocity theorems.* Adv. in Math. **14** (1974), 194–253

STANLEY, R. P.: *Combinatorics and invariant theory.* Proc. Sympos. Pure Math. **34** (1979), 345–355

STANLEY, R. P.: *Hilbert functions of graded algebras.* Adv. in Math. **28** (1978), 57–83

STANLEY, R. P.: *Invariants of finite groups and their applications to combinatorics.* Bull. Amer. Math. Soc. **1** (1979), 475–511

STEINBERG, R.: *Automorphisms of classical Lie algebras.* Pacific J. Math. **11** (1961), 1119–1129

STEINBERG, R.: *On the desingularization of the unipotent variety.* Invent. Math. **36** (1976), 209–224

STEINBERG, R.: *Regular elements of semisimple algebraic groups.* Inst. Hautes Etudes Sci. Publ. Math **25** (1965), 281-312

STEINSIEK, M.: *Transformation groups on homogenous-rational manifolds.* Math. Ann. **260** (1982), 423-435

STERNA, D.: *Decompositions of* P^n *induced by algebraic* K^+-*actions.* Demonstratio Math. **18** (1985), 853–862

SUGIE, T.: *Algebraic characterization of the affine plane and the affine 3-space.* In: "Topological methods in algebraic transformation groups," edited by H. Kraft et al., Progress in Math. **80**, 177–190, Birkhäuser Verlag, 1989

SUMIHIRO, H.: *Equivariant completion.* J. Math. Kyoto Univ. **14** (1974), 1–28

SUMIHIRO, H.: *Equivariant completion, II.* J. Math. Kyoto Univ. **15** (1975), 573–605

SUSLIN, A.: *Projective modules over a polynomial ring.* Dokl. Akad. Nauk SSSR **26** (1976), (in Russian)

SUZUKI, M.: *Propriétés topologiques des polynômes de deux variables complexes, et automorphismes algébriques de l'espace* C^2. J. Math. Soc. Japan **26** (1974), 241–257

TANIZAKI, T.: *Defining ideals of the closures of the conjugacy classes and representations of the Weyl groups*. Tôhoku Math. J. **34** (1982), 575–585

TERANISHI, Y.: *Relative invariants and b-functions of prehomogeneous vector spaces* $(G \times \mathrm{GL}(d_1, \ldots, d_r), \tilde{p}_1, \mathrm{M}(n, \mathbf{C}))$. Nagoya Math. J. **98** (1985), 139–156

TERANISHI, Y.: *The functional equation of zeta-distributions associated with prehomogeneous vector spaces* $(G, p, M(n, \mathbf{C}))$. Nagoya Math. J. **99** (1985), 131–146

TERANISHI, Y.: *The ring of invariants of matrices*. Nagoya Math. J. **104** (1986), 149–161

THOMASON, R. W.: *Algebraic K-theory of group scheme actions*. Ann. of Math. Studies. Princeton Univ. Press, Princeton 1987

THOMASON, R. W.: *Equivariant resolution, linearisation, and Hilbert's fourteenth problem over arbitrary base schemes*. Adv. in Math. **65** (1987), 16–34

THOMASON, R. W.: *Lefschetz-Riemann-Roch theorem and coherent trace formula*. Invent. Math. **85** (1986), 515–543

TITS, J.: *Espaces homogènes complexes compacts*. Comment. Math. Helv. **37** (1962), 111–120

TITS, J.: *Sur certaines classes d'espaces homogènes de groupes de Lie*. Acad. Roy. Belg. Cl. Sci. Mém. **29** (1955)

TOM DIECK, T.; PETRIE, T.: *Homology planes: An announcement and survey*. In: "Topological methods in algebraic transformation groups," edited by H. Kraft et al. Progress in Math. **80**, 27–48, Birkhäuser Verlag, 1989

TRIANTAPHYLLOU, D. D.: *Invariants of finite groups acting non-linearly on rational function fields*. J. Pure Appl. Algebra **18** (1980), 315–331

ULRICH, B.: *Rings of invariants and the linkage of determinantal ideals*. Math. Ann. **274** (1986), 1–17

VAN DEN BERGH, M.: *Cohen-Macaulayness of semi-invariants for tori*. Preprint 1989

VAN DEN BERGH, M.: *Trace rings of generic matrices are Cohen-Macaulay*. Preprint 1989

VAN DER KULK, W.: *On polynomial rings in two variables*. Nieuw Arch. Wisk. **1** (1953), 33–41

VERMA, D.-N.: *On a classical stability result on invariants of isotypical modules*. J. Algebra **63** (1980), 15–40

VINBERG, E. B.: *Complexity of action of reductive groups*. Functional Anal. Appl. **20** (1986), 1–11

VINBERG, E. B.: *On the classification of the nilpotent elements of graded Lie algebras*. Soviet Math. Dokl. **16** (1975), 1517–1520

VINBERG, E. B.: *On the linear groups associated to periodic automorphisms of semisimple algebraic groups*. Soviet Math. Dokl. **16** (1975), 406–409

VINBERG, E. B.: *Rationality of the field of invariants of a triangular group*. Vestnik Moskov. Univ. Ser. I Mat. **37** (1982), 23–24

VINBERG, E. B.: *The Weyl group of a graded Lie algebra*. Math. USSR-Izv. **10** (1976), 463–495

VINBERG, E. B.; ELASHVILI, A. G.: *Classification of trivectors of a nine-dimensional space* (In Russian). Trudy Sem. Vektor. Tenzor. Anal. **18** (1978), 197–233 (Übersetzung liegt vor)

VINBERG, E. B.; KIMELFELD, B. N.: *Homogeneous domains on flag manifolds and spherical subgroups of semisimple Lie groups.* Functional Anal. Appl. **12** (1979), 168–174

VINBERG, E. B.; POPOV, V. L.: *On a class of quasihomogeneous affine varieties.* Math. USSR-Izv. **6** (1972), 743–758

VUST, TH.: *Foncteurs polynomiaux et théorie des invariants.* In: "Séminaire d'Algèbre Dubreil-Malliavin 1979. " Lecture Notes in Math. **795**, 330–340, Springer-Verlag, 1980

VUST, TH.: *Opérations de groupes réductifs dans un type de cônes presque homogènes.* Bull. Soc. Math. France **102** (1974), 317–333

VUST, TH.: *Sur la théorie classique des invariants.* Comment. Math. Helv. **52** (1977), 259–295

VUST, TH.: *Sur la théorie des invariants des groupes classiques.* Ann. Inst. Fourier **26** (1976), 1–31

VUST, TH.: *Sur le type principal d'orbits d'un module rationnel.* Comment. Math. Helv. **49** (1974), 408–416

WAGREICH, PH.: *Algebraic varieties with group action.* Proc. Sympos. Pure Math. **29** (1975), 633–642

WAHL, J. M.: *Derivations, automorphisms and deformations of quasi-homogeneous singularities.* Proc. Sympos. Pure Math. **40** (1983)

WARGANE, B.: *Détermination des valuations invariantes de* SL(3)/*T*. Thèse de 3ème cycle, Université de Grenoble, 1982

WATANABE, K.: *Certain invariant subrings are Gorenstein, I.* Osaka J. Math. **11** (1974), 1–8

WATANABE, K.: *Certain invariant subrings are Gorenstein, II.* Osaka J. Math. **11** (1974), 379–388

WATANABE, K.: *Counting the number of basic invariants for* $G \subset$ GL$(2, k)$ *acting on* $k[X, Y]$. Nagoya Math. J. **86** (1982), 173–201

WATANABE, K.: *Invariant subrings of finite groups which are complete intersections.* In: "Commutative Algebra, Analytical Methods," edited by R. N. Draper , Marcel Dekker, Inc., New York and Basel 1982, 37–42

WATANABE, K.: *Invariant subrings which are complete intersections I (invariant subrings of finite abelian groups).* Nagoya Math. J. **77** (1980), 89–98

WATANABE, K.; ROTILLON, D.: *Invariant subrings of* C$[X, Y, Z]$ *which are complete intersections.* Mansucripta Math. **39** (1982), 339–357

WEBB, P. (editor): *Representations of Algebras: Proceedings of the Durham symposium 1985.* Lecture Notes **116**, Cambridge Univ. Press, Cambridge 1985

WEITZENBÖCK, R.: *Über die Invarianten von linearen Gruppen.* Acta Math. **58** (1932), 230–250

WEYL, H.: *Classical Groups: their invariants and representations.* Princeton Univ. Press , Princeton 1946

WEYMAN, J.: *The equations of conjugacy classes of nilpotent matrices.* Preprint 1987

WEYMAN, J.: *The equations of strata for binary forms.* Preprint 1987

WINKELMANN, J.: *Automorphisms of complements of analytic subsets in* C^n. Math. Z. (1989), to appear

WINKELMANN, J.: *Classification des espaces complexes homogènes de dimension 3 (I).* C. R. Acad. Sci. Paris **306** (1988), 231–234

WINKELMANN, J.: *Classification des espaces complexes homogènes de dimension 3 (II).* C. R. Acad. Sci. Paris **306** (1988), 405–408

WINKELMANN, J.: *Classification of 3-dimensional homogeneous complex manifolds.* In: "Topological methods in algebraic transformation groups," edited by H. Kraft et al., Progress in Math. **80**, 191–210, Birkhäuser Verlag, 1989

WINKELMANN, J.: *Free holomorphic* C*-actions on* C^n *and Stein homogeneous manifolds.* Math. Ann. (1989), to appear

WRIGHT, D.: *The amalgamated free product structure of* $GL_2(K[X_1, ..., X_n])$. Bull. Amer. Math. Soc. **82** (1976), 724–726

ZAÏDENBERG, M. G.: *Rational actions of the group* C^* *on* C^2, *their quasi-invariants, and algebraic curves in* C^2 *with Euler characteristic* 1. Soviet Math. Dokl. **31** (1985), 57–60

ZALESSKII, A. E.: *The fixed algebra of a group generated by reflections is not always free.* Arch. Math. **41** (1983), 434–437

ZARISKI, O.: *Interprétations algébro-géométriques du quatorzième problème de Hilbert.* Bull. Sci. Math. **78** (1954), 155-168

DMV SEMINAR

Edited by the German Mathematics Society

Vol. 1
Manfred Knebusch/
Winfried Scharlau
**Algebraic Theory of
Quadratic Forms**
Generic Methods and Pfister Forms
1980. 48 pages, Softcover
ISBN 3-7643-1206-8

Vol. 2
Klas Diederich/Ingo Lieb
**Konvexität in der komplexen
Analysis**
Neue Ergebnisse und Methoden
1981. 150 Seiten, Broschur
ISBN 3-7643-1207-6

Vol. 3
S. Kobayashi/H. Wu with the
collaboration of C. Horst
Complex Differential Geometry
Topics in Complex Differential
Geometry. Function Theory on
Non-compact Kähler Manifolds
2nd edition 1987.
160 pages, Softcover
ISBN 3-7643-1494-X

Vol. 4
R. Lazarsfeld/A. Van de Ven
**Topics in the Geometry of
Projective Space**
Recent Work of F.L. Zak
1984. 52 pages, Softcover
ISBN 3-7643-1660-8

Vol. 5
Wolfgang Schmidt
**Analytische Methoden für
Diophantische Gleichungen**
Einführende Vorlesungen
1984. 132 Seiten, Broschur
ISBN 3-7643-1661-6

Vol. 6
A. Delgado/D. Goldschmidt/
B. Stellmacher
**Groups and Graphs:
New Results and Methods**
1985. 244 pages, Softcover
ISBN 3-7643-1736-1

Vol. 7
R. Hardt/L. Simon
**Seminar on Geometric
Measure Theory**
1986. 118 pages, Softcover
ISBN 3-7643-1815-5

Vol. 8
Yum-Tong Siu
**Lectures on Hermitian-Einstein
Metrics for Stable Bundles and
Kähler-Einstein Metrics**
1987. 172 pages, Softcover
ISBN 3-7643-1931-3

Vol. 9
Peter Gaenssler/Winfried Stute
Seminar on Empirical Processes
1987. 114 pages, Softcover
ISBN 3-7643-1921-6

Vol. 10
Jürgen Jost
**Nonlinear Methods in Riemannian
and Kählerian Geometry**
Delivered at the German Mathe-
matical Society Seminar in
Düsseldorf, June 1986
1988. 154 pages, Softcover
ISBN 3-7643-1920-8

Vol. 11
Tammo tom Dieck/Ian Hambleton
**Surgery Theory and Geometry of
Representations**
1988. 122 pages, Softcover
ISBN 3-7643-2204-7

Vol. 12
Jacobus H. van Lint/
Gerard van der Geer
**Introduction to Coding Theory
and Algebraic Geometry**
1988. 83 pages, Softcover
ISBN 3-7643-2230-6

**Birkhäuser
Verlag AG**
Basel · Boston · Berlin